全国建筑装饰装修行业培训系列教材

建筑装饰设备及工程实例

（第三版）

中国建筑装饰协会培训中心组织编写

戴 青 徐 青 主编

中国建筑工业出版社

图书在版编目(CIP)数据

建筑装饰设备及工程实例/戴青,徐青主编;中国建筑装饰协会培训中心组织编写. —3版. —北京:中国建筑工业出版社,2014.2

(全国建筑装饰装修行业培训系列教材)

ISBN 978-7-112-16162-1

Ⅰ.①建… Ⅱ.①戴…②徐…③中… Ⅲ.①房屋建筑设备-技术培训-教材 Ⅳ.①TU8

中国版本图书馆 CIP 数据核字(2013)第 285417 号

本书作为"全国建筑装饰装修行业培训系列教材"之一,系统地介绍了与装饰工程关系密切的各类常用建筑装饰设备的系统工作原理、特性、布置和安装要求及其与建筑主体之间的关系。全书共分10章,内容包括建筑装饰设备概论、建筑给水工程、建筑排水工程、建筑采暖工程、建筑通风与空调工程、燃气工程、建筑供配电工程、建筑装饰照明系统、建筑智能化工程,以及针对上述工程的具体工程实例。本版次按新规范进行了修订。

本书内容简明扼要,书中配有大量示意图及工程实例,可作为建筑装饰装修行业的培训教材,同时可供从事装饰装修行业的设计、施工、管理等技术人员在工作中参考使用。

* * *

责任编辑:王 梅 刘 江
责任校对:王雪竹 关 键

全国建筑装饰装修行业培训系列教材
建筑装饰设备及工程实例
(第三版)
中国建筑装饰协会培训中心组织编写
戴 青 徐 青 主编

*

中国建筑工业出版社出版、发行(北京西郊百万庄)
各地新华书店、建筑书店经销
北京天成排版公司制版
廊坊市海涛印刷有限公司印刷

*

开本:787×1092毫米 1/16 印张:16½ 插页:1 字数:400千字
2014年2月第三版 2017年8月第十二次印刷
定价:39.00元
ISBN 978-7-112-16162-1
(24932)

序

　　随着中国建筑装饰行业规模不断增长，产业化水平、技术创新和科技进步水平不断提升，建筑装饰装修工程已经发展为相对独立、具有较高技术含量和艺术创造性的专业化管理体系，其施工管理是一项由设计、材料、施工、监理等各种生产要素构成的多领域、多专业、多关联、多元化的系统工程，是一个按照工程项目的内在规律进行科学的计划、组织、协调和控制的管理过程，而建筑装饰装修工程项目管理者的综合素质和管理水平直接影响着工程质量和服务品质，反映着装饰施工企业的整体形象和管理水平，关系着企业的生存和发展。因此，不断提升项目管理人员乃至全行业各级各类从业人员的专业技术能力、管理能力、执业能力和职业操守，培养和造就一支专技术、懂管理、会经营、高素质的建筑装饰装修工程项目管理队伍，成为加快转变建筑装饰行业发展方式，提高科技含量和生产效率，保障工程质量和安全，降低资源消耗和保护环境，提高建筑装饰装修行业整体水平及在国内外市场中的竞争力，实现行业健康可持续发展的重要途径。

　　《全国建筑装饰装修行业培训系列教材》，是中国建筑装饰协会培训中心在 12 年前受住房和城乡建设部（原建设部）主管部门的委托，在装饰项目经理培训教材的基础上，陆续组织担任主要课程的教学人员和业内专家编写的。随着培训工作的广泛开展，本套教材多次重印，在建筑装饰行业人才培训过程中发挥了重大作用。自 2011 年开始，根据国家对建筑装饰行业发展的要求和建筑装饰行业发展对人才素质和能力的新需求和新要求，在中国建筑工业出版社的支持下，培训中心和作者一起共同对全套教材陆续实施修订工作，包括更新、补充、完善和增加新种类，使之更加符合行业发展的需要，更加适合行业人才培养的需要。

　　本套教材在修订过程中，仍然立足于突出建筑装饰装修行业的特点，加强建筑装饰装修施工项目管理理论和专业技术知识的系统性、准确性和先进性，强调理论与实践相结合，完善建筑装饰装修工程项目管理人员的知识能力结构，体现出较高的科学性、针对性和实用性。

　　本套教材的修订工作得到了多方关心和支持，纪士斌、江清源、危冠元、戚振强等专家以及张连云、谷素雁、张晓斌、吴旭、李思萌、马嘉等同志都积极参与了相关工作，在此一并感谢。同时谨向给予这套教材在使用过程中提出宝贵意见和建议的教师、学员和读者致以衷心的感谢！谨向给予我们重托并给予我们大力支持和指导的住房和城乡建设部相关主管部门和为此套教材出版发行给予大力支持的中国建筑工业出版社致以衷心的感谢！

中国建筑装饰协会培训中心

王燕鸣

2013 年 11 月

第 三 版 前 言

《建筑装饰设备及工程实例》自 2004 年出版以来，已多次重印。随着建筑装饰装修行业以及相关行业的发展和变化，新标准、新规范、新工艺、新设备等的不断涌现，要求培训教材及时更新和完善，及时给学员提供最新的知识和技术。

中国建筑装饰协会培训中心重新组织有关专家、教学和施工第一线的专业技术人员对原"全国建筑装饰装修行业培训系列教材"进行修编工作，本书是其中之一。

本书第 1、7、8、9、10 章的修编工作由戴青、周曼娇、于国华、赵玉强、宋琪完成，第 2、3、4、5、6 章的修编工作由徐青、海滨、黄义成完成，并得到中广电广播电影电视设计研究院教授级高工张俏梅、郭改荣的大力支持，在此一并表示衷心感谢。

编 者
2013 年 11 月

第 二 版 前 言

《建筑装饰设备及工程实例》自 2004 年出版以来，已多次重印。随着建筑装饰装修行业以及相关行业的发展和变化，新标准新规范新工艺新设备等的不断涌现，要求培训教材及时更新和完善，及时给培训学员最新的知识和技术。

中国建筑装饰协会培训中心及时组织有关专家、教学和施工第一线的人员对原"全国建筑装饰装修行业培训系列教材"进行修编工作，本书是其中之一。

本书修编仍由中广电广播电影电视设计院戴青、徐青两位高级工程师主编，具体分工戴青负责全书文字统稿以及第 1、7、8、9 章的编写，徐青负责工程实例的统稿以及第 2、3、4、5、6 章的编写，此次参加相关章节修编的人员还有郭改荣、陈霞、金辉、高楠、张灿。

中广电广播电影电视设计教授级高工吴纯举担任本书主审，教授级高工张俏梅、中元国际工程设计研究院教授级高工胡剑辉分别审核了相关章节，并对本书提出许多宝贵意见和建议，在此一并表示衷心的感谢。

编 者

2007 年 7 月

第 一 版 前 言

随着建筑装饰装修行业的迅猛发展，对从事建筑装饰装修行业人员的素质也提出了更高的要求。在这种形势下，中国建筑装饰协会培训中心组织有关专家、教学和施工第一线的人员编写了"全国建筑装饰装修行业培训系列教材"，本书是其中之一。

本书系统介绍了与装饰工程关系密切的各类常用建筑装饰设备的系统工作原理、特性、布置和安装要求及其与建筑主体之间的关系。目的在于使从事建筑装饰装修行业的设计、施工、管理等技术人员掌握各类常用建筑设备的基本原理并了解其与装饰工程的基本关系，以便在工程实践中更好地对各专业之间可能出现的问题进行协调与处理。

本书由中广电广播电影电视设计院戴青、徐青高级工程师主编，并编写第 1、7、8、9 章，第 2、3、4、5、6 章由徐青高级工程师编写，第 10 章由戴青、徐青、陈霞、李道君编写。

本书由哈尔滨工业大学李桂文教授主审，于碧涌教授、韩得志教授、鞠明华教授、柳丽娟教授级高工分别参加了相关章节的审核，提出许多宝贵意见和建议。本书在编写过程中得到了北京建工集团韩立群总工程师的指导和帮助，以及中广电广播电影电视设计院领导及相关专业设计师的大力帮助和支持，并提供了大量设计素材在此深表感谢。

编　者

2003 年 6 月

目　　录

第一章 建筑装饰设备概论

第一节 概 述

建筑装饰设备

建筑是一门艺术科学。它有阳刚之气、秀柔之美，经典建筑更可以流芳百世。现代建筑的不朽之躯是由骨架、肌肤和神经心血管系统组成的。如果说建筑结构是骨架，建筑装饰是肌肤，那么建筑设备就是现代建筑的神经和心血管系统。没有建筑设备的建筑神韵虽存，却无活力，更不可能成为一个好的设计作品。

建筑装饰设备是为建筑物的使用者提供生活和工作服务的各种设施和设备的总称。它主要分为三大系统：建筑给水排水系统、采暖与空调系统、建筑电气系统。即我们常说的水、风、电系统。每个系统下又包括了许多的子系统，我们将与建筑装饰相关的建筑设备系统定义为建筑装饰设备，简称建筑设备。如图 1-1 所示。

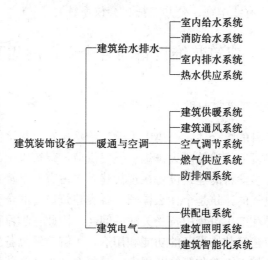

图 1-1 建筑装饰设备的构成

1. 建筑给水排水工程

建筑给水排水工程是建筑工程中不可缺少且独具特色的组成部分，也是建筑物的有机组成部分。它的主要任务是按照建筑物的需要将生产用水、生活用水、消防用水和生活用热水分送至用水地点，并把经过使用的污水和屋面雨水，按其性质，通过建筑排水系统排至城市污水管网，从而为生活和生产提供必要的安全和便利条件。

建筑给水排水工程根据不同使用功能又分为室内给水系统、消防给水系统、室内排水系统、中水系统、热水供应系统。

一个设备完善、布局合理、经济适用的建筑给排水系统将为人们提供方便、卫生、舒适和安全的生活、工作环境。特别是住宅工程中在厨房、卫生间等空间，室内给排水系统的合理设计和施工，将对整个室内环境产生很大影响。

2. 暖通与空调

为了使人们在日常生活中感到舒适，保证居住、公共建筑的使用要求，满足科学研究及某些生产项目的特殊要求，使建筑物的室内空气温度、湿度、洁净程度和气流速度在允许的范围内，必须对建筑物的室内进行通风换气和空气调节。

暖通与空调通常指供暖、通风、空气调节、燃气供应以及建筑防排烟等方面内容。是建筑设备的一个重要组成部分，也是房屋建筑的一个不可缺少的组成部分。

3. 建筑电气

建筑电气是以电能、电气设备和电气技术为手段，创造、维持与改善室内空间的电、光、热、声环境的一门科学。随着智能建筑的兴起，现代建筑向着自动化、节能化、信息化和智能化的方向发展。建筑电气对于整个建筑物建筑功能的发挥、建筑布局和构造的选择、建筑艺术的体现、建筑管理的灵活性，以及建筑安全的保证等方面，将发挥越来越大的作用，现代建筑电气已成为现代建筑的一个重要标志。

建筑电气设备和系统从能量的供给和使用、能量传递类型及其相互独立的功能来分，可分为三大系统：供配电系统、电气照明系统、建筑智能化系统。其中建筑智能化系统包括建筑设备监控系统、火灾自动报警系统、安全技术防范系统、综合布线系统以及各类信息设施系统(包括网络、有线电视、公共广播、会议系统)。

第二节　建筑装饰设备与各个专业的相互配合

一、建筑装饰设备是建筑物的重要组成部分

现代建筑是个多学科的综合体，而集中了建筑给水排水、热水供应、消防给水、建筑供暖、建筑通风、通风调节、建筑防火排烟、燃气供应、建筑供配电、建筑照明、建筑弱电及智能化过程控制等多学科的建筑设备在现代建筑中占有举足轻重的地位。很难想象没有给水排水、暖通、电气的建筑是个什么样子。各类建筑设备的合理选择和安装布置，始终是建筑装饰装修设计和施工过程中备受关注的问题。因此，学习和掌握建筑装饰设备的基本知识和技术，了解建筑装饰设备的功能和用途，了解建筑设备的系统布局以及与建筑装饰设备相关的设计、施工、验收等规范规定，是每个从事装饰装修设计、施工、管理人员所必须掌握的基本知识。

二、各专业相互配合，才能创造出好的设计作品

完美的建筑作品首先要有一个优秀的设计，然后是精心施工和严格的管理。优秀的设计作品必须是各专业之间配合的成功。建筑、结构、给排水、暖通、电气是在建筑装饰设计领域里关系极为密切的五个专业。这五个专业在设计过程中相互配合的好坏，直接影响着设计作品的质量；五个专业必须携手共进，共同协作，不断创新，努力进取，才能共同完成一个好的建筑设计。而建筑专业是龙头专业，特别是在民用建筑工程的设计中，建筑专业更要走到前面，与其他专业相互依存，紧密配合，起到承上启下的重要作用。

在设计中，尤其是施工图设计阶段，各专业间的相互配合至关重要。例如：防火分区的划分主要靠建筑专业，而探头的布置需在分区划定的情况下进行；建筑的分区隔段防火门、卷帘门，要靠电气控制；厨房和卫生间的装修一直是各类住宅和公共建筑物装修的重要内容；给排水管道和各种卫生器具，从选型到安装施工都与室内整体的装饰装修密切相关；商场、宾馆等大型公共建筑中设置的自动喷水灭火系统、空调和通风系统以及照明、音响等装置，也直接影响室内顶棚的装饰效果；实际施工中，常常会出现各种设备与顶棚装饰物之间发生冲突的情况。

建筑装饰设备的设计对建筑装饰专业设计有着直接影响，主要表现在以下几个方面：

1. 给排水专业

（1）给排水设备用房（如水泵、污水泵房）的设备布置平面尺寸；

（2）设备基础尺寸、设备自重；

（3）生活消防用水水池、化粪池、冷却水塔等尺寸、标高及位置；

（4）给排水系统、热水系统的管道布置平面尺寸。

2. 暖通专业

（1）冷冻机房、空调机房设备平面布置尺寸；

（2）设备振动隔噪声的要求；

（3）竖风道、管井、地沟风道、吊顶内风道的位置及断面尺寸；

（4）设备在楼板安装时的荷载、位置及尺寸；

（5）屋顶冷却塔位置、尺寸和重量。

3. 电气专业

（1）变电所、备用柴油发电机房的设备平面布置图的尺寸；

（2）消防控制用房、网络前端设备用房、平面布置尺寸；

（3）电气设备吊装孔洞位置、尺寸，电缆桥架穿墙、穿楼板预留孔洞尺寸；

（4）凡高层建筑须提供各层强弱电用房及竖井的位置、平面布置尺寸；

（5）利用结构梁柱的钢筋作防雷引线与接地极的做法。

第二章　建 筑 给 水 工 程

本章重点

本章重点介绍了建筑给水系统的分类和组成，建筑给水设备和管材的选用，生活给水系统常用的给水方式，热水供应系统分类、加热方式和设备的选择，给水管道的布置、施工安装步骤和注意事项，室内消防给水的设置范围和几种常见的消防给水形式，设计、施工安装时应考虑采取的节水节能措施等。

建筑给水系统的任务是根据生活、生产、消防等用水对水质、水量、水温的要求，将室外给水引入建筑内部并送至各个配水点(如配水龙头、生产设备、消防设备等)。

一、建筑给水系统分类

建筑给水系统按用途可分为生活给水系统、消防给水系统、生产给水系统。

1. 生活给水系统：供给人们日常生活用水的给水系统，按供水水质又分为生活饮用水系统、直饮水系统和杂用水系统。饮用水系统包括饮用、烹调、盥洗、洗涤、沐浴等生活用水；直饮水系统是供给人们直接饮用的纯净水、矿泉水、太空水等；杂用水系统包括冲厕、浇灌花草、冲洗汽车或路面等用水。在有的建筑中，除生活给水系统外，还有锅炉、供暖系统和洗衣房等所需的软化水系统。

2. 消防给水系统：供民用建筑、公共建筑、生产厂房库房的消防设备的给水系统。包括消火栓给水系统、自动喷水灭火系统、水幕系统、水喷雾灭火系统等。该系统的作用是用于扑灭火灾和控制火灾蔓延。

3. 生产给水系统：供生产使用的给水系统。按工艺要求确定水质与水量。在实际应用中经常是生活与生产；生活与消防；生产与消防；生活与生产、消防共用给水系统。

二、建筑给水系统组成(图 2-1)

1. 引入管：引入管是室外给水管网与建筑给水管道间的联络管段。若该建筑物的水量为独立计量时，在引入管上应设水表、必要的阀门及泄水装置。

2. 给水管道：将水送往建筑内部各用水点的管道，由立管、水平干管、支管、分支管组成。

3. 给水附件：用以控制调节给水系统内水的流向、流量、压力，保证系统安全运行的附件。包括给水管路上的阀门(闸阀、蝶阀、止回阀、泄压阀、排气阀等)、水锤消除器、过滤器、减压孔板等附件，用以控制、调节水流。消防给水管路附件主要有水泵接合器、报警阀组、水流指示器、信号阀、末端试水装置等。

4. 给水设备：给水系统中用于升压、稳压、贮水和调节用水的设备。当室外给水管网压力或水量不足，或建筑给水对水压、水质有特殊要求时，需设置升压、贮水设备，如水箱、水泵、气压给水装置等。

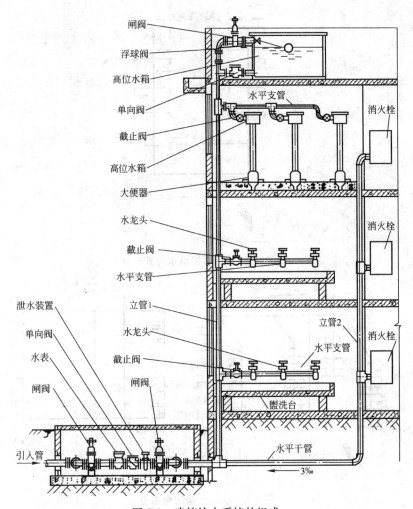

图 2-1 建筑给水系统的组成

5. 配水设施: 生活、生产和消防给水系统的终端即为配水设施, 也称作用水设施。生活给水系统的配水设施主要指卫生器具的给水配件, 如水龙头、淋浴喷头等; 消防给水系统的配水设施有室内消火栓、自动喷水灭火系统的喷头等。

第一节　建筑给水系统

一、生活给水系统给水方式

1. 直接给水方式: 室外给水管网压力和流量在一天内任何时间, 均能满足建筑物内最高最远点用水设备需要时, 采用直接给水方式(图 2-2)。

2. 单设水箱给水方式: 当室外给水管网水压一天内大部分时间满足建筑物所需水压, 只是在用水高峰时, 不能满足建筑物内所需压力, 采用设水箱给水方式(图 2-3)。

3. 低位贮水池(箱)和水泵的联合给水方式(图 2-4)。

4. 设有气压给水设备的给水方式(图 2-5)。

5

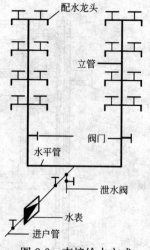

图 2-2 直接给水方式

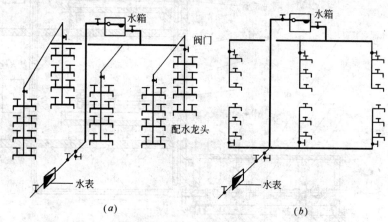

(a)   (b)

图 2-3 单设水箱的给水方式

(a)上行下给式；(b)上、下分给式

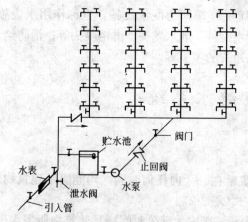

图 2-4 设低位贮水池(箱)和水泵的联合给水方式

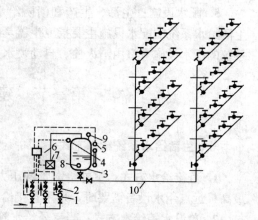

图 2-5 设有气压给水设备的给水方式

1—泵；2—逆止阀；3—定压罐；4—压力上限定点；
5—压力下限定点；6—变频控制箱；7—充气装置；
8—紧急泄水；9—安全阀；10—给水管

5. 高层建筑常用的分区给水方式(图 2-6～图 2-10)。

1～4 条中的给水方式常用于多层建筑。

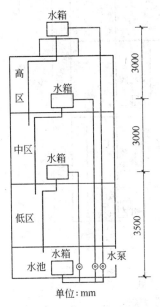

图 2-6 并列供水方式

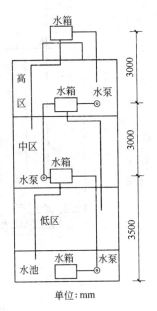

图 2-7 串联供水方式

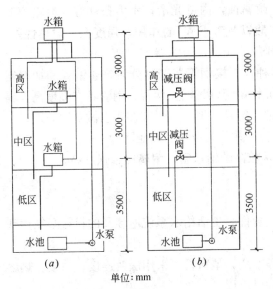

图 2-8 减压分区供水方式

(a)减压水箱供水；(b)减压阀供水

图 2-9 无水箱供水方式

(a)无水箱并联供水；(b)无水箱减压阀供水

二、常用的管材

建筑给水管道常用的管材有塑料管、钢管、给水球墨铸铁管等。室内地面上的生活给水管首选采用塑料管。埋地敷设的生活给水管，直径等于或大于 75mm 时宜室内采用钢管、室外采用球墨铸铁给水管。大便器、大便槽的冲洗管宜采用塑料管。消火栓系统管道一般用非镀锌钢管或球墨给水铸铁管。

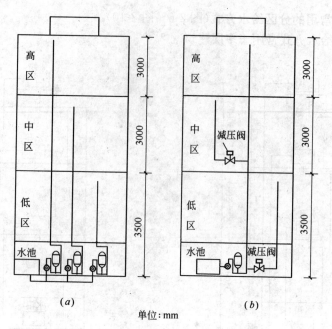

图 2-10 气压罐供水方式

(a)气压罐并联供水；(b)气压罐减压阀供水

1. 塑料管：它的优点是化学稳定性高，耐腐蚀，内壁光滑，水力条件好，运输安装方便灵活等。缺点是不能抵抗强氯化剂(如硝酸以及芳香族)的作用，强度低，耐热性差。经常采用的有 PVC-U、PP-R、PE、PB、ABS、PSP、HDPE 等。

2. 钢管：钢管有焊接钢管和无缝钢管两种。焊接钢管按壁厚分为普通钢管和加厚钢管两种。每种又分为镀锌钢管(白铁管)和非镀锌钢管(黑铁管)两种。钢管具有强度高、易腐蚀等特点。热镀锌钢管较非镀锌钢管耐腐蚀。钢管埋地敷设时应按要求做防腐处理。

3. 给水铸铁管：给水铸铁管用球墨铸铁管，并分为普压、高压两种。

4. 铜管、不锈钢管：一般用在对水质要求较高的给水管，耐腐蚀、强度高。

三、给水管的连接

给水管道的连接必须采用与管材相适应的管件。生活给水系统所涉及的材料必须达到饮用水卫生标准。

钢管可采用螺纹连接、法兰连接、焊接等方法。塑料管可采用法兰连接、粘接、热熔连接等方法。给水铸铁管可采用橡胶圈密封接口连接。

四、给水配件、阀门和水表

1. 给水配件：装在卫生器具及用水点的各式配水龙头或进水阀，如普通水龙头、混合龙头、淋浴龙头、洒水龙头等。

2. 阀门：引入管、管网连通管、水表前、立管和接有 3 个及 3 个以上支管及工艺要求设置阀门的生产设备，均应设阀门。通常有：闸阀、蝶阀、截止阀、逆止阀(单向阀)、旋塞阀、浮球阀等。

3. 水表：水表是计量用水量的仪表。应装设在管理方便、不会冻结、不受污染和不易损坏的地方。

五、节能节水

1. 充分利用市政管网压力

（1）力争掌握准确的市政管网水压、水量等可靠资料。因为随着市政建设的不断完善和改进，接管处的供水情况是不断变化的，城市供水管网各地段压力不应一样。如北京市的工程设计中供水压力均按 0.18MPa（最低城市供水压力），导致大部分工程均未充分利用市政管网压力。因此只有掌握了相关的准确资料，才能使给水系统节能合理的使用。

（2）要满足使用要求。随着节水龙头的普及，水嘴处的最低供水压力 P 均有所提高，《建筑给排水设计规范》GB 50015—2010 年版，以下简称"规范"规定 $P \geqslant 0.05$MPa，但有的高档住宅使用一些进口的水嘴时，一般宜 $P \geqslant 0.1$MPa。

（3）节水与节材的关系。系统设计中，为了减少一根立管而采用低层部分不使用市政管网压力供水，整个建筑均采用加压泵二次供水，导致人为耗能增加。

2. 高层建筑系统分区

（1）分区供水压力应按"规范"第 3.3.5 条执行，即以配水点处静压 $P = 0.45$MPa 为界进行分区，且 $P > 0.35$MPa 时宜加支管减压。但工程设计中，设计人员往往是以控制用水点处 $P = 0.35$MPa 就不再减压了，但从节能节水要求而言，宜将水表前支管压力控制为 $\geqslant 0.15$MPa。

（2）减压阀的设置

由于减压阀既能减动压又能减静压，减压阀已在国内建筑中广泛应用，大多数高层、多层建筑中因可用减压阀来取代分区高位水箱进行供水分区，从而既节省了分区高位水箱所占用的建筑面积，又可使供水系统大大简化。

但减压阀也不是万能的，在设计选用中应注意以下几点：

① 应选用质量好的产品。

② 分区减压阀不宜串联设置，且比例式减压阀的减压比不宜大于 3∶1。若超此比例，说明阀前压力太高，能耗太大。在这种情况下，宜增设供水阀组，减少同一泵组供水的范围。

③ 推荐支管减压作为节能节水的重要措施。

第二节　建筑给水管道的布置与敷设

一、给水管道的布置与敷设

1. 引入管的布置与敷设

建筑物给水管引入管宜从建筑物内用水量最大处引入，当建筑物的用水设备分布均匀时，可从建筑中央引入，但应避开花坛和建筑物大门等不宜日后检修的部位。

引入管的数目，根据房屋的使用性质及消防要求等因素而定。引入管一般只设一条，对不允许间断供水的建筑物，应从城市管网的不同侧引入，设置两条或两条以上引入管，在室内连成环状或贯通枝状双向供水。如市政外网不能实现两路供水时，应采取设贮水池

(箱)或增设第二水源等措施以保证安全供水。

引入管的敷设，其室外部分覆土深度由土壤的冰冻深度、地面荷载、管道材质等因素决定。管顶最小覆土深度不得小于土壤冰冻线以下 0.15m，行车道下的管线覆土深度不宜小于 0.7m，管材采用球墨铸铁管。

管道竣工后洞口空隙内应用黏土夯实，外抹 M5 水泥砂浆，防止雨水渗入。

2. 给水管道的布置与敷设

(1) 管网的布置

室内给水管道的布置与建筑物的性质、外形、结构、用水点分布及采用的给水方式有关。管道布置时，应力求短捷，平行梁、柱及沿墙面做直线布置，不妨碍美观，且便于安装和检修。

给水埋地管不得布置在可能被重物压坏处，不得穿越生产设备基础，特殊情况下必须穿越时应采取有效的防护措施。给水管道不得敷设在烟道、风道及电梯井内，不宜穿过橱窗、壁橱。给水管道不得直接敷设在建筑物的结构板内。给水立管距离小便槽、大便槽端部不得小于 0.5m。给水管道不宜穿越伸缩缝、沉降缝、变形缝，如必须穿越时，应设置补偿管道吸收剪切变形的装置(图 2-11)。

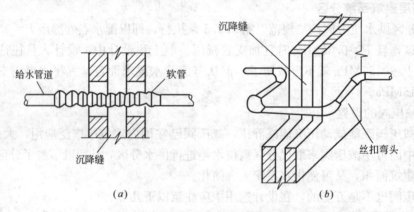

图 2-11 管道穿越沉降缝的处理方法

(a)橡胶软管法；(b)丝扣弯头法

(2) 管道的敷设

根据建筑物的性质及要求，给水管道的敷设有明设和暗设两种。

① 明设是将管道在室内沿墙、梁柱、顶棚下、地板旁等处暴露敷设。

② 暗设是管道敷设在吊顶、管井、管槽、管沟中隐蔽敷设。

生活给水管道宜明设，如建筑物要求较高时可暗设，但应便于安装和检修。给水横管宜敷设在地下室、技术层、吊顶或管沟内，立管可敷设在管道井内。生产给水管道应沿墙、柱、梁明设，工艺有特殊要求时可暗设，暗设时应预留管槽。不得直接埋设在建筑结构层内，必须埋设时，应设套管。

二、给水管道的安装

1. 孔洞的预留与套管的安装

在现浇整体混凝土构件、楼板上预留孔洞应在设备基础、墙、柱、梁、板上的钢筋已绑扎完毕时进行。预留孔洞不能适应工程需要时，要进行机械或人工打洞，尺寸一般比管

10

径大 2 号左右。

注意：（1）给水引入管，管顶上部净空一般不小于 100mm；

（2）排水排出管，管顶上部净空一般不小于 150mm。

凡穿越楼板、墙体基础等处的热水管，必须设置套管。常用的有钢管套管和镀锌铁皮套管，钢管套管多用于穿越基础、楼板、建筑物外墙等处的管道；镀锌铁皮套管适用于穿越建筑物内墙的管道。

2. 室内地下给水管道安装

在管道穿基础或墙的孔洞、穿地下室（或构筑物）外墙的套管已预留好，校验符合设计要求，确定室内装饰的种类后，才可进行室内地下管道的安装。

3. 立管的安装

立管的安装应在土建主体已基本完成，孔洞按设计位置和尺寸留好，室内装饰的种类、厚度已确定后进行。首先在顶层楼板的立管中心线位置用线坠向下层吊线，与底层立管接口对正，检验孔洞，然后进行立管安装，栽立管卡，最后封堵楼板眼。

4. 给水横支管安装

在立管安装完毕、卫生器具安装就位后可进行横支管安装。

5. 卫生器具的安装（具体内容见第三章第二节介绍）

第三节　建筑给水设备

一、水泵

建筑内部给水系统中，一般采用离心泵。离心泵按叶轮轮轴方向分卧式、立式；按叶轮的个数又可分为单级泵和多级泵。

1. 卧式离心泵：水泵驱动前，将泵壳和吸水管都充满水，电机驱动叶轮高速旋转，水在离心力的作用下，经涡壳流入压水管路，叶轮中心由于水被甩出而形成真空，水由吸入侧流入，水泵实现系统加压（图 2-12）。

2. 立式泵：工作原理同卧式离心泵。

3. 水泵基础：离心泵常安装在混凝土基础上，混凝土基础的重量应大于水泵机组重量 1.5 倍以上，并高出地面 0.2m 左右，设备与基础间应设减振垫以隔振。

二、水箱及贮水池

1. 水箱：水箱应设置在便于维护、通风和采光良好，且不冻结的地方，水箱应加盖并采取保护水质不受污染的措施。设置水箱的房间净高不得低于 2.2m。

2. 贮水池：贮水池的有效容积应根据调节水量、消防贮备水量和事故用水量计算确定。水池应设水位控制阀、溢流管、进水管、水泵吸水管等。

三、气压给水设备

气压给水设备是建筑中常采用的一种供水设备。

主要设备有密闭钢罐、电动机、水泵、自动控制装置等。其工作过程为：水泵启动

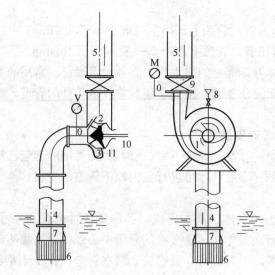

图 2-12 离心泵装置图

1—工作轮；2—叶片；3—泵壳(压水室)；4—吸水管；5—压水管；6—拦污栅；7—底阀；
8—加水漏斗；9—阀门；10—泵轴；11—填料涵；
M—压力计；V—真空计

后，水由贮水池输送至给水管网，多余的水量进入气压罐，罐内的气体受到压缩，压力增加；待压力达到设计上限时，压力传感器将信号传至控制系统，切断电源，水泵停止运转；当用户继续用水，气压罐中的气体依靠自身的压力将水压入供水管网。当水位下降，罐内压力降到设计下限时，控制系统即时启动水泵，重复上述过程。

第四节 热水供应系统

一、热水供应系统分类

热水供应系统按热水供应范围分为三类：局部热水供应系统、集中热水供应系统、区域热水供应系统。

1. 局部热水供应系统

采用小型加热设备在用水场所或附近就近加热，供一个或几个用水点使用的热水系统为局部热水供应系统。该系统适用于热水用水量小且分散的建筑，例如：采用小型燃气加热器、蒸汽加热器、电加热器、炉灶、太阳能热水器等加热设备加热冷水，供给单个厨房、生活间、理发店等用水。

2. 集中热水供应系统

在锅炉房或热交换站将水集中加热，通过热水管道将热水输送到一栋或几栋建筑物。集中热水供应系统适用于热水用水量大、用水点多且较集中的建筑，旅馆、医院等公共建筑的热水供应。

如图 2-13 所示，集中热水供应系统主要由锅炉、热媒循环管、水加热器和配水管道、回水管道组成。锅炉生产的蒸汽或高温水经热媒管送至换热器，与冷水换热后，冷却为凝结水由凝结水管排往凝结水箱，凝结水泵将其送回锅炉加热。冷水由高位水箱送入水加热器加热，变成热水后，由配水管道送至各用水点。为了保证供水温度，循环回水管中回流一定的流量，补偿配水管路的热损失。

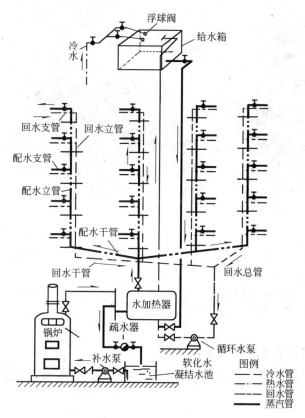

图 2-13　室内热水供应系统的组成

3. 区域热水供应系统

水在热电厂、区域锅炉房或区域热交换站加热，通过室外热水管网输送到城市街坊、住宅小区建筑物中。区域热水供应系统适用于要求热水供应的建筑甚多且较集中的城镇住宅区和大型工业企业。

二、水的加热方式及加热设备

水的加热方式有直接加热和间接加热两种方式，每种方式又采用不同种类的加热设备。加热设备的选择应根据使用特点、耗热量、热源情况和燃料种类等确定。

1. 局部热水供应的水加热器

（1）电加热器：冷水由自来水供给，加热器的温度控制装置在水温低于要求温度时会自动接通电源。

（2）快速燃气水加热器：如图 2-14 所示，为快速燃气水加热器简图。

（3）太阳能热水供应：利用太阳照向地面的辐射热，将保温箱内的盘管或真空管中的低温水加热后送至贮水箱以供使用(图 2-15)。

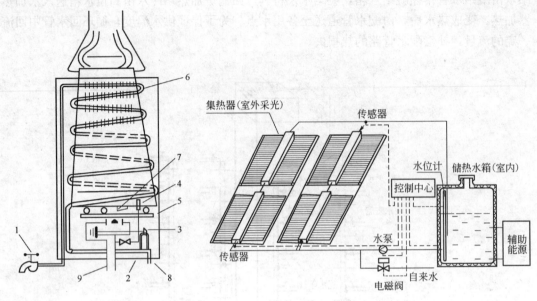

图 2-14　快速燃气热水器

1—热水龙头；2—文氏管；3—弹簧膜片；
4—火种；5—燃烧器；6—盘管；7—安装装置；
8—冷水进口；9—燃气进口

图 2-15　太阳能热水器

2. 集中热水供应的水加热设备

（1）热水锅炉直接加热：如图 2-16 所示，系统的热水贮水罐用于稳定压力和调节用水量。

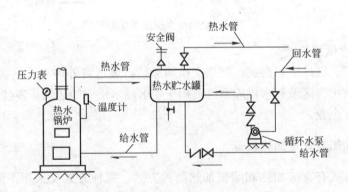

图 2-16　热水锅炉直接加热

（2）蒸汽直接加热：将锅炉产生的蒸汽直接通入水中，汽水相互掺混，将水加热，有多孔管加热和消声喷射器加热两种形式（图 2-17）。

（3）容积式热交换器间接加热：容积式热交换器是用钢板制造的密闭钢筒，内置有加热盘管，盘管内充满热媒（即高温水或水蒸气），容积式热交换器具有加热和贮热的作用，能贮存一定体积的热水，该系统热水供应比较稳定，但占地面积较大。热交换器的形式有卧式和立式两种（图 2-18）。

14

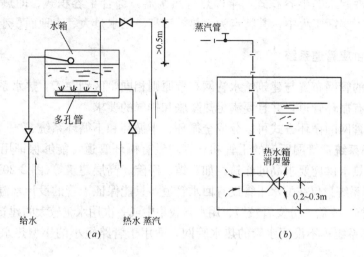

图 2-17　蒸汽直接加热
(a)多孔管加热；(b)消声喷射器加热

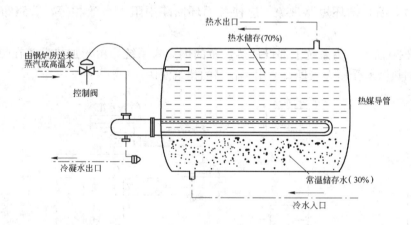

图 2-18　容积式热水加热器(卧式)

（4）快速水加热器加热：快速水加热器体积小而热水生产效率高，但不能贮存热水，适用于热水用量均匀的用水系统，如室内游泳池等，生活用热水较少采用。在用水量大和节约面积等特殊情况下应用时，可采取贮水罐和加热器组合的形式(图 2-19)。

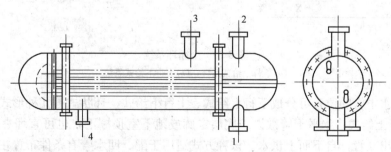

图 2-19　多管式汽-水快速式水加热器加热
1—冷水；2—热水；3—蒸汽；4—冷凝水

近几年发展起来的半容积式、半即热式热水器，综合了容积式、即热式热水器的优点，广泛应用于实际工程中。其特点为：热效率高、供水量大、占地面积小。

三、热水供应管道系统

热水供应的管网布置与建筑给水管网布置原则相同，区别在于：热水系统为保证设计水温，系统设有循环管道，并且要满足热膨胀和排气的要求。

按照热水管网的循环方式可以分成全循环、半循环和不循环系统。

1. 全循环系统： 管网所有的干管和立管均设有循环管道，能够保证用水点的热水水温。适用于对热水供应要求高的建筑，如宾馆、医院、高层建筑等（图2-20）。

2. 半循环系统： 仅在配水干管设有回水管道，只能保证干管的设计水温，适用于对水温要求不甚严格，支管、分支管较短、用水量较集中或一次用水量较大的建筑物（图2-21）。

3. 不循环系统： 不设回水管的热水管网，适用于管路短小的小型热水系统和连续用水或定时用水的系统。

为了使水压均衡，高层建筑的热水供应系统竖向分区应与冷水供应系统的竖向分区相同，各区水加热器、贮水箱的给水由同区冷水系统供给。为了保证通过各立管的水温均匀一致，防止循环短路现象，应使各循环回路中阻力大致相等，管路布置宜采用同程系统。

如图2-20所示，为系统上部设加热设备的倒流式系统，由于加热设备在热水系统的最高处，加热器承受压力较低，适用于较高的建筑使用。

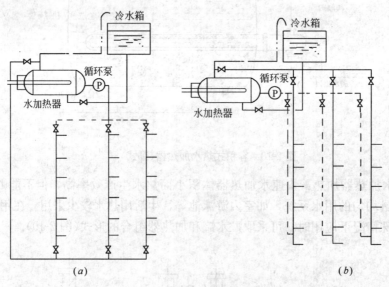

图 2-20 全循环系统
(a)下行上给式系统；(b)上行下给式系统

根据给水干管的位置可分成下行上给式、上行下给式、环状式等几种形式。

1. 下行上给式： 水平干管敷设于底层走廊或地下室顶棚下，也可直埋在地下，水平干管向上接出立管，自下而上供水。该种方式适用于配、回水管有条件布置在底层或地下室内的建筑（图2-20a、图2-21a）。

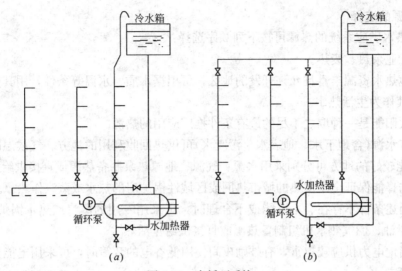

图 2-21　半循环系统

(a)下行上给式系统；(b)上行下给式系统

2. 上行下给式：水平干管敷设在顶层顶棚下或吊顶内，高层建筑敷设在各技术层中，立管由干管向下分出，自上而下供水。这种方式适用于配水干管有条件布置在顶层的建筑以及热水立管较多的建筑(图 2-20b、图 2-21b)。

3. 环状式：分水平干管成环和立管成环两种。所谓水平干管成环是将水平干管连接成闭合图形环状；立管成环是将立管上下两端连接成环状。环状式多用于大型公共建筑、高层建筑和不允许断水的车间。

四、饮水供应简介

饮用水水质标准应满足《生活饮用水卫生标准》和《饮用净水水质标准》。

供饮用的水包括：开水、饮用净水和冷饮水。开水是指水温为 100℃的水，将自来水加热至 100℃并持续 3min；饮用净水是指将自来水深度净化后而成的可直接饮用的水，水温一般在 10~30℃；冷饮水是指经冷却降温、水温在 4.5~7℃可直接饮用的水。饮水制备机房应符合以下要求：

1. 通风和照明良好。

2. 不被任何有害气体或粉尘污染。

3. 墙面和地面便于清扫，地面应有排水措施。

4. 便于取用，其供应半径一般不超过 75m，楼房宜每层有开水供应点。

5. 有一定面积，空间高度不宜低于 2.5m，以便于安装和检修。

6. 加热热源应有可靠保证。

饮用水管应采用铜管、不锈钢管或聚丁烯管(PB)，配件应采用与管材相同的材料。

五、节能节水

生活热水供应系统所耗能源占建筑能耗的 10%~30%，在热水供应系统的设计、应用中合理选择生活热水的热源、管道系统、加热设备等对于建筑节能有重要的作用。

1. 热源的选择

集中热水供应系统的热源可按下列顺序选择：

（1）工业余热、废热。

（2）地热水资源丰富且允许开发的地区，可根据水质、水温等条件，用其作热源，也可直接用其作为生活热水。

（3）太阳能是一种取之不尽的最有条件推广应用的热源。

（4）有水源（含地下水、地表水、污废水）可供热回收利用的地方、气候温暖地区、土壤热物性能较好的地方可分别采用水源、气源、地源热泵制备热源或直接供给生活热水。

（5）选择能保证全年供热的城市热网或区域性锅炉房的热水或蒸汽作热源。

（6）上述条件不存在、不可能或不合理时，可采用专用的蒸汽或热水锅炉制备热源，也可采用燃油、燃气热水机组制备热源或直接供给生活热水。

（7）当地电力供应较丰富，有鼓励夜间使用低谷电的政策时，可采用电能作热源或直接制备生活热水。

局部热水供应系统的热源可因地制宜地采用太阳能、空气源热泵、电、燃气等。当采用电作为热源时，宜采用储热式电热水器，以降低耗电功率。

2. 管道系统设计

（1）配水点处冷热水压力的平衡

集中热水供应系统应保证配水点处冷热水压力的平衡，其保证措施为：

① 高层建筑的冷、热水系统分区应一致，各区水加热器、储水罐的进水均应由同区的给水系统专管供应。当不能满足时，应采取合理设置减压阀等措施保证系统冷、热水压力的平衡。

② 同一供水区的冷、热水管道宜相同布置并推荐采用上行下给的布置方式。

③ 应采用被加热水侧阻力损失小的水加热设备，直接供给生活热水的水加热设备的被加热水侧阻力损失宜不大于 $1mH_2O$。

（2）合理设置热水回水管道

合理设置热水回水管道，保证循环效果，节能节水。

① 集中热水供应系统应设热水回水管道，并设循环泵，采取机械循环。

② 热水供应系统应保证干管和立管中的热水循环。

③ 单栋建筑的热水供应系统，循环管道宜采用同程的方式。当系统内各供水立管（上行下给布置）或供回水立管（下行上给布置）长度相同时，亦可将回水立管与回水干管采用导流三通连接，保证循环效果。

3. 加热设备的选择：

（1）选择燃油燃气热水机组、热水锅炉时，应选用热效率高、排烟温度较低、燃料燃烧完全、无需消烟除尘的设备。

（2）热水循环泵。①热水循环泵的流量和扬程应经计算确定。②为了减少管道的热损耗、减少循环泵的开启时间，可根据管网大小、使用要求等确定合适的控制循环泵启停的温度，一般启停泵温度可比水加热设备供水温度分别降低 10～15℃和 5～10℃。

第五节　室内消防给水系统

建筑消防设施和灭火剂的种类很多，目前常用的有消火栓系统、自动喷水灭火系统、水喷雾灭火系统、消防炮系统、高中低泡沫灭火系统、洁净气体灭火系统、移动灭火器等等。在众多的灭火剂中，用水控火和灭火是较为经济、有效、便捷的方法。

一、消防给水的设置范围

在进行城镇、居住区、工厂、仓库等的规划和建筑设计时，必须同时设计消防给水系统。

对于9层及9层以下的居住建筑、建筑高度不超过24m的公共建筑、建筑高度超过24m的单层公共建筑、工业建筑，应按现行的《建筑设计防火规范》设置室内外消火系统、自动喷水灭火系统或其他灭火设施。10层及10层以上的居住建筑、建筑高度超过24m的公共建筑应按现行《高层民用建筑设计防火规范》的规定设置室内外消火栓系统、自动喷水灭火系统或其他灭火设施。

二、消火栓给水系统

室内消火栓给水系统是建筑物内广泛采用的一种消防给水设施，通常由消火栓箱、消火栓、消防管道、加压设备、高位消防水箱、消防水池组成。室外给水管网能够满足消防的水量和压力需要时，可以不设置消防水箱、消防泵以及消防水池(图2-22)。

水枪是灭火的主要工具，其作用在于收束水流，增加流速，产生击灭火焰的充实水柱。水枪喷口直径有13mm、16mm、19mm。水带常用直径有50mm、65mm两种，两端分别与水枪及消火栓连接。消火栓有50mm、65mm两种。水枪、水带、消火栓同置于消火栓箱中，消火栓箱有明设和暗设两种方式(图2-23)。

1. 消火栓： 设有消防给水的建筑物，各层(无可燃物的设备层除外)均应设消火栓。室内消火栓的布置应保证有两支水枪的充实水柱同时到达室内任何部位，间距应由计算确定。消火栓的平面布置如图2-24所示。

消防电梯前室应设消火栓；冷库的室内消火栓应设在常温穿堂或楼梯间内；设有消火栓的建筑，如为平屋顶时宜在平屋顶设置

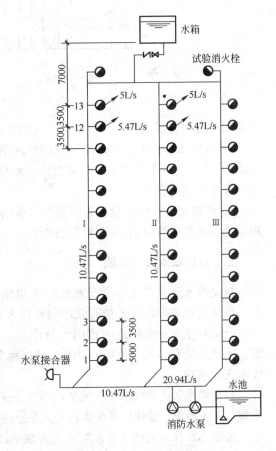

图2-22　消火栓消防给水系统

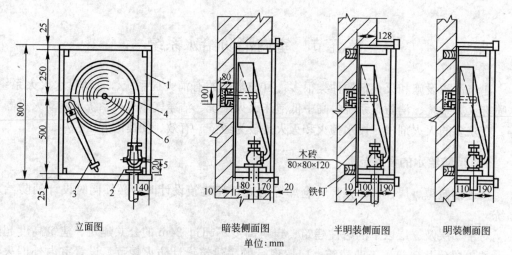

立面图　暗装侧面图　半明装侧面图　明装侧面图

单位：mm

图 2-23　消火栓箱及安装

1—消火栓箱；2—消火栓；3—水枪；4—水龙带；5—水龙带接扣；6—挂钉

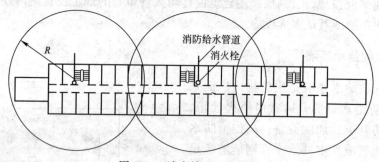

图 2-24　消火栓平面布置图

试验和检查用的消火栓，寒冷地区应有防冻措施。消火栓设于明显、易于取用的地点。

2. 消防水箱：采用临时高压消防给水系统的建筑物，应设消防水箱（或气压给水罐、水塔），水箱应设在建筑物的最高部位，水箱的有效容积应储存 10min 的消防用水量，并符合有关规范的要求。

3. 消防管道：消防给水管的管材多采用钢管，生活、消防共用系统应采用镀锌钢管，独立的消火栓系统可采用不镀锌的钢管。

三、自动喷水灭火系统

自动喷水灭火系统是能有效地扑灭初期火灾的自动灭火系统，能有效抑制轰燃的发生，使火灾在初期阶段就被有效控制和扑灭。

自动喷水灭火系统适用范围十分广泛，可应用于各类民用和工业建筑。高层民用建筑、生产和储存可燃物的厂房（库房）及其他重要的建筑物均应按现行规范的规定设置自动喷水灭火系统。

自动喷水灭火系统按喷头的开启形式可分为闭式系统和开式系统。闭式系统又分为湿式系统、干式系统、预作用系统等；开式系统包括雨淋系统、水幕系统、水喷雾系统等等。

如图 2-25 所示为闭式自动喷水灭火系统，系统由水源、喷头、管网、报警阀、水流指示器、末端试水装置、加压设备和火灾探测报警系统组成。喷头由支架、溅水盘和感温元件组成。

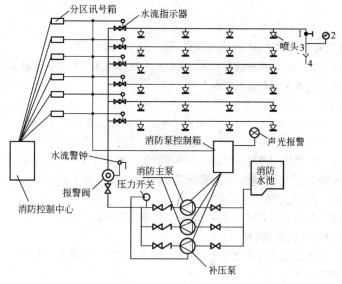

图 2-25　自动喷水灭火系统

1—截止阀；2—压力表；3—试水接头；4—排水漏斗

当某一保护区域内发生火灾时，火焰或热气流上升使布置在顶棚下的闭式喷头的感温元件受热自动打开，水流喷出，报警阀组中的压力开关直接启动消防主泵，同时发出火警信号。

四、水幕系统

水幕消防系统是利用密集布置的喷头喷水所形成的水墙或水帘，或配合防火卷帘等分隔物，阻断烟气和火势的蔓延，具有隔离火区或冷却防火分隔物的作用，属于暴露防护系统。图 2-26 所示为水幕消防系统。一旦发生火灾，感温或感烟火灾探测器将火灾信号传给电器控制箱，启动消防泵，打开电动阀，同时报警。如果人们先发现火灾而火灾探测器尚未动作，可按电钮启动消防泵和电动阀；如电动阀故障，可打开手动阀。

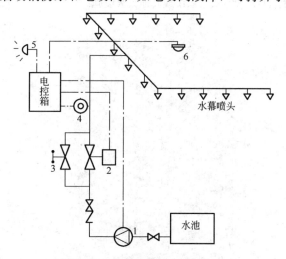

图 2-26　电动控制水幕系统

1—消防泵；2—电动阀；3—手动阀；4—电按钮；5—电铃；6—火灾探测器

思考题：

1. 生活给水系统有哪几种常用的给水方式？

答：有直接给水方式、单设水箱给水方式、低位贮水池（箱）和水泵的联合给水方式、设有气压给水设备的给水方式、高层建筑常用的分区给水方式。

2. 气压给水设备的工作过程是怎样的？

答：气压给水设备的工作过程：水泵启动后，水由贮水池输送至给水管网，多余的水量进入气压罐，罐内的气体受到压缩，压力增加；待压力达到设计上限时，压力表传感器将信号传至控制系统，电源切断，水泵停止运转；当用户继续用水，气压罐中的气体依靠自身的压力将水压入供水管网。当水位下降，罐内压力降到设计压力下限时，控制系统即时启动水泵，重复上述过程。

3. 热水管网的循环方式有哪几种形式？

答：按照热水管网的循环方式可以分成全循环、半循环和不循环系统。

4. 自动喷水灭火系统的作用是什么？

答：自动喷水灭火系统是能有效地扑灭初期火灾的灭水系统，能有效抑制轰燃的发生，使火灾在初期阶段就被有效控制和扑灭。

练习题：

1. 建筑给水系统分为哪几类？

答：建筑给水系统按用途可分为生活给水系统、消防给水系统、生产给水系统。

2. 建筑给水系统的管材如何选用？

答：建筑给水管道常用的管材有塑料管、钢管、给水铸铁管等。室内地面上的生活给水管首选采用塑料管。埋地敷设的生活给水管，直径等于或大于 75mm 时宜采用球墨给水铸铁管。大便器、大便槽的冲洗管宜采用塑料管。消火栓系统管道一般采用非镀锌管或球墨给水铸铁管。

3. 热水供应系统按热水供应范围分为哪几类？

答：分为三类：局部热水供应系统、集中热水供应系统、区域热水供应系统。

4. 某体育场馆（单层）建筑高度 25m，请问如何进行消防设计？

答：该体育场馆属于建筑高度超过 24m 的公共建筑，但却是单层，应按《建筑设计防火规范》的规定设置室内外消火栓系统、自动喷水灭火系统或其他灭火设施。

第三章 建筑排水工程

本章重点

本章重点介绍了建筑排水系统分类和组成、排水管道的布置和敷设、各种卫生器具和排水附件及其安装、小区给水管网和排水管网设计时应遵循的原则等。

建筑排水系统的任务是有组织地汇集由卫生器具和生产设备排除出来的污水，以及降落在屋面上的雨水、雪水，通过室内排水管道迅速通畅地排到室外排水管道中去。

一、排水系统的分类

按所排除的污（废）水的性质，建筑物内部装设的排水管道分成三类。

1. 生活污（废）水系统

人们日常生活中排出的除粪便以外的排水称作生活废水；粪便污水和生活废水总称为生活污水。排除生活污水的管道系统称作生活污水系统。当生活污水需经化粪池处理时，粪便污水宜与生活废水分流；有污水处理厂时，生活废水与粪便污水宜合流排出。

2. 生产污（废）水系统

生产过程中排出的水，包括生产废水和生产污水。其中生产废水系指未受污染或轻微污染以及水温稍有升高的工业废水（如使用过的冷却水）；生产污水是指生产过程中被化学杂质和有机物污染较重，以及水温过高排放后造成热污染的工业废水。

3. 雨（雪）水系统

落在屋面上的雨水和融化的雪水，应由管道系统排除。此系统又分为内排、外排两类。

二、排水系统的组成

建筑排水系统一般由污（废）水受水器、排水管道、通气管、清通附件、提升设备等组成，当污水需进行处理时还应有局部水处理构筑物，其组成如图 3-1 所示。

1. 污（废）水受水器：污（废）水受水器系指各种卫生器具，排放工业废水的设备及雨水斗等。

2. 排水管道：排水管道由器具排出管（指连接卫生器具和排水横支管的短管，除坐式大便器外其间应包括存水弯），有一定坡度的横支管、立管及埋设在室内地下或地下室顶板下的总横干管和排至室外的排出管所组成。

3. 通气管系统：一般层数不多，卫生器具较少的建筑物，仅设排水立管上部延伸出屋顶的通气管；对于层数较多的建筑物或卫生器具设置较多的排水管系统，应设辅助通气管及专用通气管，以使排水系统气流畅通，压力稳定，防止水封破坏。

4. 清通附件：清通附件指疏通管道用的检查口、清扫口、检查井及带有清通门的 $90°$ 弯头或三通接头设备，清通附件如图 3-2 所示。

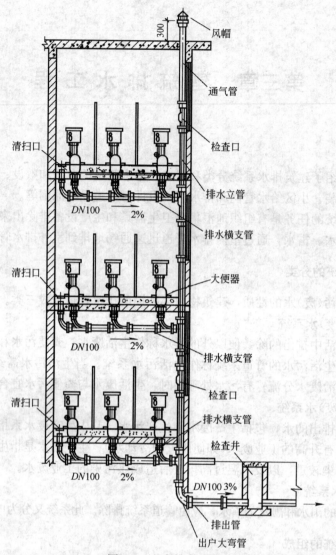

图 3-1　室内排水系统

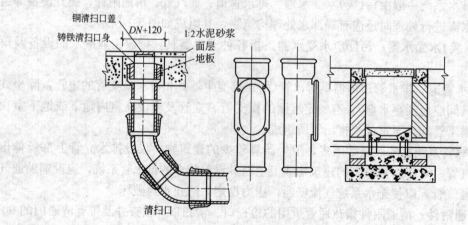

图 3-2　清通附件

5. 提升设备： 民用建筑的地下室、人防建筑物、高层建筑的地下技术层等地下建筑内的污水不能自流排至室外时，必须设置提升设备。常用的提升设备是水泵，其他还有气压扬液器等。

6. 局部污水处理构筑物： 室内污水未经处理不允许直接排入城市排水管网，特别是当严重危及水体卫生时，必须经过局部处理，如粪便污水需经化粪池处理，含油污水需经隔油池处理等。

第一节 排水管道的布置和敷设

一、建筑排水的管材及管件

1. 机制排水铸铁管： 机制排水铸铁管采用离心浇注工艺铸造，强度较高，壁厚均匀。室内排水铸铁管通过各种管件连接，所用铸铁配件均为定型产品，不能任意切割和弯曲，需按配件组合尺寸进行排管下料和安装，图3-3为常用的几种排水铸铁管管件。

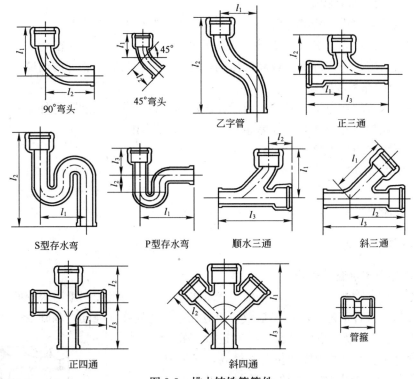

图3-3 排水铸铁管管件

2. 硬聚氯乙烯塑料管： 硬聚氯乙烯塑料管是目前国内外都在大力发展和应用的新型管材，具有重量轻、管壁光滑阻力小、耐化学腐蚀性强、安装方便、投资低、节约金属等特点，但噪声大。塑料管承插连接的插接件的形状同排水铸铁管，承插口用胶粘剂粘接。由于管道受环境温度和污水温度变化而伸缩，当管道伸长超出允许值时需设伸缩节。

3. 焊接钢管： 焊接钢管可用作生产设备的非腐蚀性排水支管、高层建筑雨水管、压力流雨水管等。

4. 无缝钢管： 对于检修困难，机器设备振动较大的部位管段及管道内压力较高的非腐蚀排水管，可采用无缝钢管。无缝钢管连接采用焊接或法兰连接。

5. 特种管道： 在工业废水管道中，需排除各种腐蚀性污水、高温及毒性污水，因此常用特种管道如：不锈钢管、铅管、高硅铁管等。

二、排水管道的布置和敷设

1. 卫生器具支管的布置和敷设

卫生器具排水横支管的敷设要根据卫生器具的位置和管道的布置要求而定。在卫生器具和工业废水受水器与生活污水管道或其他可能产生有害气体的排水管道相连接时，必须在排水口下设存水弯。

2. 排水横管的布置和敷设

排水管道一般应在地下埋设或在地面以上楼板下明设，如建筑物或工艺有特殊要求时，可在管槽、管井、管沟或吊顶内暗设，但应便于安装和检修。排出横管均按一定坡度坡向排水立管，应尽量短捷和少转弯。

3. 排水立管的布置和敷设

排水立管一般暗设在管槽或管井中，当建筑物对装修要求不高时，可沿墙角、柱边明设。排水立管应设在靠近最脏、杂质最多及排水量大的排水点处。生活污水立管不得穿越卧室、病房等对卫生、安静要求较高的房间，且不宜靠近与卧室相邻的内墙。

4. 排出管的布置和敷设

排出管一般应埋在地下，必要时敷设在地沟内。排出管的长度随室外第一个检查井的位置而定，一般检查井距建筑物外墙距离在 3～10m 范围内。

5. 通气管的布置和敷设

通气管不得接纳器具污水、废水和雨水；通气管高出屋面不得小于 0.3m，且必须大于当地最大积雪厚度。通气管顶端应装设风帽或网罩，通气管不得与建筑物的风道或烟道相接，通气管与屋顶平面交接处应防止漏水，通气管口不宜设在屋檐檐口、阳台或雨篷下。

三、建筑排水管的安装

1. 室内地下排水管的敷设

室内地下排水管敷设应在土建基础工程基本完成，管沟已按图纸需求挖好，位置、标高及坡度经检查符合工艺要求，沟基做了相应处理并达到施工强度，基础及过墙穿管的孔洞已按图纸的位置、标高和尺寸预留好时进行。敷设时首先按设计要求确定各管段的位置与标高，在沟内按承口向来水方向排列管材、管件，管材可以截短以适应安装要求，使管线就位；然后预制各管段，并进行防腐处理，下管对接；最后进行注水试验、检查和回填，其灌水高度应不低于底层卫生器具的上边缘或底层地面高度。排出管穿墙基础如图 3-4 所示。

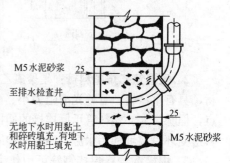

图 3-4　排出管穿墙基础

2. 室内排水立管的安装

室内排水立管的安装应在地下管道敷设完毕，

各立管甩头按图纸要求和有关规定正确就位后进行。首先，自顶层楼地板找出管中心线位置，然后预制安装，经检查符合要求后，栽立管卡架，固定管道，最后堵塞楼板眼。堵楼板时将模板支严、支平，将细石混凝土灌严实、平整。

3. 室内排水横支管安装

当排水立管安装完毕，立管上横支管分岔口标高、数量、朝向均达到质量要求后，可进行横支管安装。安装时下料尺寸要准确，严格控制标高和坐标，使其满足各卫生器具的安装要求。以上工作完成后，即可进行卫生器具的安装。

第二节　卫生器具、地漏及存水弯

卫生器具是用来满足日常生活中便溺洗涤等卫生要求以及收集、排除生活中产生污水的设备。常用的卫生器具按其用途可分为：便溺用卫生器具，盥洗、沐浴用卫生器具，洗涤用卫生器具等几类。本节将分别介绍各种卫生器具及安装知识。

一、便溺用卫生器具

便溺用卫生器具有大便器、大便槽、小便器、小便槽等。

1. 大便器

(1) 蹲式大便器：按污水排出口的位置分为前出口和后出口两种。蹲式大便器使用时不与人的身体接触，可防止疾病传染，一般装设在公共卫生间及防止接触传染疾病的医院厕所内，其构造如图 3-5 所示。

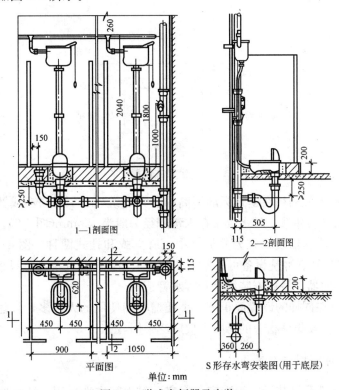

1—1剖面图　2—2剖面图

平面图　　S形存水弯安装图（用于底层）

单位：mm

图 3-5　蹲式大便器及安装

27

大便器的安装应先进行试安装，将大便器试安装在已装好的存水弯上，用红砖在大便器四周临时垫好，核对大便器的安装位置、标高，符合质量要求后，用水泥砂浆砌好垫砖，便器周围填入白灰膏拌制的炉渣；再将便器与存水弯接好，最后用模形砖挤住大便器，安装冲洗水箱、冲洗管，在大便器周围填入过筛的炉渣并拍实，并按设计要求抹好地面。

（2）坐式大便器：坐式大便器有冲洗式和虹吸式两种，坐式大便器本身构造带有存水弯，排水支管不再设水封装置。坐式大便器冲洗水箱多用低位水箱，如图3-6所示。坐式大便器及低位水箱应在墙及地面完成后进行安装。用木螺钉将水箱和坐式大便器固定，最后安装管道。

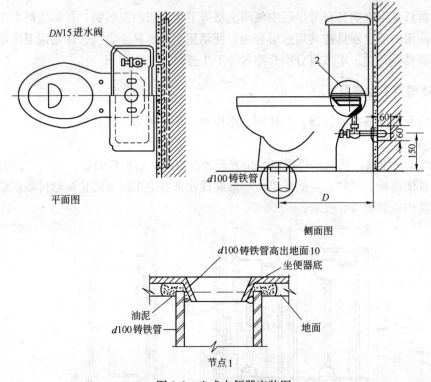

图3-6 坐式大便器安装图

2. 大便槽：大便槽用在建筑标准不高的公共建筑（工厂、学校）或城镇公厕中。大便槽多用瓷砖或水磨石建造，排水管及存水弯管径一般为150mm（图3-7）。

3. 小便器：小便器装设在公共男厕中，有立式和挂式两种，图3-8为挂式小便器，图3-9为立式小便器。冲洗设备可采用自动冲洗水箱或阀门冲洗，每只小便器均应设存水弯。准确固定小便器，最后安装给水和排水管道。

4. 小便槽：在同样的设置面积下，小便槽容纳使用的人数多，且建造简单经济，故在公共建筑、学校及集体宿舍的男厕中被广泛采用（图3-10）。

二、盥洗、沐浴用卫生器具

1. 洗脸盆：洗脸盆装设在盥洗室、浴室、卫生间供洗漱用。洗脸盆大多用带釉陶瓷

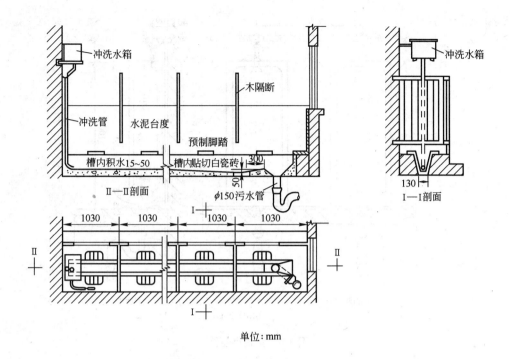

图 3-7　大便槽

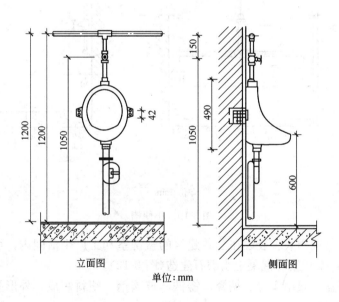

立面图　　　　　　侧面图

单位：mm

图 3-8　挂式小便器

制成，形状有长方形、半圆形及三角形，架设方式有墙架式和柱架式两种。图 3-11 为单个洗脸盆墙架式安装。

　　安装时应首先确定洗脸盆及支架位置，预栽防腐木砖，待饰面施工完成后安装支架、固定洗脸盆，最后按设计要求安装冷、热水管和排水管道。一般热水管道在冷水管上侧，冷水阀门在面对的右侧。

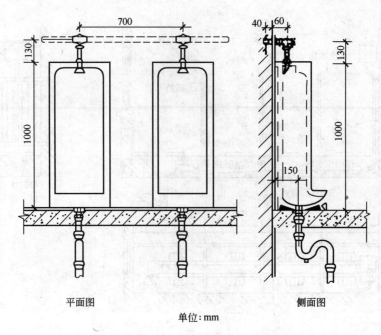

平面图　　　　　　　　　　　　　侧面图

单位：mm

图 3-9　立式小便器

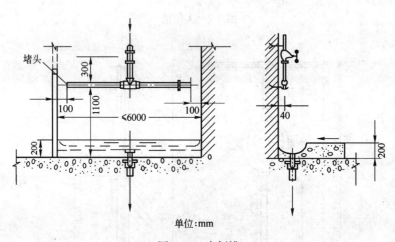

单位：mm

图 3-10　小便槽

2. 盥洗槽：盥洗槽大多装设在公共建筑的盥洗室和工厂生活间内，可做成单面长方形和双面长方形，常用钢筋混凝土水磨石建造（图 3-12）。

3. 浴盆：浴盆一般用陶瓷、搪瓷、铸铁、玻璃钢、塑料制成，外形呈长方形，浴盆安装如图 3-13 所示。

4. 淋浴器：淋浴器与浴盆比较，有较多的优点，占地少造价低，清洁卫生，广泛应用在工厂生活间、机关、学校的浴室中。图 3-14 为淋浴器安装图。

三、洗涤用卫生器具

洗涤用卫生器具供人们洗涤果蔬及倾倒污水器皿之用，主要有洗涤盆、化验盆、污水盆等。污水盆及洗涤盆的安装如图 3-15 所示。

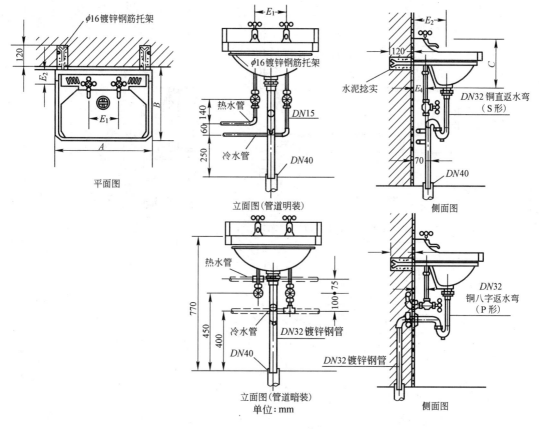

图 3-11　洗脸盆及安装

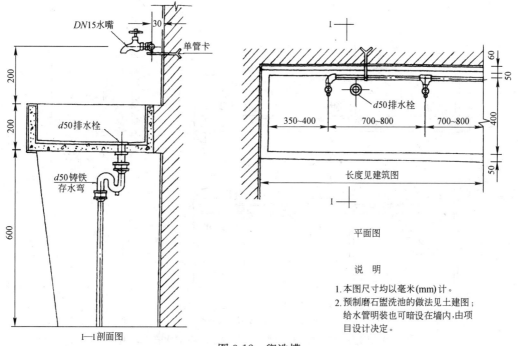

说　明

1. 本图尺寸均以毫米(mm)计。
2. 预制磨石盥洗池的做法见土建图;
   给水管明装也可暗设在墙内,由项
   目设计决定。

图 3-12　盥洗槽

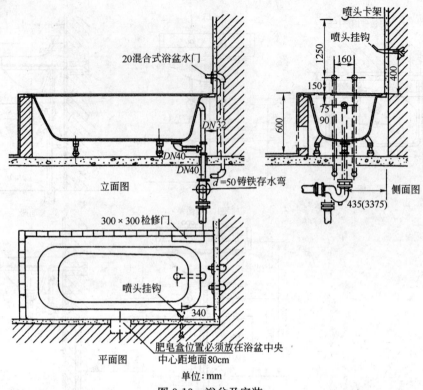

图 3-13　浴盆及安装

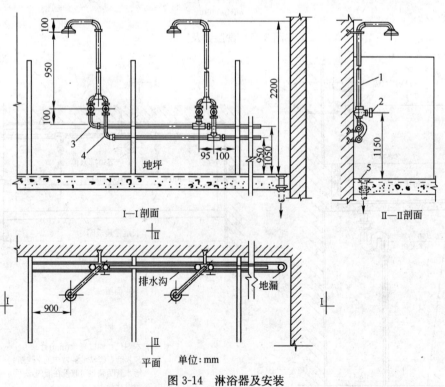

图 3-14　淋浴器及安装

1—对联开关淋浴器；2—截止阀；3—热水管；4—给水管；5—地漏

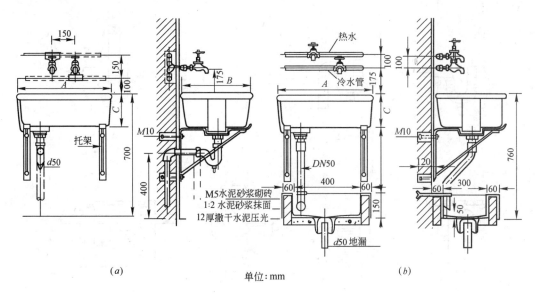

（a）　　　　　　　　单位：mm　　　　　　　（b）

图 3-15　洗涤盆安装

（a）管道暗装；（b）管道明装带污水盆

四、地漏及存水弯

1. 地漏：在卫生间、浴室、洗衣房及工厂车间内，为了便于排除地面积水，须设置地漏（图 3-16）。

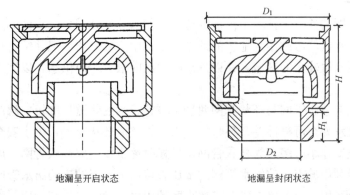

地漏呈开启状态　　　　　　　　地漏呈封闭状态

图 3-16　地漏

地漏一般为铸铁制成，本身带有存水弯。地漏装在地面最低处，室内地面应有不小于1%的坡度坡向地漏。

2. 存水弯：排水管排出的生活污水中，含有较多的污物，污物腐化会产生恶臭且有害的气体，为防止排水管道中的气体侵入室内，在排水系统中需设存水弯。存水弯的形状有 P 弯、S 弯、U 弯、瓶形、钟罩形、间壁形等多种形式，如图 3-17 所示。实际工程中应根据安装条件使用。

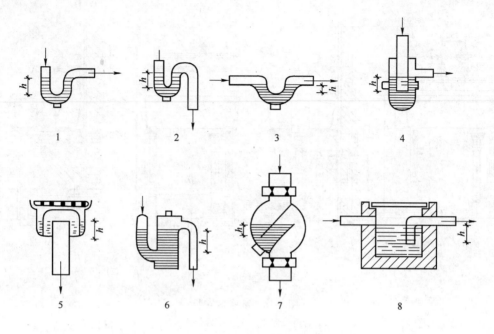

图 3-17　各种形状存水弯

1—P弯；2—S弯；3—U弯；4—瓶弯；5—钟罩形；6—筒形；7—间壁形；8—水封形

第三节　小区给水与排水

一、给水系统

小区给水管网的任务是把城市给水管道送来的水分配到用户。小区的配水管网应均匀地布置在整个用水区，考虑用水地区的地形、最大用户的分布情况并结合规划布置。小区给水管应通过用水量较大的区域，并以最短的距离向最大用户供水，以减少配水管用量和降低工程造价。

管网的形式有枝状管网与环状管网两种。枝状管网的管道长度短，阀门及配件少，投资省；缺点是供水安全可靠性差。环状管网由于管道成环状布置，供水安全可靠；缺点是投资较大。一般新建小区多先为枝状管网，扩建时逐步发展成环状管网。居住小区的室外给水系统应尽量利用城市市政给水管网的水压直接供水。当城市的给水管网水压、水量不能满足末端或小区用水压力要求时，应按小区的用水量设贮水池和加压泵站。

厂区或庭院的内部管网多用枝状管网，并在总进水管设水表计量水量。管道的布置应根据厂区或庭院的总平面布置，构筑物的位置和方向、用水量的情况及其他地下管线的情况综合考虑。敷设时应平行厂区干道和建筑物，尽量少穿越厂区的主要干道和由于水的泄漏引起事故的场所，并避开地质滑坡对管线的影响。

小区或庭院内部的管道多采用直埋敷设，法兰接口和阀门处应设检查井。若给水管敷设在热力管沟时，应单排布置或安装在热力管道下方。地下水位较高、雨期或冬期施工，应采取降水、排水或防冻措施。

二、污水系统及中水回用系统

城镇小区的排水体制(分流制或合流制)的选择,应根据城镇排水体制及环境保护要求等因素综合比较确定,新建小区多采用分流制排水。排水管道布置应根据小区总体规划、道路和建筑的布置、地形标高、污水去向等按管线短、埋深小且尽量自流排出的原则确定。小区污水管线的平面布置取决于地形及街道的建筑特征,并应便于用户接管排水。街道支管常敷设在较低一边的街道下,当小区大且地势平坦时,可以沿四周的街道敷设支管;当街道内的规划已经确定,则支管亦可以穿越街道布置。

排水管道的敷设应保证施工安装和检修,且在管道损坏时,应使污水不得冲刷或侵蚀建筑物以及构筑物的基础或污染生活饮用水水管;管道不会因机械振动而损坏,也不会因气温低而使管内水流冻结。

排水管道的管顶最小覆土厚度应根据外部荷载、管材强度和土的冰冻深度等因素结合当地埋管经验确定。

排水管道的基础应根据地质条件、布置位置、施工条件和地下水位等因素确定。

建筑中水系统是指以建筑和建筑小区使用后的淋浴用水、盥洗排水、洗衣排水、屋面雨水及冷却水等为原水,经过一定的物理、化学、生物方法的工艺处理,达到规定的使用标准,回用于冲洗厕所、绿化、浇洒道路、车辆冲洗、消防及水景等城市杂用水的供水系统。

建筑中水的应用:一方面减少污水排放对水体和环境的污染,有利于环境保护;另一方面可以节约用水,缓解目前我国城市水资源短缺的问题,保持经济的可持续发展。

建筑中水系统的建设和使用将带来明显的社会效益和经济效益。

三、雨水排放和管理系统

小区雨水管道系统的任务是通畅地排走街道或庭院汇水面积的暴雨径流量。雨水管道的平面布置应遵循以下原则:充分利用地形就近将雨水排入水体;结合建筑物的分布、道路雨水口分布、地形分布、出水口的位置及地下构筑物的分布情况合理布置雨水管;雨水管道应平行道路布置在人行道或草地下,而不宜布置在快车道下,以免维修时破坏路面。

雨水口的布置应使雨水不致漫过路面影响交通,可布置在道路的汇水点和低洼处;以及无分水点的人行横道线上游处;建筑物单元出入口附近、建筑物雨落管附近以及建筑物前后空地和绿地的低洼等处;广场、停车场的适当位置及低洼、易积水的地段处。雨水口不得修建在其他管道的顶上,深度不宜大于 1.0m。市区或厂区内的雨水管一般采用暗管,城郊或工业区可以采用明渠,对于靠近山麓的工厂或住宅区宜设排洪沟。

随着城市建设人工铺装地面增多,导致雨水降落时,大多数的雨水迅速流入排水沟,此时可以管理的雨水流量增加到 80%,水量也非常可观。

雨水管理可以解决水资源严重短缺和水环境严重失衡问题,对于城市雨洪灾害频繁发生的情况也有一定的帮助。雨水管理系统能够适当扩展当前某些地区即将饱和的排水系统,使它们继续发挥作用,扩展排水容量,减少雨水的流失,循环再利用。

雨水管理系统包括雨水收集处理系统、雨水喷灌利用系统、雨洪控制系统。

四、小区管线综合布置

在厂区或居住区，室外有多种管道，除给水排水管道外，还有热力、燃气、电力、通信等其他管道或管线，各种管道的综合布置与合理安排是非常复杂的工作，管道综合布置时应遵守下列规定：各种管道的平面排列不得重叠，并尽量减少和避免互相间的交叉；管道与铁路、道路和管沟交叉时，应尽量垂直于铁路、道路和管沟中心线；给水管与污水管交叉时，给水管应敷设在污水管和合流管的上面；管道排列时，应注意其用途、相互关系及彼此间可能产生的影响，如污水管应远离生活饮用水管；直流电力电缆不应与其他金属管靠近以免增加后者的腐蚀。

各种管道平面排列及标高设计，相互发生冲突时，应按下列规定处理：小管径管道让大管径管道；可弯的管道让不可弯的管道；临时的管道让永久性的管道；新设的管道让已建的管道；有压管道让自流的管道。

居住区管道平面排列时，应按从建筑物向道路及由浅至深的顺序安排，一般顺序为：①通信电缆或电力电缆；②煤气管道；③污水管道；④给水管道；⑤热力管沟；⑥雨水管道。管道可在建筑的单侧排列或在建筑物的两侧排列。

五、局部水处理构筑物

常用的局部水处理构筑物有化粪池、隔油井、沉淀池、降温池、接触消毒池等。

1. 化粪池：化粪池是将生活污水分格沉淀，及对污泥进行厌氧消化的小型构筑物。化粪池有矩形和圆形两种，用砖、石、钢筋混凝土等材料砌筑而成。

化粪池外壁距建筑物外墙不宜小于5m，并不得影响建筑物基础。池外壁距给水构筑物外壁不小于30m。化粪池池壁和池底，应防止渗漏，其顶板上应设有人孔，并采用密封人孔盖板。

2. 隔油池(井)：肉类加工厂、食品加工厂及食堂等污水中含有较多的食用油脂；汽车库冲洗污水和其他一些生产污水中，含有汽油等矿物油。为了保证污水管道安全、正常工作，对以上污水须经除油处理后方允许排入城市排水管网。生活污水及其他污水不得排入隔油池。也可在设备下设小型隔油具，清油更为方便。消毒剂一般用液氯、臭氧等。

隔油池(井)是用来分离、拦截污水中油类物质的小型水处理构筑物，可用水泥砂浆砖砌而成，并由人工定期清理。

3. 沉淀池：污水中含有矿物质固体、泥砂等影响处理系统正常运行或堵塞管道时，应设沉淀池或沉砂池，将泥砂从污水中沉淀分离，污泥定期由人工清除。

4. 降温池：温度高于40℃的污废水，应首先考虑将所含热量回收利用，如不可能回收利用时，在排入城镇排水管道之前应采取降温措施，一般设降温池，降温池的冷却水应尽量利用低温度废水，采用较高温度污(废)水与冷水在池内混合的方法进行降温。

5. 接触消毒池：医院、医疗卫生机构中被病原体污染的水必须进行消毒处理，经消毒处理后，水质应符合现行的《医疗机构污水排放标准》的要求。医院污水处理构筑物，宜与病房、医疗室、住宅等有一定防护距离，并应设置隔离措施。医院污水的水处理流程一般为：污水→沉淀池→调节池(或计量池)→消毒接触池→排入城市下水道。消毒接触池是使消毒剂与污水混合，并保证有一定的接触时间，对污水进行消毒处理的构筑物。

思考题：

1. 排水系统由哪几部分组成？

答：建筑排水系统一般由污(废)水受水器、排水管道、通气管、清通附件、提升设备等组成，如污水需进行处理时还应有局部水处理构筑物，其组成如图 3-1 所示。

2. 常用的卫生器具的种类有哪些？

答：常用的卫生器具按其用途可分为：便溺用卫生器具，盥洗、沐浴用卫生器具，洗涤用卫生器具等几类。

3. 小区的配水管网布置时应考虑的主要因素？

答：小区的配水管网应均匀地布置在整个用水区，考虑用水地区的地形、最大用户的分布情况并结合规划布置。小区给水管应通过用水量较大的区域，并以最短的距离向最大用户供水，以减少配水管，降低工程造价。

练习题：

1. 建筑排水系统分为哪几类？

答：按所排除的污(废)水的性质，建筑排水系统分成三类：生活污(废)水系统、生产污(废)水系统、雨(雪)水系统。

2. 排出管一般如何布置和敷设？

答：排出管一般应埋在地下，必要时敷设在地沟内。排出管的长度随室外第一个检查井的位置而定，一般检查井距建筑物外墙距离在 3～10m 范围内。

3. 雨水管道的平面布置应遵循哪些原则？

答：雨水管道的平面布置应遵循以下原则：充分利用地形就近将雨水排入水体；结合建筑物的分布、道路雨水口分布、地形分布、出水口的位置及地下构筑的分布情况合理布置雨水管；雨水管道应平行道路布置在人行道或草地下，而不宜布置在快车道下，以免维修时破坏路面。

第四章　建筑采暖工程

本章重点

本章重点介绍了采暖系统分类及组成；热水采暖系统常见形式及特点；蒸汽采暖系统的特点；采暖系统的主要设备及相关内容；采暖系统的管道设备安装、试压、调试及竣工验收各环节；室外供热管道的平面布置、定线原则、敷设方式，室外供热管网运行调节方式。

19 世纪末，集中的热水或蒸汽采暖系统得到广泛的应用，并在这一时期传入我国；至 20 世纪 50 年代后采暖系统开始进入普通家庭；60 年代末期，我国开始推广区域性集中热水（或高温水）采暖；70 年代末期，采暖事业得到进一步发展。进入 90 年代，我国开始推广新能源，如太阳能、地热能、低温核能等作为热源，同时输送技术也得到了迅速发展，出现热水、供冷、供暖"三联供"系统。

冬季当室温低于 11℃时人会感到十分寒冷，缩手缩脚，室温过低对生产工艺也有影响。采暖就是将热能以某种方式供给建筑物以保持一定的室内温度，使人们的日常生活、工作和生产活动得以正常进行。

一、采暖系统的分类

1. 按热媒种类划分

（1）热水采暖系统：以热水为热媒的采暖系统。供水温度 95℃、回水温度 70℃，或供水温度 60℃、回水温度 50℃的均为低温热水采暖系统；供水温度高于 100℃的为高温热水采暖系统。

（2）蒸汽采暖系统：以蒸汽为热媒的采暖系统。蒸汽压力高于 70kPa 的为高压蒸汽采暖系统；蒸汽压力低于或等于 70kPa 的为低压蒸汽采暖系统；蒸汽压力小于大气压力的为真空蒸汽采暖系统。

2. 按供热区域划分

（1）局部采暖系统：热源、管道、散热设备连成一整体。

（2）集中采暖系统：锅炉单独设在锅炉房内或城市热网的换热站，通过管道向一幢或几幢建筑供热。

（3）区域供暖系统：由一个区域锅炉房或区域换热站向城镇的某个生活区、商业区或厂区集中供应热能的系统。

3. 按循环动力方式划分

（1）机械循环采暖系统：机械循环采暖系统是依靠水泵提供的动力克服流动阻力使热水流动循环的系统。

（2）自然循环采暖系统：自然循环采暖系统不设水泵，水经锅炉加热后密度减小，热水沿管道上升至散热器，放出热量后温度下降，容量增加，水沿回水管道回至锅炉，仅依靠回水密度变化产生动力，这样所形成的循环为自然循环。

4. 按采暖时间分类

（1）连续采暖系统：对于全天使用的建筑物，为使其室内平均温度全天均能达到设计温度的采暖方式。

（2）间歇采暖系统：对于非全天使用的建筑物，仅使室内平均温度在使用时间内达到设计温度，而在非使用时间内可自然降温的方式。

（3）值班采暖系统：在非工作时间或中断使用的时间内，为使建筑物室内保持最低温度要求(以免冻结)而设置的采暖。

二、采暖系统的组成

（1）热源：燃料燃烧通过热媒将热能转化，产生热水或蒸汽的部分，如锅炉、热电厂等。

（2）管道系统：由室内外管网组成的热媒输配系统。在采暖系统中传递热量的媒介物质称为热媒，又称散热体。

（3）散热设备：将热量散入室内的设备，如散热器、风机盘管等。

第一节　热水采暖系统

以热水为热媒的供暖系统称为热水采暖系统。

一、热水采暖系统分类

1. 按系统循环动力划分：

（1）机械循环系统：靠水泵提供的动力克服流动阻力使热水流动循环的系统。它的作用压力大，系统形式多，管路较长、建筑面积和采暖热负荷都较大的建筑物一般均采用机械循环。

（2）自然循环系统：靠供、回水间密度差进行循环的系统。适用于作用压力较小，作用半径不大的低层小建筑。

2. 按系统管道敷设方式划分：

（1）垂直式系统：按供、回水干管位置的不同又可分为多种形式，如：上供下回式、下供下回式、中供式、下供上回式、混合式热水供暖系统等。

（2）水平式系统：按供水管与散热器的连接方式又可分为顺流式和跨越式。

3. 按供、回水立管设置方式划分：

（1）单管系统：热水经立管或水平供水管依次流过多组散热器，并依次在各散热器中冷却的系统，即各散热器在供、回水管道间是串联的。

（2）双管系统：热水经供水立管或水平供水管平行地分配给多组散热器，冷却后的回水自每个散热器直接沿回水立管或水平回水管流回热源的系统，即各散热器在供、回水管道间是并联的。

4. 按热媒温度划分：

（1）低温热水供暖系统：以低温水为热媒的系统。各国对于高温水和低温水的界定都有自己的规定，我国习惯认为，低于或等于100℃的热水，为低温水供暖系统。

（2）高温热水供暖系统：以高温水为热媒的供暖系统。超过100℃的热水为高温水供暖系统。

二、机械循环热水采暖系统

1. 机械循环热水采暖系统的常用形式

（1）双管上供下回式：供水干管设置在顶层散热器上（图4-1）。

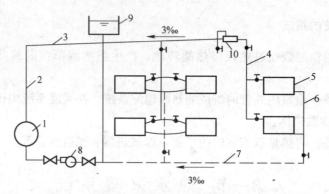

图4-1　机械循环双管上供下回热水采暖系统

1—锅炉；2—总立管；3—供水干管；4—供水立管；5—散热器；

6—回水立管；7—回水干管；8—水泵；9—膨胀水箱；10—集气罐

特点：散热器供回水温度相同，节省散热器面积；供回水压差小，利于循环。因存在自然压头，很容易造成"垂直失调"。层数越高，垂直失调现象越严重，因此该系统不宜用在超过4层的建筑中。

（2）双管下供下回式：供、回水干管均敷设在地沟或地下室（图4-2）。

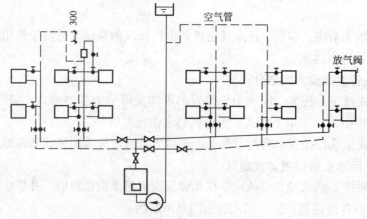

图4-2　双管下供下回式采暖系统

特点：与（1）不同的是散热器或供水管顶端须设置放气阀（管）以排除系统中的空气。当散热器设自力式恒温阀，经过水力平衡计算符合要求时，可应用于超过4层的建筑。

40

（3）单管上供下回式：图中左侧为顺流式，右侧为跨越式（图4-3）。

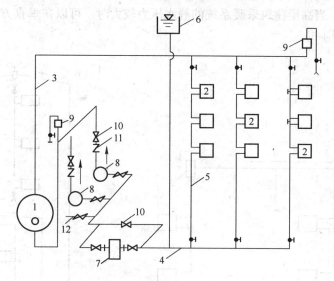

图4-3 单管上供下回式采暖系统

1—锅炉；2—散热器；3—供水干管；4—回水干管；5—立管；6—膨胀水箱；
7—除污器；8—循环水泵；9—排气装置；10—闸阀；11—止回阀；12—给水管

特点：节省立管，不会因自然压头的存在造成垂直失调，5层及5层以上建筑宜采用，但不宜超过12层。当层数超过12层时，会造成底层的散热器面积过大。

（4）水平串联式：每层散热器用水平干管串联起来，少穿楼板便于施工（图4-4）。

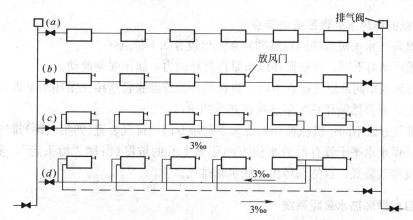

图4-4 热水采暖水平支管系统

(a)水平单管串连(上接管)系统；(b)水平单管串连(下接管)系统；
(c)水平单管并联系统；(d)水平双管并联系统

图中(a)、(b)适用于管径不大于DN25，无条件设置立管的场合；(c)适用于散热量较小的场合；(d)适用于大空间且管径不大于DN25的系统。

（5）同程式：对于系统中各立管距总立管的水平距离不等，各立管水循环环路长度不相等，这种系统称为"异程式"。此时各环路长度相差很大，压力又难以平衡，易产生近热远不热的现象，此时可采用"同程式"系统，其特点是各立管环路的总长度相等，系统容易平衡，可避免冷热不均现象，称该系统为同程式系统(图4-5)。

(6) 分区式：当高层建筑采暖系统的静水压力较大时，可以在垂直方向分成两个或两个以上的系统(图4-6)。

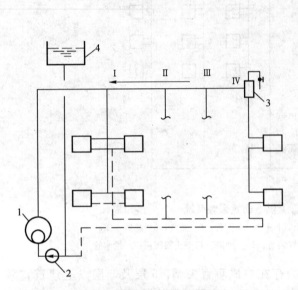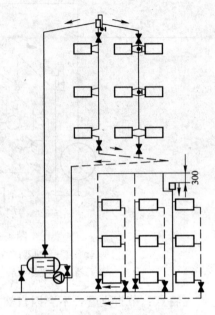

图 4-5　同程式热水采暖系统　　　　　图 4-6　高层建筑分区采暖系统

1—热水锅炉；2—循环水泵；3—集气罐；4—膨胀水箱

2. 机械循环热水采暖系统的特点

机械循环热水采暖系统同自然循环系统比较有如下特点：

(1) 循环动力不同：机械循环以水泵作循环动力，属于强制流动。

(2) 膨胀水箱同系统连接点不同：机械循环系统膨胀管连接在循环水泵吸入口一侧的回水干管上，而自然循环系统多连接在热源的出口。

(3) 排气方法不同：机械循环系统大多利用专门的排气装置(如集气罐)排气，上分下回式系统，供水水平干管有沿着水流方向逐渐上升的坡度(俗称"抬头走"，多为 3‰)，在最高点设排气装置。自然循环由膨胀水箱排气。

三、自然循环热水采暖系统

自然循环热水供暖系统是最早采用的一种热水供暖方式，主要有双管和单管两种形式。特点是装置简单，运行时无噪声、不需要电力驱动，但其作用压力小，配置管径大，作用范围受到限制，通常只用在作用半径不超过 50m 的单幢建筑物中。

1. 工作原理

系统工作前，系统中充满冷水。锅炉内水受热后体积膨胀，密度减小，热水向上浮升，同时从散热器流出密度较大的回水。受此自然循环压头的驱动，热水会沿供水立管上升，流入散热器。热水经散热器放热冷却，密度增大，再沿回水管流回锅炉，完成如图 4-7 箭头所示的自然循环过程。

2. 自然循环热水采暖系统的设计要点

（1）系统构造要简单，作用半径尽可能小；

（2）要有良好的排气措施，水平管的坡度不小于1‰，坡向要正确；

（3）在适宜的范围内适当提高散热器及水平干管的安装高度；

（4）合理选择炉具及散热设备，尽量增大锅炉中心至散热器间的高度差，使水循环更顺畅；

（5）合理布置管线，尽量少影响室内的美观及家具布置，不拦截主要通道；

（6）尽量减少管道零部件及阀门的数量。

四、高层建筑采暖常用的形式

在高层建筑采暖系统设计中，一般其高度超过50m时，宜竖向分区供热，各区自成系统。系统形式与低层建筑形式相同，但因层数较多其立管构造也有自己的特点。一个垂直单管采暖系统所供层数不宜大于6层。高层建筑常用的立管结构形式如图4-8。

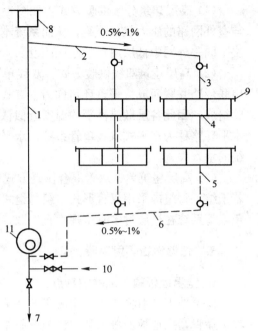

图 4-7　自然循环热水采暖系统
1—总立管；2—供水干管；3—供水立管；
4—散热器支管；5—回水立管；6—回水干管；
7—泄水管；8—膨胀水箱；9—散热器；
10—充水管；11—锅炉

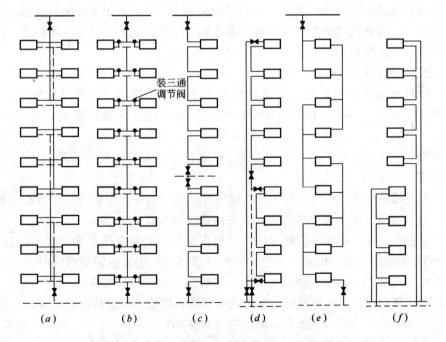

图 4-8　高层建筑常用的热水采暖系统立管形式
(a)多级双管系统；(b)垂直单管串连；(c)分区串连-1；(d)分区串连-2；
(e)组合串连；(f)分区串连-3

43

(1) 高层建筑分区供暖方式：如图 4-8(*f*)所示，利用水加热器使上区系统的压力工况与室外网路的压力状况隔绝，从而系统本身可以使用承压能力较低的散热设备，同时也解决了同一外网中低层用户的超压问题。

(2) 高层建筑双线供暖方式：双线单管采暖系统的实质是两根平行的干管，分出多组串联环路并联而成。垂直环路称为垂直式双线单管系统，散热器立管由上升立管和下降立管组成，因此各层散热器平均温度近似认为是相同的，这样有利于避免系统的垂直失调；水平环路称为水平式双线单管系统，水平双线单管分层设置调节阀，还应适当考虑控制系统的垂直失调。

(3) 高层建筑单、双管混合供暖方式：如图 4-8(*a*)、(*e*)所示，散热器垂直方向分成若干组，每组内采用双管形式，组与组之间用单管连接。单、双管混合式系统不但可以避免双管系统在楼层过多时出现垂直失调，同时也可避免散热器下部面积过大。

五、低温地板辐射采暖：

1. 低温地板辐射采暖的特点：

低温地板辐射采暖是采用低于 60℃ 的低温热水作为热媒，通过埋设于地面内的热水输送盘管，把地板加热，利用整个地面作为散热面，向周围空间及物体辐射热量，以维持该空间较稳定的、合适的温度，从而实现对房间微气候的调节。低温辐射地板采暖起源于北美、北欧的发达国家，该技术在欧洲已有多年的使用和发展历史，是一项在欧洲非常成熟且应用广泛的供热技术。近年来，在我国也得到了日益广泛的应用。

采用散热器采暖，空气被加热上升，冷空气下降，形成空气对流而使整个空间温度升高，与建筑物的高处空气温度相比，地面温度反而会较低；采用地板辐射采暖，空间内物体和人体直接接受地板的辐射热量，地面温度较上空温度高，可以使人体脚部、身躯和头部有一个舒适的温度环境。

2. 低温地板辐射采暖的设计要点：

(1) 计算房间采暖负荷时，房间设计温度应比规范规定的设计计算温度降低 2℃，或取常规对流式计算热负荷的 90%～95%，并且不用计算敷设有加热管道的地面的热负荷。

(2) 热水供水水温不应超过 60℃，供、回水设计温差不宜大于 10℃ 且不宜小于 5℃，工作压力不宜大于 0.8MPa。

(3) 公共建筑的高大空间，如大堂、候机厅、体育馆等，宜采用低温热水地板辐射采暖方式；居住建筑，采用该供暖方式时，户内建筑面积宜大于 80m²。

(4) 地板散热量，热媒的供热量包括地板向房间的有效散热量和向下层(包括地面层向土壤)的传热热损失量，因此，垂直相邻各层房间都采用地板辐射采暖时，除顶层以外的各层，应从房间的采暖负荷扣除来自上层的热量，附减部分散热量。

(5) 在计算加热管的传热量时，考虑到家具设备等覆盖对散热量的折减，根据实际情况按房间面积乘以适当的修正系数，附加部分散热面积。

(6) 加热管内水的流速不应小于 0.25m/s，同一集配装置所带加热管分支路不应超过 8 个且每个环路加热管长度应尽量接近，不宜超过 120m。每个环路阻力不宜大于 30kPa。

3. 地板辐射采暖的施工要点:

(1) 加热管一般选用聚丁烯(PB)、交联聚乙烯(PE-X)、无规共聚聚丙烯(PP-R)及交联铝塑复合管(XPAP)等塑料管材;电热采用发热电缆。埋于垫层内的加热管不应有接头。

(2) 施工前要求室内所有管线必须安装完毕,确保地板供暖安装完毕后在地面上不再凿洞,厨房卫生间等应做完防水并闭水验收合格后才能进行地板辐射采暖的施工。

(3) 加热管和覆盖层与外墙、楼板间应设绝热层,当使用条件允许楼板双向传热时,覆盖层和楼板结构间也可不设绝热层。绝热层采用聚苯乙烯PS泡沫塑料板。

(4) 加热管的覆盖层厚度不宜小于50mm,并设伸缩缝一防止热胀冷缩造成地面龟裂和破损,加热管在穿越这些伸缩缝时,应设长度不小于100mm的柔性套管。

(5) 加热管布置以保证房间温度均匀分布为原则,可采用旋转形、往复形、直列形等多种排管方式,但其管间距不宜大于300mm,并应将高温管段布置在热损失较大的区域。敷设时要保证管面平整,不可高低起伏,以防高处存气。

(6) 施工过程中不允许重压已经铺设好的加热管,更不允许有任何杂物进入其中,所以干管系统先进行清洗打压后再与加热管连接。

(7) 供水支管上应设阀门和过滤器,回水支管上应设阀门,供回水支管安装在高于加热管至少300mm的高度上;分水器和集水器上应设 $DN \geqslant 25mm$ 排气阀,并在分、集水器之间设旁通管和旁通阀。

(8) 将热计量表即质量流量计安装在分集水器两侧供回水干管上。

(9) 地板辐射采暖施工时环境温度应在5℃以上。

(10) 其他施工安装要求应按照《地面辐射供暖技术规程》(JGJ 142—2004)的规定。

4. 地板辐射采暖运行要点:

(1) 用户每年冬季启用地采暖系统时,不能一步升温到位。初次供暖(运行调试)时,热水升温应平缓,供水温度应控制在比当时环境温度高10℃左右,且水温不应高于32℃,在这个水温下,应连续运行48h;以后每隔24h水温升高3℃,直至达到设计供水温度。

(2) 系统安装后冬季不启用时;应用空压机或气泵将系统中的水全部吹出,以防系统受冻。

(3) 当冬季运行结束后,只需关闭锅炉供暖系统即可,无须将系统内的水排出。

第二节　蒸汽采暖系统

蒸汽采暖以水蒸气为热媒,当热媒压力小于或等于0.07MPa时为低压蒸汽采暖系统;当热媒压力大于0.07MPa时,则为高压蒸汽采暖系统。图4-9所示为低压蒸汽采暖系统,主要由蒸汽锅炉、分汽缸、蒸汽管道、散热器、疏水器、凝结水管、凝结水池、凝结水泵等组成,统称为蒸汽采暖系统。

锅炉产生具有一定压力和温度的蒸汽,在自身压力作用下,经分汽缸分配,再经蒸汽管道进入散热器;蒸汽在散热器内凝结成水放出汽化潜热,通过散热器把热量传给室内空气;凝结水沿凝结水管和疏水器流入凝结水箱,再由凝结水泵注入锅炉重新加热。疏水器安装在散热器出口处,其作用是为了把系统内的凝结水排除,但又能有效阻隔蒸汽逸露。由于高压蒸

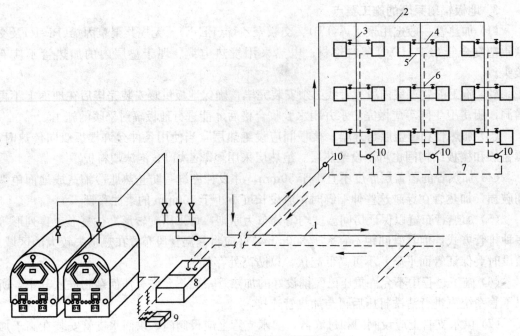

图 4-9　低压蒸汽采暖系统示意

1—室外蒸汽干管；2—室内蒸汽干管；3—蒸汽立管；4—散热器水平支管；5—凝结水支管；
6—凝结水立管；7—凝结水干管；8—凝结水池；9—凝结水泵；10—疏水器

汽的压力和温度均较高，卫生条件差，容易烫伤人，因此这种系统一般只在工业厂房中应用。

一、蒸汽采暖系统的组成

低压蒸汽采暖系统中，蒸汽依靠自身的压力克服系统的阻力前进，在散热设备中放出汽化潜热，蒸汽凝结成水，靠重力回流至凝结水池。

1. 蒸汽锅炉：蒸汽锅炉是集中供热的常用热源，用来将水加热成蒸汽。

2. 蒸汽管道：将蒸汽由锅炉输送至散热器的管道，水平蒸汽管设有沿途（流向）逐渐下降的坡度（俗称低头走），以便于排除沿途凝结水。

3. 散热器：用来向室内散热的设备，蒸汽在散热器的内部凝结成水。

4. 疏水器：是疏水阻汽装置，能阻止蒸汽通过而排除凝结水和其他非凝结性气体。

5. 凝结水管：将凝结水由散热器送至凝结水池的管道，低压蒸汽系统多为重力回水。

6. 凝结水池（箱）：用以收集并容纳系统的凝结水。

7. 凝结水泵：将凝结水池中凝结下来的凝结水再注入锅炉。

二、低压蒸汽采暖系统的形式

低压蒸汽采暖系统的形式较多，常用的有双管上分式、双管下分式、双管中分式、单管上分式；低压蒸汽凝结水的回收有重力式和机械式，重力式回收系统，不设凝结水箱，凝结水依靠重力直流回锅炉；机械式回收系统，凝结水先流回至凝结水箱，然后由凝结水泵将凝结水送回锅炉。

46

三、高压蒸汽采暖系统

高压蒸汽采暖系统，仅适用于工艺以蒸汽为主的厂区采暖，且在不违反卫生、技术、节能的要求下应用。为便于平衡，系统多采用同程式形式布置干管。

四、蒸汽采暖同热水采暖的比较

1. 蒸汽和热水作为热媒的比较

（1）在放热量相同的条件下，蒸汽采暖所需的热媒流量少。

（2）散热器平均温度高，较热水采暖节约散热器面积，但亦能使表面的有机灰尘升华，影响室内的空气环境。

（3）蒸汽系统热得较快，冷得也快，最适用于短时间间歇供暖的建筑物。

（4）蒸汽系统有跑、冒、滴、漏现象，热效率低。

（5）管道及设备工作条件差，易腐蚀，使用年限短。

2. 蒸汽采暖与热水采暖系统的比较

（1）蒸汽系统的供汽水平干管具有沿途下降的坡度，以利于排除凝结水；而热水供热系统的水平干管具有沿途上升的坡度，以利于排除系统的空气。

（2）蒸汽系统的立管多是供汽立管和凝结水立管单独设置，多用双管系统；而热水系统采用单立管系统。

（3）蒸汽系统在散热器内放出凝结热，在散热器的上部充满蒸汽，下部为凝结水，有非凝结性气体时，应在1/3高处设排气阀排除；热水系统的排气阀应设在系统的顶部。

第三节　采暖系统的主要设备

一、采暖散热器

采暖散热器是采暖系统的末端装置，装在房间内，作用是将热媒携带的热量传递给室内的空气，以补偿房间的热量损耗。散热器必须具备以下几个条件：①能够承受热媒输送系统的压力；②要有良好的传热和散热能力；③要安装使用方便，不影响室内的美观和必要的使用寿命。散热器的制造材料有铸铁、钢材和其他材料（铝、塑料、混凝土等）；其结构形状有管形、翼形、柱形和平板形等；其传热方式有对流式和辐射式。

1. 铸铁散热器：铸铁散热器用铸铁浇铸而成，主要材料为生铁、焦炭及造型砂。其耐腐蚀性强，使用寿命长，热稳定性好，价格低廉，但承压能力较低，普通铸铁散热器承压能力一般为 0.4～0.5MPa 生产过程生铁消耗量大，环境污染严重。铸铁散热器仍是目前国内应用最广的散热器。如图 4-10 所示为铸铁散热器几种形式。

2. 钢制散热器：钢制散热器是由冲压成形的薄钢板，经焊接制作而成。钢制散热器金属耗量少，耐腐蚀性差，使用寿命短，但承压较高，钢制板式及柱式散热器的最高工作压力可达 0.8MPa，钢串片可达 1.0MPa。从承压角度看，钢制散热器更适用于高层建筑供暖和高温热水采暖。钢制散热器有柱式、板式、串片式等几种类型。如图 4-11 所示为钢制散热器几种形式。

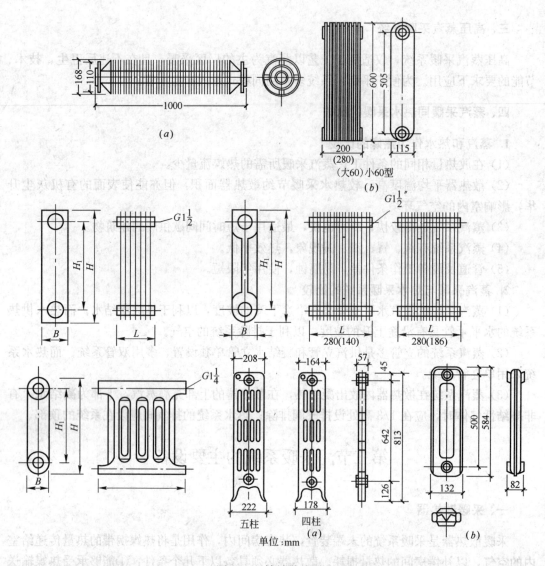

图 4-10　铸铁散热器

钢制散热器还有百叶窗式、肋柱式、复合式等形式，均适用于热水采暖。

二、暖风机

暖风机是由吸风口、风机、空气加热器和送风口等部件组成的热风供暖设备，有轴流式和离心式两种类型，也常称为小型暖风机和大型暖风机。小型暖风机出风口离地面的高度：当出口风速小于或等于 5m/s 时，宜采用 3～3.5m；当出口风速大于 5m/s 时，宜采用 4～5.5m；大型暖风机安装高度不宜低于 3.5m，但不得高于 7.0m。

三、辐射板型散热器

辐射板型散热器是以辐射换热为主要传热方式的散热设备。按表面温度可分为低温辐射板散热器(如混凝土辐射板散热器)；中温辐射板散热器(如钢制辐射板)；高温辐射板散

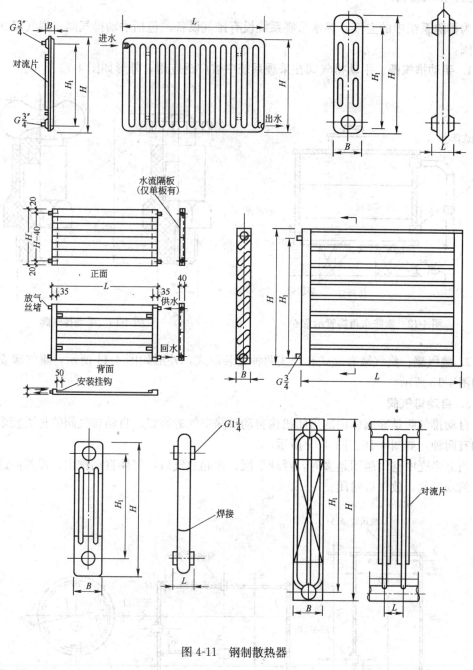

图 4-11　钢制散热器

热器（如燃气红外线辐射散热器）。

四、膨胀水箱

　　膨胀水箱在热水采暖系统中，用以贮存水受热而增加的体积，在自然循环系统中还起排气作用，在机械循环中更起定压作用。膨胀水箱在系统中的位置如图 4-1 所示，膨胀水箱接管示意如图 4-12 所示。

五、排气设备

为排除系统中的空气，热水采暖系统设有排气设备，包括手动排气阀、集气罐、自动排气阀。

1. 手动排气阀：手动排气阀在采暖系统中被广泛应用，外形如图 4-13 所示。

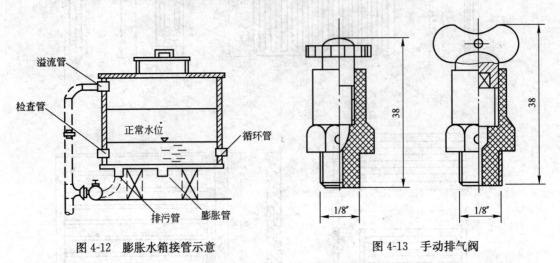

图 4-12　膨胀水箱接管示意

图 4-13　手动排气阀

2. 集气罐：集气罐有立式和卧式两种安装形式，外形如图 4-14 所示，集气罐安装示意如图 4-15 所示。

3. 自动排气阀

自动排气阀是靠阀体内的启闭机构自动排除空气的装置。自动排气阀的种类较多，常用的有两种，如图 4-16、图 4-17 所示。

当上半壳中空气越积越多时，浮球下沉，顶起放气口，气体自动排出，浮球由进入下半壳的水托起，放气口封闭。

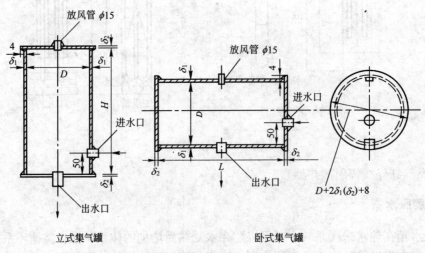

立式集气罐　　　　　　　　卧式集气罐

图 4-14　集气罐外形

50

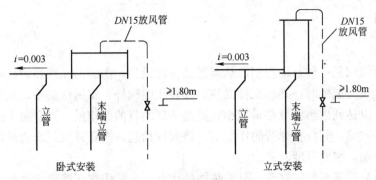

图 4-15　集气罐安装示意

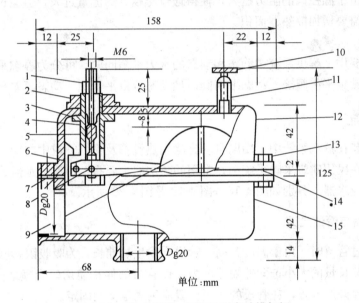

单位:mm

图 4-16　ZP-Ⅰ(Ⅱ)、ZPTC型自动排气阀

1—排气芯；2—六角锁紧螺母；3—阀芯；4—橡胶封头；5—滑动杆；6—浮球杆；7—铜销钉；8—铆钉；
9—浮球；10—手拧顶针；11—手动排气座；12—上半壳；13—螺栓螺母；14—垫片；15—下半壳

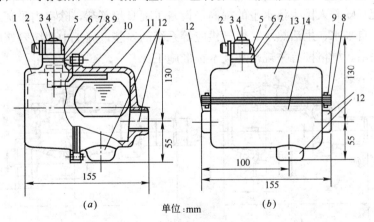

单位:mm

图 4-17　WZ0.8-2型卧式自动排气阀

1—前壳体；2—排气嘴；3—六角扁螺母；4—首次排气嘴；5—排气压盖；6—六角螺母；7—阀座垫圈；
8—胶垫；9—螺栓螺母；10—浮球机构；11—后壳体；12—接管；13—上壳体；14—下壳体

六、阀门

1. 恒温阀

散热器恒温阀是一种自动控制散热器散热量的设备，由感温元件和阀体控制两部分组成。室温高于设定温度时，感温元件受热，顶杆压缩阀杆，将阀口关小，则进入散热器的水流量减小，以达到散热器散热量减小，室温下降的目的。相反，当室温下降到设定温度时，感温元件收缩，阀杆在弹簧的作用下，将阀杆抬起，阀孔开大，水流量增大，散热器散热量相应增加，室内温度升高。

可见，恒温阀具有恒定室温，节约热能的优点，主要用在双管热水供暖系统上。对于单管跨越式，由于温控阀的阻力过大，使得通过跨越管的流量过大，但通过散热器的流量过小，设计时需要增加散热器面积。

2. 平衡阀

平衡阀主要用来解决系统中静态和动态的水力平衡问题。可分为静态平衡阀，如手动平衡阀、数字锁定平衡阀等；动态平衡阀，如动态流量平衡阀、动态压差平衡阀等。

七、疏水器

疏水器安装在蒸汽系统中，用以自动排除用热设备及输汽管道中的凝结水及空气，阻止蒸汽逸漏。在民用建筑采暖系统中，常用的疏水器主要有：恒温疏水器、钟形浮子式疏水器和浮桶式疏水器，分别如图 4-18、图 4-19 及图 4-20 所示。

八、伸缩器与管道支架

在热媒流过管道时，由于温度升高，管道会发生热伸长，为吸收因膨胀而产生的轴向应力，需根据伸长量的大小选配伸缩器。为了使管道的伸长能均匀合理地分配给伸缩器，使管道不偏离允许的位置，在管段的适当位置应用固定支架固定。

工程上常用的伸缩器有方形伸缩器、套筒式伸缩器、波纹伸缩节、金属软管等。

室内采暖系统的安装属于建筑物内部的工程项目，施工时既要保证其工作的可靠性，又要兼顾美观。随着人民生活水平的提高，设备工程日趋复杂，除室内采暖工程外，还有电力、电信、自来水、生活热水、燃气供应等系统的安装，施工中要统筹兼顾，正确处理各种管线的关系，严格按有关规范和技术标准施工。

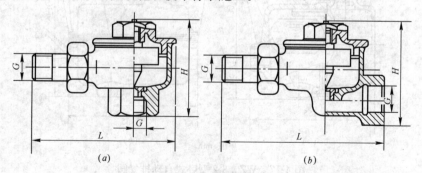

图 4-18　恒温疏水器

(a)S14T3 型直角式；(b)S17T3 型直通式

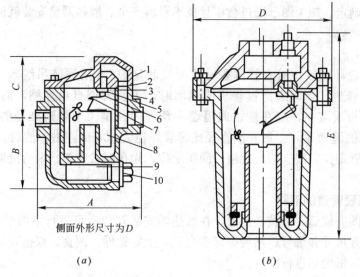

图 4-19　CS15H-16 钟形浮子式疏水器

(*a*)横式连接(*D*15，20)；(*b*)竖式连接(*D*25，40，50)

1—阀盖；2—定位套；3—阀座；4—阀体；5—吊梁组合件；6—阀瓣与卡簧；

7—杠杆组合件；8—吊桶组合件；9—滤网；10—螺塞与垫片

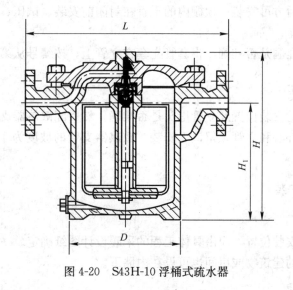

图 4-20　S43H-10 浮桶式疏水器

第四节　采暖系统的管道、设备安装

一、管道安装

1. 室内采暖管道的测绘和定位

（1）工作条件

室内采暖管道应在土建主体工程基本完成、穿楼板的孔洞均已预留好、室内装饰的种类及厚度已经确定、施工图已通过会审且技术资料齐全、散热器已安装就位后，方可进行施工。

(2) 施工工艺

首先根据设计图纸，对立管位置完成测绘和定位(可用线坠吊线)，并对不符合要求的孔洞加以修整。当管道穿过楼板或隔墙时，为使管道自由伸缩，而不至于弯曲变形甚至损坏楼板或墙面，应在楼板或隔墙内预埋内径稍大于管道外径的套管，在套管与管道间用石棉绳塞紧，一般孔洞直径比套管外径大 50mm 左右。然后，根据标高和坡度完成水平导管定位，按支架的规格、间距定位，剔孔洞栽支架。最后量取散热器支管的长度尺寸。

2. 室内采暖管道的下料

测绘加工图完成后，经核实无误，在散热器安装就位后可进行室内采暖管道的安装。首先下料并注好尺寸和编号；然后按标准套丝，上好管件、调直，根据要求将特殊管段弯曲成形；最后运抵现场进行安装。

3. 安装

准备工作完成后，按干管、立管、支管的顺序进行安装。

(1) 干管的安装

地沟内的干管应在地沟已砌筑好，未盖沟盖板前安装、试压、隐蔽；位于楼板下的干管，须在楼板安装后方可安装；顶棚内的干管在封闭前安装、试压、隐蔽。

(2) 立管的安装

首先检查预留孔洞是否准确，将套管先套在立管上，按编号从第一节管开始安装，直到立管安装完毕。

(3) 支管的安装

先核对散热器的安装位置及立管甩头是否准确，然后配散热器支管，将预制好的散热器支管在散热器的补心和立管预留口上安装。散热器支管的坡度为 1‰，坡度走向应利于排气和泄水。

二、散热器的安装

1. 安装位置

采暖散热器的安装位置，应由具体工程的采暖设计图纸确定。一般多沿外墙装于窗台的下面，对于特殊的建筑物或房间也可设在内墙下。

2. 安装前的准备

为防止散热器在系统运行时损坏漏水，造成危害，组对散热器以及整组出厂的散热器在安装前都应进行水压试验。

铸铁散热器在施工现场应按试验压力进行试验，试压合格后方能安装。如果设计对试验压力没作要求，则取工作压力的 1.5 倍，但不应小于 0.6MPa。试验时间为 2～3min，压力不降且不渗不漏，对于钢制或铝制散热器，也应根据产品样本进行抽检。散热器的安装应在室内地面和墙面装饰工程完成后进行，安装地点不得有障碍物品。

3. 安装

安装时应首先明确散热器托钩及卡架的位置，用画线尺和线坠准确画出，并反复检验其正确性，然后打出孔洞，栽入托钩（或固定卡）。

三、管道、设备的防腐及保温

1. 防腐

为提高管道及设备的防腐蚀能力，工程上多采用涂料防腐的措施。常用的防腐涂料有各类防锈漆、调合漆、酚醛漆、醇酸漆、耐酸漆等。

施工前应先用人工或喷砂除去锈垢，然后手工涂刷或施以压缩空气喷涂。埋地管的防腐层多在三层以上（沥青底漆、沥青涂层和外保护层）。

2. 保温

设备及管道的保温，应在管道全部施工完毕、表面完成防腐处理且验收合格后进行。常见的结构形式有胶泥结构、绑扎结构、浇灌结构三种。

（1）绑扎结构：常用的保温材料有沥青矿渣棉棉毡、岩棉保温毡、超细玻璃棉、橡塑保温板及管壳类材料（如水泥蛭石管壳），用玻璃丝布或油毡做保护层。

（2）浇灌结构：常用的材料有水泥珍珠岩、泡沫混凝土、聚氨酯泡沫等，多用于无沟敷设的管道。施工时，先挖好土沟，做好垫层，放好防潮材料，然后浇灌发泡。

（3）涂料喷涂：常用的保温材料有聚氨酯泡沫塑料、轻质粒料保温混凝土、保温涂料等。施工前应按正式喷涂工艺及条件进行试喷，至试喷合格，方可进行施工。

（4）阀门、法兰保温：管道上的法兰、阀门、弯头、三通、四通等管件保温时，应特殊处理，要便于启闭、检修或拆卸更换。

四、试压、调试及竣工验收

1. 试压

采暖管道全部安装完毕未保温，地沟未盖盖板及顶棚干管隐蔽前进行水压试验。用符合设计要求的试验压力对管道预先试压。当设计未注明试验压力时，蒸汽、热水采暖系统以系统顶点工作压力加 0.1MPa 作为水压试验压力，但应保证热水采暖系统顶点的压力不小于 0.3MPa；高温热水采暖系统以系统顶点工作压力加 0.4MPa 作为水压试验压力。使用塑料管及复合管的热水采暖系统，以系统顶点工作压力加 0.2MPa 作为水压试验压力，但应保证系统顶点的压力不小于 0.4MPa。塑料管和复合管的承压能力会随输送热水温度的升高而降低，在实际运行时承压能力比水压试验时有所降低，因此与使用钢管的系统相比，塑料管和复合管水压试验值规定得稍高一些。

在工程中要求使用钢管及复合管的采暖系统在试验压力下 10min 内压力降不大于 0.02MPa，降至工作压力后检查，不渗不漏为合格；使用塑料管的采暖系统在试验压力下 1h 内压力降不大于 0.05MPa，然后降压至工作压力的 1.15 倍，稳压 2h，压力降不大于 0.03MPa，同时各连接处不渗不漏为合格。试压合格后进行刷油、保温。

2. 调试、试运行

系统试压合格后，冲洗并清扫过滤器、除污器，直至排出的水不含泥沙、铁屑等杂质且水质不浑浊。然后冲水、加热，进行试运行和调试，对采暖系统功能进行最终检验，测量各建筑物热力入口处供回水温度和压力以及观察、测量室温是否满足设计要求。但如果加热条件不具备，应延期进行该项工作。

3. 竣工验收

室内采暖系统应按分项、分部或单位工程验收，单位工程竣工验收应在分项、分部工程验收的基础上进行。各分项、分部工程的施工安装，均应符合设计要求及采暖工程施工及验收规范中的规定。

第五节　锅炉与锅炉房设备

锅炉是利用燃料的热能把水加热成蒸汽或热水的设备。蒸汽是推动火力发电厂汽轮机和其他机械的动力，蒸汽和热水也是很多生产部门和生活采暖的热媒。

固定的锅炉可分为电站锅炉和工业锅炉两大类，电站锅炉是火力发电厂的三大主机之一，工业锅炉用于为生产和采暖提供热源；按能量来源分为燃煤、燃油、燃气和电热锅炉。

一、锅炉的工作原理

为了提供出一定数量且具有一定压力和温度的蒸汽(或热水)，工业锅炉同时进行着三个主要的工作过程。

(1) 燃料的燃烧过程：燃料在炉膛内燃烧，释放出化学能，使炉膛加热至很高的温度，产生高温烟气，向辐射受热面传热。

(2) 烟气的流动和传热的过程：高温烟气流经锅炉的受热面，并向受热面内工质传递热量，烟气温度逐渐降低。

(3) 锅内过程：工质(水或汽水混合物)在锅内流动，冷却金属受热面，本身被加热、汽化，汽水混合物在锅内进行汽水分离，由此产生并向外供应蒸汽或热水。

二、锅炉房的布置

1. 锅炉房的位置

锅炉房的位置应根据远期规划选定，并留有扩建的余地。所处的位置应有良好的地质条件，应有良好的通风及采光，并有利于减少烟尘和有害气体对居住区和主要环境保护区的影响。符合国家有关的防火规程和其他安全规程的要求。全年运行的锅炉房宜位于居住区和主要环境保护区的全年最大频率风向的下风侧；季节性运行的锅炉房宜位于该季节盛行风向的下风侧。锅炉房应靠近热负荷比较集中的地区，位于供热区标高较低位置，并有利于管道的布置和凝结水的回收，也要便于燃料和灰渣的贮运。

2. 锅炉间、辅助间和生活间的布置

不同种类的锅炉布置要求会各有不同，锅炉房区域内各建筑物、构筑物如烟囱、烟道、排污降温池、凝结水回收池以及燃料灰渣场地、贮油罐和燃气调压站的布置应按工艺流程和相关规范要求合理安排布置。

一般来说，锅炉间操作面或辅助间应布置在主要道路边，便于燃料输送车、消防车等进行作业，而烟囱、烟道、排污降温池一般布置在锅炉房后面，以减少对主要道路的污染；煤厂、灰渣场宜布置在便于运煤出渣的一侧，灰渣场距离锅炉房之间的距离除根据储煤量满足防火规范有关规定外一般不应小于 10m；水泵、水处理、变配电间和办公、值班、休息等生活间布置在锅炉间的固定端；独立的鼓风机、引风机及除尘器间布置在锅炉

间的后面，而化验室和仪表间宜布置在采光好、监测和采样方便、噪声和振动小的部位。

为了安全起见，单层布置的锅炉房，出口不应少于 2 个，通向室外的门向外开。锅炉房内的工作间或生活间，直通锅炉间的门应向锅炉间内开启。

3. 工艺布置

锅炉房的工艺布置应保证设备安装、运行检修安全和方便，使风、烟流程短，锅炉房面积、体积紧凑，尽量减少送风机、引风机、水泵等辅助设备的振动和噪声。

三、锅炉房对土建的要求

(1) 锅炉房应属于丁类生产厂房，建筑为不应低于三级的耐火建筑。

(2) 锅炉房的尺寸既要满足工艺要求，又要符合国家标准《厂房建筑模数协调标准》的规定，并预留能通过设备最大搬运件的孔洞。

(3) 锅炉房为多层布置时，锅炉基础与楼地面接缝处应采用能适应沉降的处理措施。钢筋混凝土烟囱和砖烟道的混凝土底板等设计温度高于 100℃ 的部位，应采取保温隔热措施；烟囱和烟道的连接处应设置沉降缝。

(4) 锅炉房内有振动较大的设备时，应采取隔振措施。

(5) 锅炉间外墙的开窗面积应满足通风采光和事故泄压的要求，或屋顶采用轻型屋面以满足事故泄压的需要。和其他建筑物相邻时其相邻的墙应为防火墙。

(6) 锅炉房应有安全可靠的进出口。当占地面积超过 250m² 时，每层至少应有两个通向室外的口，分设在相对的两侧。只有在所有锅炉前面操作地带的总长度不超过 12m 的单层锅炉房，才可以设一个出口。

(7) 锅炉房的地面及除灰室的地面，至少应高出室外地面约 150mm，以免积水和便于泄水，外门应做成坡道以利运输。

(8) 锅炉房楼层地面和屋面的荷载应根据工艺设备和检修荷载要求确定，如无详细资料时，可按表 4-1 确定。

楼面、地面、屋面荷载　　　　　　　　　　　　表 4-1

名　　称	活荷载（kN/m²）	名　　称	活荷载（kN/m²）
锅炉间楼面	6～12	除氧层楼面	4
辅助间楼面	4～8	锅炉间及辅助间屋面	0.5～1
运煤层楼面	4	锅炉间地面	10

注：1. 表中未列的其他荷载应按现行国家标准《建筑结构荷载规范》的规定用；

　　2. 表中不包括设备的集中荷载；

　　3. 运煤层楼面有皮带头部装置的部分应由工艺提供荷载或可按 10kN/m² 计算；

　　4. 锅炉间地面考虑运输通道时，通道部分的地坪和地沟蹬板可按 20kN/m² 计算。

第六节　小区室外供热管网

一、小区供热的介质和流量

1. 热媒的选择

当厂区（单位）只有采暖通风热负荷或以采暖通风热负荷为主时，宜采用高温水作供热介质。当工厂（单位）以生产热负荷为主时，经技术经济比较后，可采用蒸汽作供热介质，或蒸汽和高温水作供热介质。

2. 热媒的流量

室外热力管道的设计流量，应根据热负荷计算确定，综合考虑热源和供热区域的现状和发展规划，采用经核实的建筑物设计热负荷。包括采暖设计热负荷、通风设计热负荷、生活用热设计热负荷和生产工艺热负荷。

3. 管径的确定

确定热水一次管网主干线管径时，宜根据工程具体条件计算经济比摩阻，一般情况下可采用 30～70Pa/m，一次管网支干线、支线按允许压力降确定管径，保证热媒流速≤35m/s，支干线比摩阻≤300Pa/m，连接一个热力站的支线比摩阻可＞300Pa/m。

二次管网应进行严格的水力平衡计算，各环路计算流量与设计流量之间的差值在90％～120％之间。

二、室外供热管道的平面布置和定线原则

1. 平面布置类型

供热管道的平面布置图式与热媒的种类、热源与用户的相对位置及热负荷的变化特征有关，主要有枝状和环状管网两类。规模较大的热水供热系统宜采用间接连接方式，一次水设计供水温度可取 115～130℃，设计回水温度不应高于 70℃。

（1）枝状管网：管网构造简单，造价低，运行管理方便，它的管径随着距热源距离增加而减小。缺点是没有供热的后备性能，即当网路上某处发生事故时，在损坏地点以后的所有的用户，供热均被断绝。

（2）环状管网：小区一般不设环形管网，对于中型或大型供热管网，为提高热网的可靠性，可做成环状管网。这种管网通常做成两级形式，热水主干线为第一级，做成环状；第二级为用户分布管网，仍为枝状。

2. 定线的原则

确定供热管道的平面位置叫"定线"，小区（或厂区）热力管道的布置，应根据全区建筑物、构筑物的方向与位置、街道的情况、热负荷的分布、总平面布置（包括其他各种管道的布置）及维修方便等因素综合考虑确定，并应符合下列要求：

（1）管道主干线应通过热负荷集中的区域，其走向宜与厂区干道或建筑物（构筑物）平行。

（2）山区建厂应因地制宜地布置管线，并避开地质滑坡和洪峰对管线的影响。

（3）应少穿越区内的主要干道，避开建筑扩建厂地和厂区的材料堆场；不宜穿越电石库等由于汽、水泄漏将引起事故的场所。

（4）室外供热管道管沟与建筑物、构筑物、铁路和其他管线的净距，应符合有关规范的要求。

三、室外供热管道的敷设

室外供热管道的敷设方式，应根据气象、水文、地质、地形等条件和运行、维修等因素确定。供热管道的敷设方式可分为架空敷设和地下敷设两类，地下敷设又分成地沟敷设和直埋敷设。

1. 架空敷设

架空敷设适于厂区和居住区对美观要求不高的情况下，一般街区不宜架空敷设。在下列情况下宜采用架空敷设：

（1）地下水位高或年降雨量较大；

（2）土具有腐蚀性；

（3）地下管线密集的区域；

（4）地形复杂或有河沟岩层、溶洞等特殊障碍的地区。

架空热力管道按其不同的条件可采用低、中、高支架敷设：

（1）低支架敷设：在不妨碍交通及不妨碍厂区或街区扩建的地段，宜采用低架敷设。

（2）中支架敷设：在人行频繁、需要通行大车的地方，可采用中支架敷设。

（3）高支架敷设：高支架用于车辆通行地段，在支架跨越公路时不应小于 5.0m。

2. 地沟敷设

民用及公共建筑的热力管道多采用地沟敷设，根据其敷设条件不同可分为不通行地沟、半通行地沟和通行地沟三种形式。

（1）不通行地沟：管道根数不多，又能同向坡度的热水采暖管道、高压蒸汽和凝结水管道，以及低压蒸汽的支管部分，均应尽量采用不通行管沟敷设，以节省造价。

（2）半通行地沟：当管道根数较多且管道通过不允许经常开挖的地段时，宜采用半通行管沟。内管道应尽量采用沿沟壁一侧单排上下布置（净高在 1.2～1.4m；净宽 0.5～0.6m）。

（3）通行地沟：因投资费用大，一般不宜采用（净高不小于 1.8m；净宽不小于 0.7m）。

3. 直埋敷设

供热管网直接埋设在土壤中的敷设方式。当地下水位较低时，多采用直埋敷设。目前采用较多的是供热管道、保温层和保护外壳三者紧密粘结形成的整体式预制保温管结构。另外还有填充式或浇灌式直埋敷设方式，是在供热管道的沟槽内填充散状保温材料或浇灌保温材料的敷设方式，但该方式因不能有效地防止渗水而没有被广泛采用。

介质温度低于 130℃的管道应优先采用无补偿冷安装直埋敷设方式。

四、管道的排水与放气

无论蒸汽、凝水或热水管道，除特殊情况外，均应有适当的坡度，其目的在于：

（1）在停止运行时，利用管道的坡度排净管道中的水，最低点装泄水阀。

（2）热水管和凝水管，利用管道的坡度排除空气，在管道的最高点设放气阀。

（3）蒸汽管利用管道坡度排除沿途凝结水，在最低点装设疏水设备。

管道坡度，如设计未作要求时，气、水同向流动的热水采暖管道和汽、水同向流动的蒸汽管道及凝结水管道，坡度为 3‰，不得小于 2‰；气、水逆向流动的热水采暖管道和汽、水逆向流动的蒸汽管道，坡度不应小于 5‰。

五、室外热水管网运行调节方式确定原则

（1）热水供热系统宜采用热源处集中调节、热力站及建筑热力入口处局部调节和用热设备单独调节三者结合的联合调节方式。

（2）负担采暖热负荷的一次管网，应根据室外温度的变化进行集中质调节或质—量调节；二次管网，则宜根据室外温度的变化进行集中质调节；同时根据用户需要在用户处进行辅助的局部量调节。

（3）既负担空调又负担生活热水热负荷的二次管网，则固定供水温度，根据用户用热量采用量调节。

（4）当热水供热管网负担包括采暖、通风、空调、生活热水等其中多种负荷时，采暖期内一次管网按采暖热负荷进行集中调节，保证运行水温能满足不同热负荷的要求的同时，根据用热要求在用户处进行辅助的局部调节。

六、热力入口

室内采暖系统与室外供热管道的连接处，就是室内采暖系统的入口，也称作热力入口。系统的引入口宜设在建筑物负荷对称分配的位置，一般在建筑物的中部，敷设在用户的地下室或地沟内。入口处检查井内设有必要的仪表和调节、检测、计量设备。如：供回水温度计、压力表和热量表等，并根据室内采暖系统所采用的调节方式，选择设置水力平衡阀，或是设置自力式流量控制阀，亦或是设置自力式压差控制阀。比如当室内系统设有室温控制装置时，在热力入口处应设自力式压差控制阀。在满足室内各环路水力平衡和热计量的前提下，为节能宜减少建筑物热力入口的数量。

思考题：

1. 什么是机械循环系统？什么是自然循环系统？

答：依靠水泵提供的动力克服流动阻力使热水流动循环的系统是机械循环系统；不设水泵，靠供回水的密度差产生动力进行循环的系统是自然循环系统。

2. 机械循环和自然循环中膨胀管设置有什么不同？

答：机械循环系统膨胀管连接在循环水泵吸入口一侧的回水干管上，而自然循环系统多连接在热源的出口。

3. 简述低温地板辐射采暖的主要优点？

答：（1）采用辐射供暖，其热效率高，可比其他供暖方式降低 2℃ 标准进行房间采暖负荷计算，有利于节能。

（2）热量集中在人体受益的高度内，温度梯度合理，在脚部、身躯和头部形成一个舒适的温差。

（3）热容量大、热稳定性好，在间歇供暖的条件下，混凝土的蓄热性能好，室内温度变化缓慢。

4. 室外热水管网如何运行调节方式？

答：（1）热水供热系统宜采用热源处集中调节、热力站及建筑热力入口处局部调节和用热设备单独调节三者结合的联合调节方式。

（2）负担采暖热负荷的一次管网，应根据室外温度的变化进行集中质调节或质—量调节；二次管网，则宜根据室外温度的变化进行集中质调节；同时根据用户需要在用户处进行辅助的局部量调节。

（3）既负担空调又负担生活热水热负荷的二次管网，则固定供水温度，根据用户用热量采用量调节。

（4）当热水供热管网负担包括采暖、通风、空调、生活热水等其中多种负荷时，采暖期内一次管网按采暖热负荷进行集中调节，保证运行水温能满足不同热负荷的要求的同时，根据用热要求在用户处进行辅助的局部调节。

5. 简要概括蒸汽采暖与热水采暖系统的不同点？

答：（1）蒸汽系统的供汽水平干管具有沿途下降的坡度，以利于排除凝结水；而热水供热系统的水平干管具有沿途上升的坡度，以利于排除系统的空气。

（2）蒸汽系统的立管多是供汽立管和凝结水立管单独设置，多用双管系统；而热水采用单立管系统。

（3）蒸汽系统在散热器内放出凝结热，在散热器的上部充满蒸汽，下部为凝结水，有非凝结性气体时，应在散热器 1/3 高处设排气阀排除；热水系统的排气阀应设在系统的顶部。

第五章 建筑通风与空调工程

本章重点

本章重点介绍了自然通风和机械通风原理、通风系统的防火与防爆、空调系统的组成与分类、空调系统设备、空调制冷原理、空调通风节能设计。

第一节 通 风 工 程

各种生产过程都会程度不同地产生有害气体、蒸汽、粉尘、余热、余湿等，通常把这些物质称为工业有害物，它会使室内工作条件恶化，危害操作者健康，影响产品质量，降低劳动生产率。另外，人们日常活动中不断地散热散湿和呼出二氧化碳，也会使室内空气环境变坏，还有其他原因也会对室内环境产生影响。因此，良好的室内空气环境无论对保障人体健康，还是保证产品质量，提高经济效益都是十分重要的。

实践证明，通风是改善室内空气环境的有效措施之一。所谓通风就是为改善生产和生活条件，采用自然或机械方法，对某一空间进行换气，以形成卫生、安全等适宜空气环境的技术。通风的任务除了创造良好的室内空气环境外，还要对从室内排出的有害物质进行必要的处理，使其符合排放标准，以避免或减少对大气的污染。

净化是利用物理、化学、生物等方法除去空气中有害的颗粒和分子的过程。特殊情况的生产过程可能对空气中含尘浓度提出很高的要求，因此需要采取进一步的过滤措施，除设置初效、中效过滤器之外，增加亚高效和高效过滤，保证空气洁净度的要求，实现空气净化。

除尘是从气流中除去生产过程产生的有害粉尘、有害气体，经过集中收集处理后，方可以排出符合国家排放标准要求的气体。通过空气的除尘净化实现生产及环保的要求。

为战争时期设置的战时通风系统，将空气通过设置的电动手动两用风机引入室内，经过阀门的切换分别实现清洁式通风、滤毒式通风、隔绝式通风。清洁式通风：当室外空气未受毒气等物污染时，经过过滤送入室内的通风换气系统；滤毒式通风：当室外空气受到毒气等物污染时，空气经过滤毒罐吸附处理后，送入室内的通风换气系统；隔绝式通风：当室内外停止空气交换，由通风机使室内空气实施内循环的通风。

一、通风系统的分类

通风系统按其动力不同分为自然通风和机械通风；按其作用范围可分为全面通风和局部通风。

1. 自然通风和机械通风

（1）自然通风：自然通风是一种利用自然能量改善室内热环境的经济通风方式，分为有组织和无组织通风两类。所谓无组织自然通风是通过门窗缝隙及围护结构不严密处而进行的通风换气方式；有组织自然通风是指依靠风压、热压的作用，通过墙和屋顶上专设的孔口、风道而进行的通风换气方式。

依靠风压通风是指利用建筑物迎风面和背风面的风压差驱动实现室内外气流交换。依靠热压通风是指室内温度高于室外温度时，因室内热空气密度小而上升，使室外冷空气经下部门窗补充进来而实现室内外气流交换。

自然通风方式适合于我国大部分地区的气候条件，用于夏季和过渡季节室内的通风、换气及降温。对于夏季室外气温低于30℃高于15℃的累计时间大于1500h的地区宜优先考虑采用自然通风。

（2）机械通风：所谓机械通风即依靠通风机造成的压力迫使空气流通，进行室内外空气交换的方式。

机械通风因有通风机的作用，其压力能克服较大的阻力，通过管道和送、排风口系统可将适当数量经过处理的空气送到房间的任意地点，也可将房间污浊的空气排出室外，或者送至净化装置处理合格后排入大气。

2. 局部通风和全面通风

（1）局部通风：局部通风系统分为局部送风和局部排风两大类。它们利用局部气流使局部工作地点不受有害物的污染，造成良好的空气环境。

（2）全面通风：全面通风要不断向室内供给新鲜空气，同时从室内排除污浊空气，使空气中有害物质降低到容许浓度以下。

全面通风的效果不仅与换气量有关，而且与通风过程的气流组织有关。常见的室内全面通风系统送、排风组合形式有：机械进风、自然排风，自然进风、机械排风，机械进风、机械排风。

二、机械通风系统的组成

1. 送风系统的组成

送风系统一般由进气口、进气室、通风机、通风管道、调节阀、出风口等部分组成。

（1）进风口：也称百叶风口。

（2）进气室：进气室内设有过滤器和空气加热器，用过滤器滤掉灰尘，再由空气加热器将空气加热到所需温度。

（3）通风机：迫使空气流动的设备。它的作用是将处理的空气送入风道，并克服风道阻力而送入室内。

（4）通风管道：用来输送空气。为使室内空气分布均匀，分支管道上可设调节阀门。

（5）送风口：将空气送入室内。

上述为一般送风系统的组成，具体送风系统由哪几部分组成，应根据实际情况而定。图5-1为送风系统的组成示意图。

2. 排风系统的组成

排风系统一般由排气罩、通风管道、通风机、风帽组成，需除尘的设除尘器。

（1）排气罩：将污浊或有害的气体收集并吸入风管的部件。

（2）通风管道：用来输送污浊气体。

（3）通风机：迫使污浊空气流动。

（4）风帽：处于通风系统末端，将污浊气体排入大气。

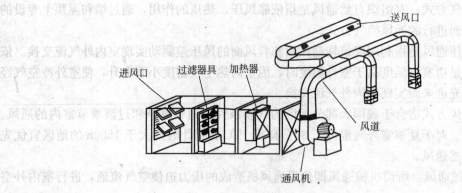

图 5-1 送风系统的组成示意图

（5）除尘器：除去室内污浊气体中的粉尘。

三、除尘和净化

保护和改善大气环境直接关系到人民的健康和工业发展，必须高度重视。通风排气中所含的有害物（尘、毒等）如超标准则必须进行处理。从气流中除去粉尘状物质的设备称为除尘器，常用的除尘器有以下几类：重力除尘的重力沉降室、惯性除尘器、离心除尘的旋风除尘器、过滤袋式除尘器、洗涤式水膜除尘器、静电除尘器。

1. 重力沉降室：重力沉降室是通过重力使尘粒自然沉降而从气流中分离，它的原理如图 5-2 所示。含尘气流进入比管道截面大若干倍的除尘室后速度迅速下降，其中的尘粒在重力作用下缓慢向灰斗沉降，从而达到除尘的目的。

重力沉降室的主要优点是：设备结构简单、维护管理方便、造价低、阻力小、不受温度和压力的限制。缺点是：占地面积大，除尘效率低，仅能除去大颗粒 $50\mu m$ 以上颗粒。

2. 旋风除尘器：旋风除尘器属于离心除尘。普通的旋风除尘器由筒体、锥体、排出管三大部分组成，如图 5-3 所示。

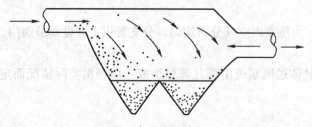

图 5-2 重力沉降室

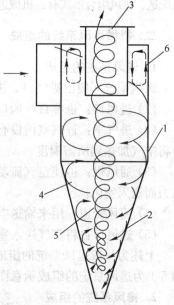

图 5-3 普通旋风除尘器
1—筒体；2—锥体；3—排出管；4—外涡旋；
5—内涡旋；6—上涡旋

含尘气流由切线进口进入除尘器后，沿外壁自上而下做旋转运动，到达锥体底部后旋转向上，沿轴心向上旋转，最后经排出管排出。气流作旋转运动时，尘粒在惯性离心力的

64

作用下向外壁移动，到达外壁的尘粒在气流和重力的作用下沿壁面落入灰斗。

旋风除尘器的优点是：设备结构简单，体积小，造价低，除尘效率高，适用面较宽。缺点是：粉尘碰撞器壁磨损较大。旋风除尘器在通风工程中应用比较广泛，它直接用于净化室外排气、烟气除尘等，也用于多级除尘系统的初步净化。

四、防火与防爆

通风和空调中要特别注意防火、防爆，否则，一旦发生火灾，将迅速沿风管蔓延，造成极大损失。所以通风应注意：

（1）空气中含有燃烧危险的粉尘，建筑物中含有容易起火或有爆炸危险物质的房间，不应采用循环空气。

（2）遇水后能产生可燃或有爆炸危险混合物的工艺过程，不得采用湿法除尘或湿式除尘器。

（3）有防火和防爆要求的通风系统，其进风口应设置在不能有火花溅落的安全地点，必要时加围护装置。排风口应设在室外安全处。

（4）含有爆炸危险物质的局部排风系统所排出的气体，应排至建筑物的空气动力阴影区和正压区以上。

（5）排出、输送有燃烧或爆炸危险混合物的通风设备及风管，均应采取静电接地措施，且不应采用容易积聚静电的绝缘材料制作。

（6）排出有爆炸危险的气体、蒸汽和粉尘的局部排风系统，其风量应按在正常运行和事故情况下，风管内的这些物质的浓度不大于爆炸下限的 50% 计算。

（7）通风和空调系统送、回风管的防火阀及其感温、感烟控制元件的设置，应按国家现行的《建筑设计防火规范》和《高层民用建筑设计防火规范》执行。

（8）建筑物内的风管，需要具有一定时间的防火能力。防火风管是建筑物局部起火后仍能维持一定时间正常功能的风管，主要用于火灾时的排烟和正压送风。为保障风管使用的安全防火性能，防火风管的本体框架与固定、密封垫料应为不燃材料，其耐火等级应符合设计规定；复合材料风管的覆面材料必须为不燃材料，内部绝热材料为不燃或难燃 B_1 级，并对人体无害。

（9）当火灾发生防排烟系统启用时，管内或管外的空气温度较高，普通可燃材料制作的柔性短管，在高温的烘烤下易破损或被引燃而使系统功能失效，因此防排烟系统柔性短管的制作材料必须为不燃材料。

（10）防排烟系统是建筑内的安全保障救生设备系统，其联合运行及调试结果（风量和风压）必须要符合设计与消防的规定，否则消防主管部门会要求更改之后才同意建筑使用。

（11）热媒温度高于 110℃ 的供热管道，不应穿过输送有爆炸危险物质或可燃物质的风管，亦不得沿上述风管外壁敷设。

规范中对此有许多种规定，设计及施工通风管道时应注意查阅。

第二节　空调系统的分类与组成

空气环境的好坏有四个决定性指标，即温度、湿度、洁净度和流动速度，它们被称为空气的"四度"。

1. 空气温度：温度是表示空气冷热程度的指标，常用的有摄氏温度和开氏温度。摄氏温度用符号 t 表示，单位℃。开氏温度用符号 T 表示，单位 K。二者的关系为：$T=273.15+t$(K)，空气温度的高低对人的舒适和健康影响很大。正常情况下，人体温度维持在 $36.5\sim36.7$℃，如果温度过高，会造成人体热量不能及时散发；温度过低，会使人体失去过多热量，两种情况均会使人不舒服，甚至生病。

2. 空气的湿度：自然界里的空气都是干空气和水蒸气的混合物，叫作"湿空气"或简称空气。把不带水蒸气的空气称为"干空气"。

湿空气＝干空气＋水蒸气

在一定压力下，空气的温度越高，可容纳的水蒸气越多；温度越低，可容纳的水蒸气越少。反映空气湿度的参数有绝对湿度、相对湿度和含湿量。

(1) 绝对湿度：每 $1m^3$ 的湿空气中含有的水蒸气的质量(kg/m^3)。

(2) 相对湿度：湿空气的绝对湿度与同温度下的饱和绝对湿度的比值。

(3) 含湿量：在湿空气中与 1kg 干空气同时并存的水蒸气质量(g)。

空气的相对湿度是衡量空气潮湿程度的重要指标。夏季相对湿度过大，人体会感到闷热；冬季如相对湿度过小，就会感到口干舌燥。

3. 空气的洁净度：空气的洁净度是表示空气新鲜程度和洁净程度的指标。空气新鲜程度是指空气中含氧的比例是否正常。正常情况下，氧气占空气质量的 23.1%。空气洁净程度是指空气中粉尘和有害气体的浓度。

4. 空气的流速：空气的流速表示室内空气流动快慢的程度。如果空气流速过小，同样温湿度情况下，人会感到闷气；而流动速度过大，人体又会有吹风感。

空气温度、湿度、洁净度和流动速度，是决定人和生产所需空气环境的四个主要因素。空气调节目的是在室外气象条件和室内余热量、余湿量不断变化的情况下对某一特定的空间内的空气温度、湿度、洁净度和流动速度进行控制与调节，使其稳定在一定范围内，达到并满足人体舒适和工艺过程的要求。

一、空调系统的分类

1. 按空气处理设备的布置情况分

(1) 集中式空气调节系统：空气处理设备集中设置，处理后的空气经风道送至各空调房间(或空调区域)。这种系统处理风量大，运行可靠，需要集中的冷、热源，便于管理和维修，但占用机房和空间比较大。

(2) 局部式空气调节系统：这种系统特点是所有的空气处理设备全部分散地设置在空气调节房间中或邻室内，而不设集中的空调机房。局部空调设备使用灵活，安装简单，节省风道。

(3) 混合式空气调节系统：这种系统除了设有集中的空气调节机房外，还在空调房间内设有二次空气处理设备，其中多数为冷、热盘管，以便将送风再进行一次加热或冷却，以满足不同房间对送风状态的不同要求。

2. 按处理空气的来源分

(1) 全新风式空气调节系统：全新风式空气调节系统的送风全部来自室外，经处理后送入室内，然后全部排至室外。

（2）新、回风混合式空气调节系统：这种系统的特点是空调房间的送风，一部分来自室外新风，另一部分利用室内回风。这种既用新风，又用回风的系统，不但能保证房间卫生环境，而且也可减少能耗。

（3）全回风式空气调节系统：这种系统所处理的空气全部来自空调房间，而不补充室外空气。全回风系统卫生条件差，耗能量低。

3. 按负担热湿负荷所用的介质分

（1）全空气式空气调节系统：在这种系统中，负担空气调节负荷所用的介质全部是空气。由于作为冷、热介质的空气的比热容较小，故要求风道断面较大。

（2）空气-水空气调节系统：空气-水空调系统负担空调负荷的介质既有空气也有水。由于使用水作为系统的一部分介质，从而减少了系统的风量。

（3）全水式空气调节系统：这种系统中负担空调负荷的介质全部是水。由于只使用水作介质而节省了风道。

（4）冷剂式空气调节系统：在冷剂式系统中，负担空调负荷所用的介质是制冷剂。

4. 按风道中空气流速分

（1）高速空气调节系统：高速空调系统风道中的空气流速可达 $20\sim30\mathrm{m/s}$。由于风速大，风道断面可以减小许多，故可用于居高受限、布置管道困难的建筑物中。

（2）中速空气调节系统：中速空调系统风道中的流速一般为 $8\sim12\mathrm{m/s}$。

（3）低速空气调节系统：低速空调系统风道中的流速一般为小于 $8\mathrm{m/s}$。风道断面较大，需占较大的建筑空间，常用于对噪声控制较严格的场所。

第三节　通风空调的管道和设备

一、通风管道及部件

在通风和空调系统中，通风管道用来送入或排出空气。在系统的始末端，设有进、排气的装置，为切断、打开或对系统进行调节，还需要在某些部位设置阀门。

空气调节风系统设计要求：

（1）空调送风应采用单风道系统，不提倡双风道系统。

（2）除有严格温湿度要求的场合，一个空气处理系统中，不应同时有加热和冷却的过程，以免造成能源的浪费。

（3）吊顶上部存在较大发热量，或者吊顶空间较高，不宜从吊顶回风，提倡接回风管道。

（4）空调系统不应将土建风道作为送风道，受条件限制不得不用时必须采取有效可靠的防漏风和隔热措施；并稳妥固定绝热材料，防止绝热层表面被吹散。

（5）空调机房应尽可能靠近服务区，且风道作用半径不宜过大，对于高层建筑，风系统所辖层数不宜超过 10 层。

1. 风道

（1）风道的形状：通风管道的横断面有圆形和矩形两种。当断面积相同时，圆形节省材料，而矩形更容易和建筑物配合。

（2）风道的材料：风道材料有很多种，一般采用钢板。有洁净度或其他特殊要求的通风管道常采用不锈钢或铝板制作；输送腐蚀性气体的系统常采用硬质聚氯乙烯塑料或玻璃钢制作；有时也可将风道和建筑物本身的构造结合，用砖、加气混凝土块或钢筋混凝土砌筑在建筑物的内墙中。

（3）管件：通风管道除直管外，还有弯头、乙字弯、三通、四通、变径管等管件。这些管件之间间距宜保持 5～10 倍管径长的直管段。

目前，我国通风管道和配件已经有了统一规格和标准，选用时应优先考虑，尽量避免选用非标。为减少系统阻力，降低能耗，矩形风管宽高比不宜大于 4，最大不应超过 10；曲率过小的弯头或直角弯头上设导流叶片；风管在变径处应做成渐扩或渐缩管，且每边扩大收缩角度不宜大于 30°；不应过多地使用矩形箱式管件代替弯头、渐扩管、三通等管件，当必须使用时，其断面风速不宜大于 1.5m/s。

2. 阀门

主要用于系统的开关或调节风量大小。插板阀一般用在通风机的出口及主干管上作开关用；蝶阀主要用于分支管道及送风口之前，用来调节流量；防火阀的作用是当发生火灾时能自动关阀，防止火灾沿风道蔓延；止回阀的作用是防止风机停止运转时气流倒灌；防爆风阀用在易燃易爆的系统和场所。

3. 进风口、排风口、排气罩

根据使用部位的不同，进、排风口可分为室外和室内两种。

（1）室外进风口：室外进风口的作用是将室外新鲜空气收集起来，供送风系统使用。一般常用的室外进风口是百叶窗。

（2）室外排风口：室外排风口是排风管道的出口，它的作用是将室内污浊的空气排入大气。

（3）室内送风口：室内送风口的作用，就是均匀地向室内送风。室内送风口的种类较多，常用的有侧向送风口、散流器(图 5-4)和孔板送风口(图 5-5)。

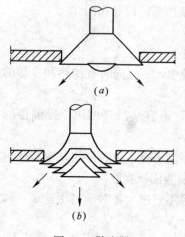

图 5-4　散流器
(a)盘式；(b)流线式

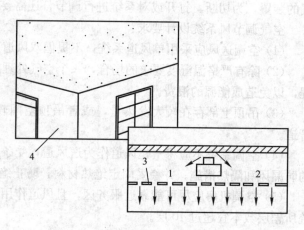

图 5-5　孔板送风口
1—风管；2—静压室；3—孔板；4—空调机房

（4）室内排风口：室内排风口的作用是将室内空气吸入风道中去。散点式排风口，上部装有蘑菇形的罩，常设在影剧院的座席下，如图5-6(a)所示；格栅式排风口，一般做成与地面相平，如图5-6(b)所示。

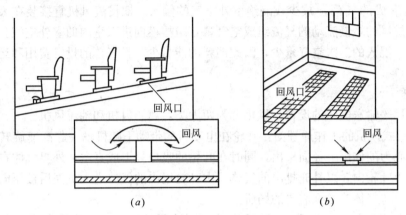

图 5-6　室内地面排（回）风口
(a)散点式排（回）风口；(b)格栅式排（回）风口

（5）吸气罩：吸气罩也叫吸尘罩或排气罩，它是局部排风系统的重要部件。它的作用是有效地将有害气体或粉尘吸入排风管道。

二、空调系统的设备

空调系统中有许多设备，选择的系统不同，其设备也不完全相同。

1. 组合式空气处理设备

主要由新风口、回风口、过滤器、消声器、喷淋室、加热器(冷却器)、送风机和送风口等组成。新风口引入室外新鲜空气；回风口引入空调房间部分回风；过滤器除去空气中的灰尘；消声器消除空气流动时产生的噪声和风机产生的噪声；喷淋室主要用于加湿空气；加热器(冷却器)将空气加热(冷却)到所需温度；送风口将处理后的符合空调要求的空气经空调管道送至空调房间。

2. 诱导器

它是一种末端装置，由静压箱、喷嘴和冷、热盘管组成。诱导器系统属于半集中式空调系统。经过集中处理的一次风首先进入诱导器的静压箱，然后以很高的速度(20～30m/s)自喷嘴喷出。由于喷出气流的引射作用，在诱导器内形成负压，室内回风(称为二次风)就被引入，然后一次风与二次风混合构成了房间的送风。送入诱导器的一次风通常是新风，必要时也可使用部分回风。由于诱导器系统空气输送动力消耗大，末端噪声不易控制，调节不够灵活等缺点，目前已不常用。

3. 风机盘管

风机盘管机组简称风机盘管，它也是一种末端装置，主要由盘管（换热器）和风机组成。

风机盘管内部的电机多为单相电容调速电机，可以通过调节电机输入电压使风量分为高、中、低三档，因而可以相应地调节风机盘管的供冷(热)量。

4. 大门空气幕

在经常开启大门，供运输工具出入的厂房，或人流进出频繁的公共建筑，为了避免大门开启时，夏季热空气或冬季冷空气的大量侵入，可在大门上设置空气幕，利用送风气流形成的气幕，减少或隔绝室外空气的侵入。把贯流风机直接装在大门上向下吹风，用一层厚的缓慢流动的气流组成空气幕，阻挡横向进入室内的室外空气。这种气幕出口流速低，混入的二次空气量少，因此消耗的能量少，且气幕的投资费用和运行费用都较低。

5. 风机

风机是用来输送气体的设备。风机分为两大类：离心风机和轴流风机。

（1）离心式风机的工作原理为：叶轮在电动机的带动下随机轴一起高速旋转，叶片间的气体在离心力的作用下径向甩出，同时在叶轮的吸口处形成真空，外界气体在大气压力作用下被吸入叶轮内，以补充排出的气体。由叶轮甩出的气体进入机壳后被压向风道，如此源源不断地将气体输送到需要的场所。

（2）轴流风机的工作原理为：叶轮安装在圆筒形的机壳内，叶轮直接连在电动机轴上，当电动机带动叶轮旋转时，空气由吸气口进入叶轮并随叶轮转动，同时沿轴向向前流动。

应合理选择风机，风机压头和空气处理机组机外余压应计算确定，不应选择过大；采用至少在52%以上的高效率风机和电机；有条件时宜选用直联驱动的风机。风机入口与风管连接时应有大于风口直径的直管段，如果弯头与风机入口距离过近，应在弯头内加导流片；风机出口与风管连接，靠近风机出口处的转弯应和风机的旋转方向一致，风机出口处到转弯处宜有不小于3倍风机入口直径的直管段。为防止风机对人的意外伤害，通风机传动装置的外露部位以及直通大气的进、出口，必须装设保护罩或者采用其他防护措施。

第四节　空调制冷的基本原理

"制冷"就是使自然界的某物体或某空间达到低于周围环境温度并使之维持这个温度。制冷装置是空调系统中冷却干燥空气所必需的设备，是空调系统的重要组成部分。实现制冷可通过两种途径，一种是利用天然冷源，一种是采用人工制冷。天然冷源主要是地下水和地道风，有条件时可以采用。人工制冷是以消耗一定的能量为代价，实现使低温物体的热量向高温物体转移的一种技术，人工制冷的设备称为制冷机，制冷机有压缩式、吸收式、喷射式等，在空调中应用最广泛的是压缩式和吸收式。

一、压缩式制冷系统

1. 压缩式制冷的基本原理

压缩式制冷机是利用液态制冷剂在低温、低压下气化吸热的性质来实现制冷的。制冷装置中所用的工作物质称为制冷剂，制冷剂液体在低温下气化时能吸收很多热量，因而制冷剂是人工制冷不可缺少的物质。在大气压力下，氨的气化温度为$-33.4℃$，氟利昂22的气化温度为$-40.8℃$，对于空调和一般制冷要求均能满足。

氨价格低廉，易于获得，但有刺激性气味、有毒、易燃和有爆炸危险，对铜及其合金有腐蚀作用。氟利昂无毒，无气味，不燃烧，无爆炸危险，对金属不腐蚀，但其渗透性强，泄漏时不易发现，价格较贵。

用来将制冷机产生的冷量传递给被冷却物体的媒介物质称为载冷剂或冷媒。常用的冷媒有空气、水和盐水。

压缩式制冷机主要由压缩机、冷凝器、膨胀阀和蒸发器四个关键性设备所组成，并用管道连接形成一个封闭系统。工作过程如下：压缩机将蒸发器内产生的低压低温制冷剂蒸气吸入气缸，经压缩后压力提高，排入冷凝器，冷凝器内的高压制冷剂蒸气在定压下把热量传给冷却水或空气，从而凝结成液体。然后该高压液体经过膨胀阀节流减压进入蒸发器，在蒸发器内吸收冷媒的热量而气化，再被压缩机吸走。制冷剂在系统中经历了压缩、冷凝、节流、气化这四个连续过程，也就形成了制冷机制冷循环的工作过程。由此实现了热量从低温物体传向高温物体的过程。

2. 压缩式制冷的主要设备

实际制冷系统除上述四大主要设备外，还有一些辅助设备，如油分离器、贮液器及自控仪表、阀件等。对于氨制冷系统还应设集油器、空气分离器和紧急泄氨器；对于氟利昂制冷系统还应设热交换器和干燥过滤器等。

压缩机：是压缩和输送制冷剂蒸气的设备，也称为主机。对于小冷量的系统，多采用螺杆式压缩机、活塞式压缩机；对于大冷量的系统，多采用离心式压缩机。

冷凝器：利用水作为介质的冷凝器，常用的有立式壳管和卧式壳管两种形式。在外壳上有气、液连接管、放气管、安全阀、压力表等接头。

节流阀：降低冷媒压力，调节冷媒流量。

蒸发器：蒸发器也是一种热交换器，它使低压低温制冷剂液体吸收冷媒的热量而气化。

二、热力吸收式制冷系统

吸收式制冷是以消耗热能来达到制冷的目的。它与压缩式制冷的主要区别是工质不同，完成制冷循环所消耗能量的形式不同。吸收式制冷机通常使用的工质是由两种工质（吸收剂和制冷剂）组成的混合溶液，如氨水溶液、水-溴化锂溶液等。其中沸点高的作为吸收剂，沸点低且易挥发的物质作制冷剂：氨水中氨是制冷剂，水是吸收剂；水-溴化锂中水是制冷剂，溴化锂是吸收剂。

图5-7为溴化锂吸收式制冷的工作原理图，这种制冷机主要是由发生器、冷凝器、蒸发器、吸收器以及节流降压装置等部分所组成。图中有两个工作循环。左半部为冷剂水蒸气的制冷循环，它的工作原理是这样的：在发生器1内，由于外部热源的加热，溴化锂溶液中所含的水分汽化成冷剂水蒸气，并进入冷凝器2中，冷凝水蒸气把热量传递给冷却水后凝结为冷剂水，这部分冷剂水经过节流装置5降压后便进入蒸发器3。在这里，低压冷剂水吸收冷冻回水的热量而蒸发为水蒸气，从而实现了制冷过程。冷冻回水失去热量后温度降低被送到用户（如空调机、生产工艺）使用。而低温的冷剂水蒸气则进入吸收器4，被其中溴化锂溶液所吸收，在吸收过程中放出的热量由冷却水带走。吸收了冷剂水蒸气的溴化锂溶液变稀后，由泵6送到发生器1。如果将这个循环过程

同压缩式制冷加以比较的话，可以看出：吸收器内在较低压力下吸收水蒸气，其作用类似于压缩机的吸气；发生器内在较高压力下释放出水蒸气，其作用类似于压缩机的排气。可见，吸收剂的循环实际上起着压缩机的作用。

图 5-7 中的右半部为吸收剂溶液的循环。变稀的溴化锂水溶液之所以被送到发生器内，是为了加热浓缩释放出冷剂水蒸气，这是为保证系统连续工作所必需的。当发生器内溴化锂溶液浓度达到规定上限值时，便需要排入吸收器中进行吸收稀释；当吸收器内溴化锂溶液浓度达到规定的下限值时，又需要送到发生器内加热浓缩，这样便形成了吸收剂溶液的再生循环。

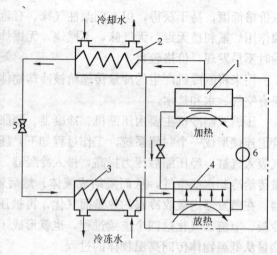

图 5-7　溴化锂吸收制冷工作原理图
1—发生器；2—冷凝器；3—蒸发器；
4—吸收器；5—节流装置；6—泵

三、蒸汽喷射式制冷循环

蒸汽喷射式制冷系统主要由锅炉、喷射器、冷凝器、节流阀、蒸发器和水泵等组成。其工作过程如下：由锅炉引来的工作蒸汽进入喷射器的喷管，在喷管中，减压膨胀增速，在混合室内形成低压，将蒸发器内的低压制冷工质吸入混合室，混合后的气流进入扩压管减速增压，送入冷凝器冷凝。由冷凝器中出来的凝结液分成两路，一路经水泵增压送入锅炉，加热汽化后成为工作蒸汽；另一路作为制冷剂经节流阀降压降温后进入蒸发器，吸收被冷却物的热量，汽化为低压制冷剂蒸汽，完成一个制冷循环。

第五节　民用建筑的保温与隔热

一、保温隔热的目的

严寒地区的建筑物应充分满足冬季保温设计的要求，寒冷地区应以满足冬季保温设计要求为主，防止局部冷桥的产生，室内形成结霜，同时适当兼顾夏季防热；温暖地区的建筑应兼顾冬季保温和夏季防热；炎热地区应以满足夏季防热设计为主，防止局部热桥的产生，室外形成结露，同时适当兼顾冬季保温。

冬季保温的目的是保证围护结构内表面温度符合卫生标准，防止内表面结露，同时满足供暖建筑所限制的能耗指标，节约能源。

夏季隔热的目的是保证建筑物工作区温度不超过卫生标准规定的最高温度，阻止太阳的辐射热。

二、冬季民用建筑的保温

冬季民用建筑的保温要满足以下要求：

（1）建筑物宜设在避风和向阳的地段。

（2）建筑物的形体设计宜减少外表面积，其平、立面的凹凸面不宜过多。

（3）居住建筑，在寒冷地区不宜设开敞式楼梯间和开敞式外廊。

（4）建筑物外部窗户面积不宜过大，应减少窗缝隙长度，并采取密闭措施。

（5）外墙、屋顶、直接接触室外空气的楼板和不采暖楼梯间的隔墙等围护结构，应进行保温验算，其传热热阻应大于或等于建筑物所在地区要求的最小传热热阻。

（6）当有散热器、管道、壁龛等嵌入外墙时，该处外墙的传热热阻应大于或等于建筑物所在地区要求的最小传热热阻。

（7）围护结构中的热桥部位应进行保温验算，并采取保温措施。

（8）严寒地区居住建筑的底层地面，在其周边一定范围内应采取保温措施。

（9）围护结构的构造设计应考虑防潮要求。

三、夏季民用建筑的隔热

夏季民用建筑的隔热应满足以下要求：

（1）建筑物夏季的防热应采取自然通风，窗户、围护结构的隔热和环境绿化等综合性措施。

（2）建筑物的总体布置，单体的平、剖面设计和门窗的设置，应利于自然通风，并尽量避免主要房间受东、西向的日晒。

（3）建筑物的向阳面，特别是东、西向窗户，应采取有效的遮阳措施。在建筑设计中，宜结合外廊、阳台、挑檐等处理方法达到遮阳的目的。

（4）屋顶和东、西向外墙的内表面温度，应满足隔热设计标准的要求。

（5）为防止潮霉季节湿空气在地面冷凝泛潮，居室、托儿所或幼儿园等场所的地面下部宜采取保温措施或架空做法，地面面层宜采用微孔的吸湿材料。

太阳辐射是通过围护结构向室内传热的主要热源，一方面它可以从窗户直接射入室内，另一方面可以由墙体、屋顶吸收后再传入室内。屋顶接受的辐射时间长，强度大，从屋顶传入室内的太阳辐射热要比墙体大得多，因此多采用屋顶的隔热方法。

在我国南方地区，太阳辐射强烈，屋顶外表面温度经常在 50℃ 以上，有时高达 60～70℃，南方炎热地区的屋顶隔热是一个迫切需要解决的问题。用浅色屋面反射太阳辐射是一种很好的隔热方法，目前常用的屋顶隔热方式有：

（1）通风屋顶：通风屋顶是在一般屋顶上架设通风间层而成。

（2）屋顶淋水：屋顶淋水主要用于坡屋面，它通过屋脊上的多孔放水管向屋顶淋水，在屋面上形成一层薄的流水层，由水把热量带走。

（3）绿化：利用草皮和绿化吸热，减少屋面辐射热。

四、采暖、空调和通风的节能设计

根据建设部有关文件精神，民用建筑节能是指在保证建筑物的使用功能和质量的前提下，降低建筑物的能源消耗，合理有效地利用能源。其主要内容是降低日常运行能耗和采用可再生能源。

按照节能标准，在采暖、空气调节系统施工图设计阶段，必须对每一采暖空调房间或空调区域进行热负荷和逐项逐时的冷负荷计算和水力计算，作为选择末端设备、确定管道管径、选择冷热源设备容量的基本依据，不能无原则的附加富裕量。为避免冬季采用过高的室内温度，夏季采用过低的室内温度，节能标准给出了建议的室内设计参数。新风量的大小不仅影响能耗、初投资和运行费用，而且关系到人体健康，因此标准给出了公共建筑主要空间的设计新风量。

详细请参见《公共建筑节能设计标准》GB 50189—2005、《北京市地方标准公共建筑节能设计标准》DB 11/687—2009。

思考题：

1. 自然通风的适用条件是什么？

答：自然通风方式适合于全国大部分地区的气候条件，用于夏季和过渡季节室内的通风、换气及降温。对于一年当中夏季室外气温低于 30℃、高于 15℃ 的累计时间大于 1500h 约合 62 天的地区，宜优先考虑采用自然通风。

2. 空调风系统有哪些设计要点？

答：

(1) 空调送风应采用单风道系统，不提倡双风道系统。

(2) 除有严格温、湿度要求的场合，一个空气处理系统中，不应同时有加热和冷却的过程，以免造成能源的浪费。

(3) 吊顶上部存在较大发热量，或者吊顶空间较高，不宜从吊顶回风时，提倡接回风管道。

(4) 空调系统不应将土建风道作为送风道，受条件限制不得不用时必须采取有效可靠的防漏风和隔热措施，并稳妥固定绝热材料，防止绝热层表面被吹散。

(5) 空调机房应尽可能靠近服务区，且风道作用半径不宜过大，对于高层建筑风系统所辖层数一般为 5~10 层。

3. 简述压缩式制冷工作原理。

答：压缩机将蒸发器内产生的低压低温制冷剂蒸汽吸入气缸，经压缩后压力提高，排入冷凝器，冷凝器内高压制冷剂蒸汽把热量传给冷却水或空气，后凝结成液体，然后该高压液体经过膨胀阀节流、减压进入蒸发器，在蒸发器内吸收冷媒的热量后气化，又被压缩机吸走。制冷剂在系统中经历了压缩、冷凝、节流、气化这四个连续过程，形成了制冷机制冷循环的工作过程，从蒸发器中冷媒不断获取冷量，为系统供冷。

4. 什么是建筑节能？

答：民用建筑节能是指在保证建筑物的使用功能和质量的前提下，降低建筑物的能源消耗，合理有效地利用能源。其主要内容是降低日常运行能耗和广泛采用可再生能源。

第六章 燃 气 工 程

本章重点

本章重点介绍了燃气的种类和性质、燃气的供应系统、室内燃气系统组成、安全距离及防腐、液化石油气供应、燃气计量与灶具。

第一节 城市燃气的供应

一、燃气的种类和性质

工业生产和日常生活中所使用的燃料，按照燃料的形态可分为：固体燃料、液体燃料和气体燃料三类。气体燃料是可燃气体及不可燃气体的混合物，并含有焦油和灰尘等杂质。气体燃料燃烧热效率高，有利于环境保护、工业生产自动化、减轻交通运输压力和燃料的综合利用。

气体燃料的种类有很多，根据其成因不同可分为天然气、液化石油气、人工燃气和沼气等，各种气体燃料统称为燃气。

1. 天然气：天然气是指从钻井中开采出来的可燃气体，是理想的城市气源。一种是气井气，即自由喷出地面的燃气，称作纯天然气；另一种溶解于石油中，从开采出的石油中分离而获得，称作石油伴生气；还有一种含石油轻质馏分的凝析气田气。

天然气的主要成分是甲烷，发热量约 $33494 \sim 41868 kJ/Nm^3$。天然气通常没有气味，使用时必须混入有臭味但无害的气体，以便在泄漏时及时发现，避免事故的发生，这个过程称为加臭。

2. 液化石油气：液化石油气是在对石油进行加工处理中，所获得的副产品，主要组成成分是丙烯、丙烷、正(异)丁烷、正(反)丁烯等。标准状态下呈气态，在压力升高或温度降低至某一数值时变为液态，液化石油气的发热量通常为 $83736 \sim 113044 kJ/Nm^3$。

3. 人工燃气：人工燃气是将矿物燃料(煤、重油)通过加热加工得到的，按其制取方法的不同可分为干馏煤气、气化煤气、油制气和高炉煤气四种，发热量一般在 $14654 kJ/Nm^3$ 以上。人工燃气含有硫化氢、萘、苯、氨、焦油等杂质，有强烈的气味和毒性，易腐蚀及堵塞管道，使用前应加以净化。

4. 沼气：沼气是由各种有机物(如蛋白质、纤维素、脂肪、淀粉等)在隔绝空气条件下，在微生物的作用下发酵分解而成。沼气的生产原料为粪便、垃圾、杂草、落叶等，发热量约为 $20900 kJ/Nm^3$。

由于用气设备是按确定的燃气组成设计的，城市燃气的组分必须维持稳定。我国城市燃气设计规范规定，作为城市的人工燃气，其低位发热值应大于 $14700 kJ/Nm^3$。输送高发热值的燃气对于输配系统更为经济。各种燃气的组分及低发热值见表 6-1。

燃气的组分及低发热值 表 6-1

序号	燃气类别	组分(体积%)									低发热值 (kJ/Nm³)
		CH_4	C_3H_8	C_4H_{10}	C_mH_n	O	H_2	CO_2	O_2	N_2	
一	天然气										
1	纯天然气	98	0.3	0.3	0.4					1	36220
2	石油伴生气	81.7	6.2	4.86	4.94			0.3	0.2	1.8	45470
3	凝析气田气	74.3	6.75	1.87	14.91			1.62		0.55	48360
4	矿井气	52.4						4.6	7	36	18840
二	人工燃气										
1	固体燃料干馏煤气										
(1)	焦炉煤气	27			2	6	56	3	1	5	18250
(2)	连续式直立炭化炉煤气	18			1.7	17	56	5	0.3	2	16160
(3)	立箱炉煤气	25				9.5	55	6	0.5	4	16120
2	固体燃料气化煤气										
(1)	压力气化煤气	18			0.7	18	56	3	0.3	4	15410
(2)	水煤气	1.2				34.4	52	8.2	0.2	4	10380
(3)	发生炉煤气	1.8		0.4		30.4	8.4	2.4		56.4	5900
3	油制气										
(1)	重油蓄热热裂解气	28.5			32.17	2.68	31.51	2.13	0.62	2.39	42160
(2)	重油蓄热催化裂解气	16.6			5	17.2	46.5	7	1	6.7	17540
4	高炉煤气	0.3				28	2.7	10.5		58.5	3940
三	液化石油气(概略值)		50	50							108440
四	沼气(生化气)	60				少量	少量	35	少量		21770

二、城市燃气的供应系统

1. 燃气用户

城市燃气的用户有：居民生活用户、公共建筑用户、工业企业生产用户、建筑物采暖用户。

(1) 居民生活用户：要供应人们日常生活中炊事和加热生活热水用气。

(2) 公共建筑用户：包括职工食堂、饮食业、幼儿园、托儿所、医院、旅馆、浴室、理发店、洗衣房、机关、学校和科研院所等，燃气主要用于炊事和热水供应。对于学校和科研院所，燃气还用于实验室。

(3) 工业企业用户：燃气主要用于生产工艺，应优先供应：在工艺上改用燃气后产品的产量及质量有很大提高的工业企业、能显著减轻大气污染的工业企业和作为缓冲用户的工业企业。

(4) 采暖用户：只有在技术经济论证合理时，才能将燃气用作采暖的燃料。

2. 城市燃气输配系统及组成

现代化的城市燃气输配系统是复杂的综合设施，输配系统的作用是保证不间断地、安全可靠地向用户供气，并且应该检测维修方便，在局部检修或故障时，不影响全系统的操作。城市的燃气供应系统主要由管网、调压站、储配站和控制系统组成。

(1) 燃气管网

燃气管网是燃气输配系统的主要部分，按其作用可分成：长距离输气管线、城市燃气分配干管(将燃气分给不同的用户、街区)、庭院管(将燃气分配至庭院和各用户建筑)和室内管。按输气压力的大小分为：低压燃气管道(压力小于10kPa)；中压B燃气管道(压力10kPa～0.2MPa)；中压A燃气管道(压力0.2～0.4MPa)；次高压B燃气管道(压力为0.4～0.8MPa)；次高压A燃气管道(压力为0.8～1.6MPa)；高压B燃气管道(压力为1.6～2.5MPa)；高压A燃气管道(压力为2.5～4.0MPa)和超高压燃气管道(压力大于0.8MPa)。

(2) 调压计量站

调压站在城市燃气管网中的作用是用来调节稳定管网的压力。通常装有调压器、阀门、安全装置、旁通管及测量仪表等，有的还装有计量设备，除了调压之外，还起计量作用，通常称作调压站。

图6-1为一区域调压站布置示例。调压站的净高通常为3.2～3.5m，主要通道的宽度及调压器之间的净距不小于1.0m；调压站的屋顶应有泄压设施，房门应向外开；调压站应有自然通风和采光，通风换气次数不少于每一小时两次；室内温度一般不低于0℃。当燃气为气态液化石油气时，不得低于其露点温度。室内设备应采取防爆措施。

调压站通常布置在地上特设的房屋里。在不产生冻结、堵塞和保证设备正常运行的前提下，调压器及附属设备(仪表除外)也可以设置在露天(应设围墙和雨篷)或专门制作的调压柜内。由于

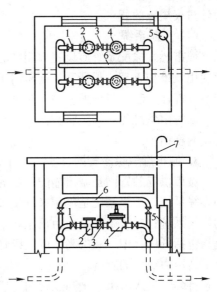

图6-1　区域调压站平面、剖面图
1—阀门；2—过滤器；3—安全切断阀；4—调压器；5—安全水封；6—旁通管；7—放散管

地下调压站会给工人操作管理带来许多不便，且难于保证调压站内干燥和良好通风，发生中毒危险的可能性较大，所以只有地上条件限制，且燃气管道进出压力不大于0.4MPa时才可以在地下构筑。调压站此时建筑防火等级不应低于二级。

(3) 储配站

储配站有高压储配站和低压储配站两种。当城市采用低压气源，而且供气规模又不特别大时，燃气供应系统通常采用低压储罐储气，并建设低压储配站。低压储配站的作用是在低峰时将多余的燃气储存起来，在高峰时，通过储配站的压缩机将燃气从低压储罐中抽出，压送到中压管网中保证正常供气(图6-2)。

储气站的数量及其位置的确定，应根据供气的规模、城市的特点确定。储罐应设在站区主导风向的下风侧；两个储罐的间距等于相邻最大罐的半径；储罐的周围应有环形消防车道并要求有两个通向市区的通道。锅炉房、食堂和办公室等有火源的构筑物宜布置在站区的上风向或侧风向。站区的布置要紧凑，各构筑物之间的距离及防火等级均应满足建筑

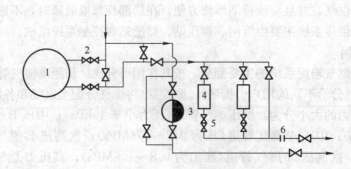

图 6-2　低压储存、中低压分路输送工艺流程

1—低压储气罐；2—水封阀；3—稳压器；4—压缩机；5—逆止阀；6—出口计量器

设计防火规范的要求。

（4）控制系统

城市燃气输配系统应设置控制中心，以便集中管理，统一指挥燃气的生产、输配、储存使用及维护管理，保证系统在所需工况下运行。控制中心的计算机系统把遥测网路与监控系统连在一起，对压缩机站、储气站、调压室以及输气网上特定部位的遥测数据进行监视，同时由信息传送系统将数据传递到控制中心调度室，使其了解系统的运行情况，借此作出调度指令。

3. 城市燃气供应管网

城市供气的管网是城市输配系统的主要部分，按其压力级制可分为一级、二级、三级和多级系统。一级系统是仅用来分配和供给燃气的低压管网的系统，一般只适用于小城镇的供气系统；二级系统是指由低压和中压或低压和次高压两级管网组成的系统；三级系统是指包括低压、中压和次高压的三级管网；多级系统是指由低压、中压、次高压和高压甚至更高压力组成的管网。

将燃气送入城市，次高压管网连成环状，通过区域调压室（站）向低压管网供气，通过专门的调压室（站）向工业企业供气。低压管网根据地理条件（由铁路、河流分割）分成几个互不连通的区域管网，通过枝状管网送入用户。

第二节　室内燃气供应

一、室内燃气系统的组成

室内燃气系统由用户引入管、立管、水平干管、用户支管、燃气计量表、用具连接管和燃气用具所组成（图 6-3）。

1. 引入管

引入管是室内用户系统与城市或庭院低压分配管相连的管段（一般特指从庭院管引至总阀门的管段）。输送湿燃气的引入管一般由厨房或走廊等便于检修的非居住房间内引入室内，当确有困难时，可从楼梯间引入，此时引入管阀门设在室外。在采取了防冻措施时也可以由地上引入。引入管应有不小于 3‰的坡度，坡向城市分配管（干燃气可不设坡度）（图 6-4）。

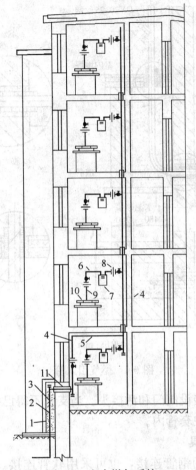

图 6-3 室内燃气系统

1—用户引入管；2—砖台；3—保温层；4—立管；5—水平干管；
6—用户支管；7—燃气计量表；8—旋塞及活接头；
9—用具连接管；10—燃气用具；11—套管

2. 水平干管

引入管上可以连接一根立管，也可以连接若干根立管。引入管连接多根立管时，应设水平干管。水平干管可沿楼梯间或辅助间的墙壁敷设，坡向引入管。

3. 供气立管

立管是指将燃气由引入管或水平干管分送到各层的管道。

室内燃气立管宜设在厨房、开水间、楼梯间、走廊等处；不得设置在卧室、浴室、厕所或电梯井、排烟道、垃圾道等内部。室内立管应明设，也可设在便于安装和检修的管道竖井内，但应符合以下要求：不得与可能产生火花的电线、电气设备或排气管、排烟管、送回风管共用竖井；竖井内管道应采用焊接，尽量不设或少设阀门等附件。

立管的阀门一般设于室内，对重要的用户尚应在室外另设阀门。立管上下端应装清扫用丝堵，其直径一般不小于 $DN25\mathrm{mm}$。

4. 用户支管

用户支管指由立管引向单独用户计量表及燃气用具的管段。室内燃气支管应明设，敷

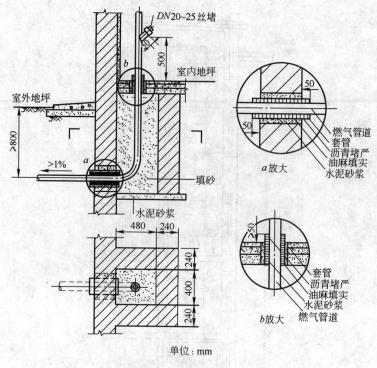

单位：mm

图 6-4　燃气引入管

设在过厅、走道的管段不得装设阀门和活接头。当支管不得已需穿过卧室、浴室、阁楼或壁柜时，必须采用焊接并设在套管内。

5. 用具连接管和燃气用具

支管与燃具的连接宜采用钢管连接，也可采用软管连接，采用软管时应符合下列要求：软管的长度不得超过 2m，且中间不得有接口；软管宜采用耐油加强橡胶管或塑料管，其耐压能力应大于 4 倍工作压力。

二、安全距离及防腐

1. 室内燃气管道与电气设备、相邻管道之间的净距不应小于表 6-2 的要求。

燃气管道与电气设备、相邻管道之间的净距（cm）　　　　　　　　表 6-2

序　号	设 备 和 管 道		与燃气管道的净距	
			水 平 敷 设	交 叉 敷 设
1	电气设备	明装绝缘电线或电缆	25	10①
		暗装或管内绝缘电线	5	1
		电压小于 1kV 的裸露电线	100	100
		配电盘或配电箱	30	不允许
2	相邻管道		保证燃气管道和相邻管道的安装、维护和修理	2

① 当明装电线与燃气管道交叉净距小于 10cm 时，电线应加绝缘套管，绝缘套管的两端应各伸出燃气管道 10cm。

2. 室内燃气管道外壁与墙面的净距不得小于表 6-3 的规定。

管道外壁与墙面的净距 表 6-3

管径(mm)	净距(cm)	管径(mm)	净距(cm)
DN<25	3	DN40~50	7
DN25~32	5	DN>50	9

3. 室内燃气管的防腐

埋地燃气管道应根据土的腐蚀性质和管道的重要性选择不同等级的沥青绝缘防腐或聚乙烯塑料防腐。

室内管道采用水煤气管或无缝钢管时，均应除锈后刷两道防锈漆。

三、液化石油气供应

发展液化石油气所需投资少，设备简单，供应方式灵活，建设速度快。生产厂家生产的液化石油气，可以通过铁路、公路、水路或管道运输至储配站，然后用压缩机或泵将液化石油气卸入储罐，通过管道或灌瓶后供应用户。

1. 液化石油气瓶装供应

瓶装供应站宜设在供应区域中心，供应半径不宜超过 1km，供应范围为 5000~10000户或液态总储量不宜超过 10m³。

钢瓶是供用户盛装液化石油气的专用压力容器，供民用、公用及小型工业用户使用的钢瓶，其充装量为 10kg、15kg、50kg，由底座、瓶体、瓶嘴、耳片和护罩组成。

钢瓶的角阀上应该安装液化石油气调压器，用以使出口压力稳定，保证灶具安全、稳定地燃烧。图 6-5 为常用的 YJ-0.6 型液化石油气调压器，用于家庭使用。

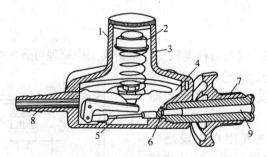

图 6-5　YJ-0.6 型液化石油气调压器
1—壳体；2—调节螺丝；3—调节弹簧；4—薄膜；5—横轴；
6—阀口；7—手轮；8—出口；9—入口

2. 液化石油气瓶组供气

对于用气量较大的用户，如公共福利事业用户、建筑群、小型工业用户，高峰平均用气量在 1~10m³/h 时宜采用自然蒸发瓶组站供气方式。

图 6-6 所示为设置高、低压调压器的系统，布置成两组，一组正常使用，为使用侧，另一组待用。通过调压器减压后送往用户。对于用户多，输送距离远的系统，可设置自动切换器。

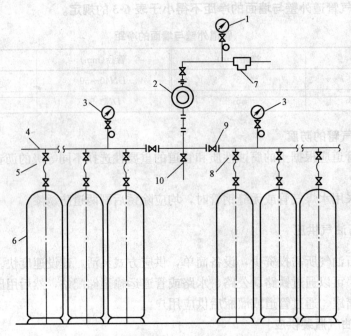

图 6-6　设置高、低压调压器的系统

1—低压压力表；2—高低压调压器；3—高压压力表；4—集气管；5—高压
软管；6—钢瓶；7—备用供给口；8—阀门；9—切换阀；10—泄液阀

第三节　燃气计量表及燃气用具

一、燃气计量表

燃气计量(计量流量)仪表的种类较多，根据其工作原理可分为容积式流量计、速度式流量计、差压式流量计、涡轮式流量计等种类。容积式流量计又分为膜式表和回转表。

凡由管道供气的燃气用户应设燃气表，住宅应每户设一台燃气表，公共建筑应按每个计量单位设置燃气表。

膜式表：膜式表是容积式流量计的一种，燃气自入口进入，充满表内空间，经过开放的滑阀座孔进入计量，依靠薄膜两面的气体压力差推动室内的薄膜运动，迫使计量室及内部的气体通过滑阀和分配室，从出口流出。当薄膜运动到尽头时，依靠传动机构的惯性使滑阀盖相反运动。计量室和入口、出口相通，薄膜往返一次

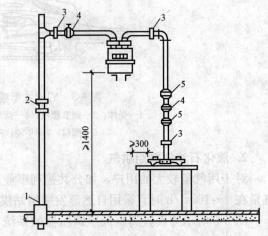

图 6-7　燃气表与燃具的相对位置示意

1—套管；2—总立管转心门；3—管箍；
4—支管转心门；5—活接头

完成一个回转，这时表的读数值为表的一次回转流量（即计量室的有效体积），膜式表的累计流量值为一次回转流量和回转数的乘积。

图 6-7 为高锁表，即燃气表安装在燃气灶具一侧的上方。为防止使用燃气灶时，热烟熏烤燃气表，影响计量精确度，燃气表与燃气灶具之间应保持不小于 0.3m 的净距，表背面距墙面不小于 0.1m，表底一般设托架加以支撑。图 6-8 所示为燃气表中位安装示意。

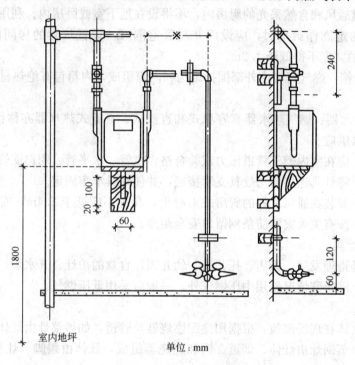

图 6-8　燃气表中位安装

公用燃气表应尽量安装在单独的房间内，房间内室温不低于 5℃，安装位置应便于查表和检修；燃气表距烟囱、电器、燃气用具和热水锅炉等设备有一定的安全距离，禁止把燃气计量表装在锅炉房内，图 6-9 和图 6-10 所示分别为公用膜式表和罗茨表的安装。

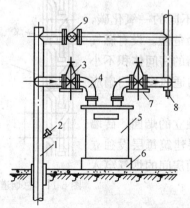

图 6-9　$Q_g \geqslant 40\text{m}^3/\text{h}$ 的燃气表安装
1—引入管；2—清扫口丝堵；3—闸阀；4—弯管；
5—燃气表；6—表座；7—支承架；8—泄水丝堵；
9—旁通闸阀

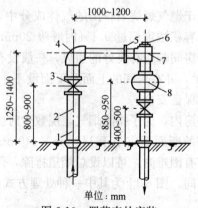

图 6-10　罗茨表的安装
1—盘接短管；2—丝堵；3—闸阀；4—弯头；
5—法兰；6—丝堵；7—三通；8—罗茨表

二、燃气灶具

1. 民用灶具

民用灶具指居民家庭生活用灶具，一般有单眼灶、双眼灶、烤箱灶和热水器等。

（1）家用双眼灶：常用的家庭生活用灶为双眼灶，由炉体、工作面和燃烧器组成。燃具宜设在有自然通风和自然采光的厨房内，不得设在地下室或卧房内。利用卧室的套间或用户单独使用的走廊作厨房时，应设门并与卧室隔开。设置灶具的房间高度不得低于2.2m，灶具前的宽度不得低于1.2m。

（2）燃气烤箱：燃气烤箱由外部围护结构和内箱组成，内箱包有绝热材料，以减少热损失。

（3）燃气热水器：燃气热水器有容积式和直流式。直流式热水器亦称作快速热水器，多用于局部热水供应。

灶具的安装应在室内燃气管道压力试验合格，主管、水平管、用户支管和灶具支管牢牢固定后进行，将灶具连接管与灶具支管接通，并使灶具牢牢固定。

热水器必须安装在通风良好的厨房或走廊里，高度不应低于2.4m，安装位置应便于操作和维修，并按有关火灾预防条例留出安全距离。

2. 公共用灶具

公用灶具是指理发厅、饭店、托儿所、幼儿园、食堂的炉灶、开水炉、烤箱等公共建筑的用气设备。除特殊情况使用中压燃气外，一般应采用低压燃气。

（1）砌筑灶

砌筑灶的灶体在现场砌筑，根据用途配燃烧器及管道，如炒菜灶由灶体、锅圈和燃烧器组成；普通型蒸锅灶由灶体、烟道、锅和燃烧器组成，灶体由踢脚、灶身和灶檐构成，可用红机砖由下向上砌筑。

（2）钢结构炉灶

钢结构炉灶的灶体、燃烧器、连接管和灶前管应在出厂前装配齐全。

三、通风排烟

由于燃气燃烧后排出的气体成分中，含有浓度不同的一氧化碳，且当其容积浓度超过0.1％时呼吸20min人就有生命危险。设有燃气用具的房间都应有良好的通风，一般设有燃气热水器的房间体积不小于12m³，并在房间的上面及下面设不小于0.2m²的通风窗，门扇应外开以保证安全。

楼房内，为了排除烟气，层数少时应设置各自独立的烟囱，砖墙内烟道的断面不应小于140mm×140mm；对于高层建筑每层设独立的烟道有困难时，可以设总烟道排除，但要防止下面房间的烟气窜入上层房间，图6-11为其中一种处理方式。

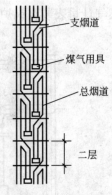

图6-11 总烟道装置

思考题：

1. 燃气分为哪几类？

答：根据其成因不同可分为天然气、人工燃气、液化石油气和沼气等各种气体燃料。

2. 各种燃气的发热值各为多少？

答：天然气的主要成分是甲烷，发热量约 33494～41868kJ/Nm³；人工燃气的干馏煤气、气化煤气、油制气和高炉煤气四种发热量一般在 14654kJ/Nm³ 以上；液化石油气的发热量通常为 83736～113044kJ/Nm³；沼气的生产原料为粪便、垃圾、杂草、落叶等，发热量约为 20900kJ/Nm³；

3. 燃气输配系统由哪几部分构成？

答：燃气供应系统主要由管网、调压站、储配站和控制系统组成。

4. 室内燃气系统由哪几部分组成？

答：室内燃气系统由用户引入管、立管、水平干管、用户支管、燃气计量表、用具连接管和燃气用具所组成。

5. 燃气在使用安全及管道保护方面应注意哪些问题？

答：室内燃气管道与电气设备、相邻管道之间的净距需要满足安全需要；燃气燃烧后排出的气体成分中，含有浓度不同的一氧化碳，在设有燃气用具的房间都应有良好的通风，门扇应外开以保证安全。

埋地燃气管道应根据土壤的腐蚀性质和管道的重要性选择不同等级的沥青绝缘防腐或聚乙烯塑料防腐，室内管道采用水煤气管或无缝钢管时均应除锈后刷两道防锈漆。

第七章　建筑供配电工程

本章重点

本章重点介绍了负荷等级的划分和两种简单的负荷计算方法，以及低压配电系统的接线方式。介绍了主要的供配电设备和常用电气设备，以及它们的配电方式和线路敷设方式，与其他专业的配合。最后介绍了建筑物的接地保护方式和防雷保护的分类。

第一节　建筑供配电系统概述

建筑供配电系统是建筑电气的最基本系统，它对电能起着接受、变换和分配的作用，向各种用电设备提供电能。建筑供配电设计的主要内容包括以下部分。

一、用电负荷的等级和供电要求

电力网上用电设备所消耗的功率，称为用户的"用电负荷"或"电力负荷"。用电负荷是进行供配电系统设计的主要依据和参数。

根据建筑物的类别和用电负荷的性质、停电造成损失的程度，按《民用建筑电气设计规范》JGJ 16—2008 的规定，用电负荷分为三个等级，并由此确定其对供电电源的要求。

1. 一级负荷

一级负荷指中断供电将造成人身伤亡；中断供电将在经济上造成重大损失；中断供电将影响重要用电单位的正常工作的电力负荷。如特别重要的交通枢纽、国家级大型体育中心、政府的电台、电视台、新闻中心、实时计算机网络系统等。在一级负荷中，当中断供电将造成重大设备损坏或发生中毒、爆炸和火灾等情况的负荷，以及特别重要场所的不允许中断供电的负荷，应视为一级负荷中特别重要的负荷。详见表 7-1。

一级负荷要求由两路独立电源供电，即两路电源分别引自电力系统不同变电所。当其中一路电源故障时，另一路担负供电，保证一级负荷不间断供电。一级负荷中特别重要的负荷还必须增设应急电源。为保证对特别重要负荷的供电，严禁将其他负荷接入应急供电系统。

一级负荷容量较大或有高压电气设备时，应采用两路高压电源供电。

2. 二级负荷

二级负荷指中断供电将造成较大政治影响；中断供电将造成较大经济损失；中断供电将影响重要用电单位的正常工作或造成公共场所混乱的电力负荷。详见表 7-1。

二级负荷多采用两路电源供电。在负荷较小或地区供电条件困难时，可由一路 6kV 及以上专用的架空线路供电。

3. 三级负荷

三级负荷指凡不属于一级负荷和二级负荷的电力负荷。三级负荷对供电无特殊要求。

负荷等级		负荷所属用户	用电设备(或场所)名称
一级负荷	特别重要负荷	1. 中断供电将发生中毒、爆炸和火灾等情况的负荷	
		2. 特别重要场所不允许中断供电的负荷： 国家气象台 国家计算中心 甲等剧院 大型博物馆、展览馆 重要图书馆(藏书上百万册) 大型国际比赛场馆 大型百货商店(场) 大型金融中心(银行) 国家及省、市、自治区广播、电视电台 电信枢纽卫星站 民用机场台 国宾馆、国家级大会堂、国家级国际会议中心	气象业务用电子计算机系统 电子计算机系统 调光用电子计算机系统 防盗信号电源、珍贵展品展室的照明 检索用电子计算机系统 计时记分电子计算机系统以及监控系统 经营管理用电子计算机系统 关键电子计算机系统和防盗报警系统 电子计算机系统 保证通信不中断的主要设备和重要场所的应急照明 航空管制、导航、通信、气象、助航灯光系统设施和台站；边防、海关的安全检查设备；航班预报设备；三级以上油库；为飞行及旅客服务的办公用房及旅客活动场所的应急照明 主会场、接见厅、宴会厅、照明，电声、录像、计算机系统
一级负荷		一级负荷用电单位中的右列设备	1. 消防用电设备，例如：消防水泵、消防电梯、排烟及正压风机、消防中心(控制室)电源、电动防火卷帘、门窗及阀门等 2. 应急照明、疏散标志灯 3. 走道照明、值班照明、警卫照明、障碍标志灯 4. 主要业务用电子计算机系统电源 5. 保安系统电源 6. 电话机房电源 7. 客梯电力 8. 排污泵 9. 变频调速恒压供水生活水泵
		四星级及以上宾馆	宴会厅电声、新闻摄影、录像电源；宴会厅、走道照明
		国宾馆、国家级大会堂、国际会议中心	总值班室、会议室、主要办公室、档案室、客梯电源
		地、市级及以上气象台	气象雷达、电报及传真收发设备、卫星云图接收机及语言广播电源、气象绘图及预报照明
		科研院所、高等院校	重要实验室，如：生物制品、培养剂等
		甲等剧场	舞台、贵宾室、演员化妆室照明，舞台机械电力、电声、广播、电视转播及新闻摄影电源
		省、直辖市级及以上场、馆	比赛厅、主席台、贵宾室、接待室、新闻发布厅及走道照明、检录处、仲裁录放室、终点摄像室、编印室、电脑室、电声、广播、电视转播及新闻摄影电源
		县级及以上医院	急诊部、监护病房、手术部、分娩室、婴儿室、血液病房的净化室、血液透析室、病理切片分析、CT扫描室、血库、高压氧舱、加速器机房、治疗室、配血室的电力照明、培养箱、冰箱、恒温箱的电源，走道照明
		银行	大型银行营业厅照明、一般银行的防盗照明
		百货商场	营业厅、门厅照明
		广播电台、电视台	直接播出的语音播音室、控制室、电视演播厅、中心机房、录像室、微波机房及其发射机房的电力和照明
		国家级政府办公楼	主要办公室、会议室、总值班室、档案室照明
		民用机场	候机楼、外航驻机场办事处、机场宾馆及旅客过夜用房、站坪照明与站坪机务用电

负荷等级	负荷所属用户	用电设备(或场所)名称
一级负荷	汽车库(修车库)、停车场	Ⅰ类汽车库、机械停车设备及采用升降梯作车辆疏散出口的升降梯用电
	高层建筑	消防用电、应急照明、客梯电力、变频调速(恒压供水)生活水泵、排污泵
	大型火车站	国境站的旅客站房、站台、天桥、地道的用电设备
	水运客运站	通信、导航设施
	监狱	警卫照明、提审室照明
二级负荷	二级负荷用户中的设备	消防用电、客梯电力、变频调速(恒压供水)生活水泵、排污泵、主要通道及楼梯间照明
	省部级办公楼	主要办公室、会议室、总值班室、档案室照明
	大型博物馆、展览馆	展览用电
	四星级以上宾馆、饭店	客房照明
	甲等影院	照明与放映用电
	医院	电子显微镜、X光机电源、高级病房、肢体伤残康复病房照明
	小型银行	营业厅、门厅照明
	大型百货商场、贸易中心	自动扶梯、空调设备
	中型百货商场	营业厅、门厅照明
	电视台、广播电台	洗印室、电视电影室、审听室
	民用机场	除特别重要及一级负荷以外的其他用电
	水运客运站	港口重要作业区、一等客运站用电
	大型或有特殊要求的冷库	制冷设备电力、电梯电力、库房照明
	其他	一级负荷用户中:生活水泵、客梯电力、厨房动力与照明、空调设备;特别重要负荷用户中的一般负荷
	汽车客运站	一、二级站用电
	汽车库(修车库)、停车场	Ⅱ、Ⅲ类汽车库和Ⅰ类修车库用电

二、负荷计算

1. 负荷计算的内容

负荷计算的主要内容有设备容量、计算容量、计算电流、尖峰电流。

（1）设备容量

设备容量也称为安装容量，它是用户安装的所有用电设备的额定容量和额定功率（设备铭牌上的数据）之和，是配电系统设计和计算的基础资料和依据。

（2）计算容量

计算容量也称为计算负荷、需要负荷和最大负荷。它标志用户的最大用电功率，是配电设计时选择变压器、确定备用电源容量、无功补偿容量和季节性负荷的依据，也是计算配电系统各回路中电流的依据。

（3）计算电流

计算电流是计算负荷在额定电压下的电流。它是配电系统设计的重要参数，是选择配电变压器、导体、电器、计算电压损失、功率损耗的依据，也可以作为电能损耗及无功补偿的估算依据。

（4）尖峰电流

尖峰电流是负荷的短时（如电动机启动等）最大电流。它是计算电压降、电压波动和选择导体、电器及保护元件的依据。

2. 负荷计算的方法

这里，我们着重介绍计算容量的计算方法。

（1）单位指标法

方案设计阶段确定计算容量时，采用单位指标法计算，并根据计算结果确定电力变压器的容量和台数。各类建筑物的用电指标见表7-2。

各类建筑物的用电指标　　　　　　　　　　　　　表7-2

建筑类别	用电指标（W/m²）	建筑类别	用电指标（W/m²）
公　寓	30～50	医　　院	40～70
旅　馆	40～70	高等学校	20～40
办　公	30～70	中小学	12～20
商　业	一般：40～80	展览馆	50～80
	大中型：60～120		
体　育	40～70	演播室	250～500
剧　场	50～80	汽车库	8～15

注：当空调冷水机组采用直燃机时，用电指标一般比采用电动压缩机制冷时的用电指标降低$25～35W/m^2$。表中所列用电指标的上限值是按空调采用电动压缩机制冷时的数据。

（2）需要系数法

初步设计及施工图设计阶段采用需要系数法对计算容量进行计算：

$$P_{js} = K_x \cdot P_e$$

式中　P_{js}——计算容量（kW）；

　　　K_x——需要系数；

　　　P_e——设备容量（kW）。

用电设备中性质相同的设备有相近的需要系数K_x。在计算设备的计算容量时，应先对单台用电设备或用电设备组进行如下处理再相加：

① 单台设备的设备容量一般取其铭牌上的额定容量或额定功率。

② 短时工作电动机，需考虑使用系数。

③ 照明设备的设备容量采用光源的额定功率加上附属设备的功率。如荧光灯、金属卤化物灯、高压钠灯、高压汞灯，均为灯泡的额定功率加上镇流器的损耗；低压卤钨灯、低压钠灯为灯泡的额定功率加上变压器的功耗。

④ 成组用电设备的设备容量不包括备用设备。

⑤ 消防设备与火灾时必然切除的设备取其大者计入总设备容量。

⑥ 季节性负荷，如空调制冷设备与采暖设备取其大者计入总设备容量。

⑦ 住宅的设备容量采用每户的用电指标之和。

因此，计算负荷时，先将用电设备按类型划组，除去备用和不同时工作的设备，将其余各组设备的功率相加后分别乘以相应的需要系数，得到计算负荷，再将各组计算负荷相加，得到总的计算负荷。

建筑电气设备需要系数如表 7-3 所示。

建筑电气设备需要系数 　　　　　　　　　　　　　　　　　　　表 7-3

用电设备名称	规模（台数）	需要系数 K_x
照明	面积<500m²	1～0.9
	500～3000m²	0.9～0.7
	3000～15000m²	0.75～0.55
	>15000m²	0.6～0.4
	商场照明	0.9～0.7
冷冻机房、锅炉房	1～3 台	0.9～0.7
	>3 台	0.7～0.6
热力站、水泵房、通风机	1～5 台	1～0.8
	>5 台	0.8～0.6
洗衣机房、厨房	≤100kW	0.4～0.5
	>100kW	0.3～0.4
窗式空调	4～10 台	0.8～0.6
	10～50 台	0.6～0.4
	50 台以上	0.4～0.3
舞台照明	<200kW	1～0.6
	>200kW	0.6～0.4

注：一般动力设备为 3 台及以下时，需要系数取为 $K_x=1$。

三、供电电源

民用建筑工程的供电电源，应根据计算负荷、供电距离、用电设备特性、供电回路数量、远景规划及当地公共电网的现状和发展规划等技术经济因素综合考虑确定。

小负荷用户宜接入当地低压电网。

四、低压配电系统接线方式

民用建筑低压配电系统基本接线方式有三种：放射式、树干式、混合式。

1. 放射式

放射式配电系统从低压母线到用电设备的线缆是直通的，供电可靠性高，配电设备集中，但系统灵活性较差。一般适用于容量大、负荷集中的场所或重要的用电设备，如图 7-1 所示。

2. 树干式

树干式配电系统是向用电区域引出几条干线，供电设备可以直接接在干线上，这种方法的系统灵活性好，但干线发生故障时影响范围大。一般适用于用电设备分布均匀、容量不大又无特殊要求的场所，如图 7-2 所示。

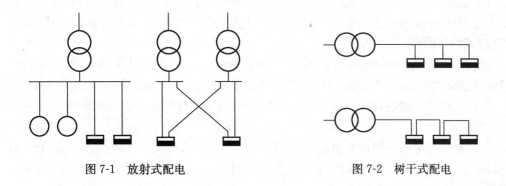

图 7-1　放射式配电　　　　　　　　　　图 7-2　树干式配电

3. 混合式

是放射式和树干式相结合的最常用的配电方式，如图 7-3 所示。

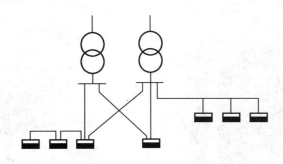

图 7-3　混合式配电

建筑电气的高压配电系统大多采用放射式接线方式，低压配电系统大多采用放射式和树干式相结合的混合式接线方式。

五、建筑供配电系统设计

根据电气系统主要参数，建筑供配电系统设计的主要任务是：

（1）根据工程建筑结构特点、用电负荷要求以及外部电力系统的条件，确定系统供电电源的等级和供电电源路数。若为高压供电，用户变电所上级配电装置一般由当地供电局负责设计。

（2）计算总用电负荷并确定变压器的容量。变压器的选择同时要考虑建筑物的特点以及供配电方式。高层建筑物内变压器一般选用干式变压器。

（3）分类统计用电负荷决定低压配电系统的供电方式，以及设计线路敷设、设备安装。

第二节　建筑供配电设备

建筑供配电设备主要有变压器、高压配电设备、低压配电设备、继电保护和自动化设备、备用电源、电工测量仪表等。

一、变压器

变压器起着变换电压的作用，常用的 10kV 变电所中变压器将高压 10kV 变为低压 380/220V。根据冷却方式和安装地点的不同，通常采用的配电变压器有油浸式变压器、干式变压器和户外箱式变电站。

1. 油浸式变压器对环境有一定的污染，运行时噪声比较大，应安装在单独的隔间内。装有可燃性油浸式电力变压器的变电所，不应设在耐火等级为三、四级的建筑中(图 7-4)。

2. 干式变压器一般设置在民用建筑中，但特别潮湿的环境不宜设置浸渍绝缘干式变压器(图 7-5)。

3. 户外箱式变电站一般用在负荷小(不宜大于 1250kVA)而分散的建筑群及风景区旅游点等场所。户外箱式变电站运行环境温度不宜超过 40℃，24h 平均温度不超过 35℃。当超过平均气温时，应降容使用(图 7-6)。

图 7-4　油浸式变压器　　　　　　　　　图 7-5　干式变压器

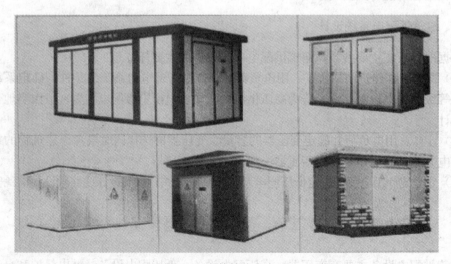

图 7-6　户外箱式变电站

二、高压配电设备

高压配电装置是用于安放高压电器设备的柜式成套装置，起着接受电能、分配电能的作用，柜内安放有高压开关设备、测量仪表、保护设备及一些操作辅助设备。按其结构可分为固定式和手车式两种(图 7-7)。

三、低压配电设备

低压配电装置是用于安放低压电器设备的成套和柜式成套装置。按其结构可分为固定式和抽屉式两种(图 7-8、图 7-9)。

图 7-7　固定式环网柜

图 7-8　GCK 低压配电柜

四、继电保护和自动化设备

继电保护设备是在设备和线路出现异常时切断故障点，以保证其他负荷正常运行的保护装置。在民用建筑配变电设备和线路中，应设有主保护、后备保护和设备异常运行保护装置，必要时可增设辅助保护(图 7-10)。

图 7-9　GCS 低压配电柜

图 7-10　继电保护装置

自动化设备是为提高供电可靠性、即时性而预先设定的需要继电保护装置完成一系列动作的装置。它主要包括以下几种动作：

(1) 在设有双回路供电的配变电所中，装设双路电源自动切换可以缩短电源停电时间，提高供电可靠性。

（2）当主进线断路器因过流或速断保护装置动作而跳闸时，其母线分段断路器不应动作。

（3）两路电源应设有闭锁装置，在任何情况下，两路高压供电电源不应并列运行。

（4）为保证操作和安全运行，高压进线断路器与母线分段断路器、进线隔离电器及计量柜之间应设有闭锁装置。

（5）低压母线分段断路器的自动投入，应设有延时，并应躲过高压母线分段断路器的合闸时间。

（6）正常工作电源与应急电源之间应设有连锁装置或采用双投开关。

（7）设有楼宇自控系统的工程项目，配变电所宜设置自动监控装置。

（8）设置自动监控装置的配变电所宜选用智能型断路器。

五、备用电源

当市电断电时，消防用电设备等一些重要负荷需要继续工作，就需要备用电源投入使用。备用电源一般分为柴油发电机和不间断电源。不间断电源按切换时间的不同又分为UPS 和 EPS(图 7-11～图 7-13)。

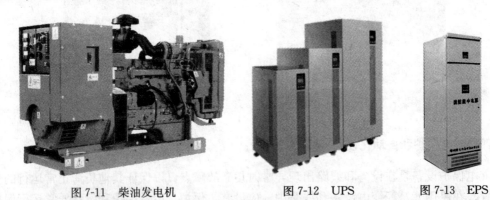

图 7-11　柴油发电机　　　　图 7-12　UPS　　　　图 7-13　EPS

1. 凡是允许中断供电时间在 15s 以上时，可采用柴油发电机组作应急备用电源。柴油发电机一般供电时间较长，造价较低，但对环境有一定的污染，噪声也比较大。符合下列情况之一时，宜设自备应急柴油发电机组：

（1）为保证一级负荷中特别重要的负荷用电；

（2）有一级负荷，但从市电取得第二电源有困难或不经济合理时；

（3）大、中型商业大厦，当市电中断供电将会造成经济效益有较大损失时。

2. 不间断电源(UPS)是低压交流型的装置，平时由 380/220V 经整流滤波后，再向蓄电池充电，储蓄电能，交流停电时，经逆变器又将蓄电池中的直流电变成交流电供用户用电，切换时间仅为 2ms，它的供电对象是交流连续、静止的设备，一般供电时间在 30min以内。符合下列情况之一时，宜设不间断电源(UPS)装置：

（1）当用电负荷不允许中断供电时(如用于实时性计算机的电子数据处理装置等)；

（2）当用电负荷允许中断供电时间在 1.5s 以内时；

（3）重要场所(如监控中心等)的应急备用电源。

3. 不间断电源(EPS)分为直流输出型和交流输出型，一般用于允许中断供电时间不大于5s时(如应急照明系统中)。不间断电源(EPS)的供电时间在30～90min之间。

六、电工测量仪表

电工测量仪表能够正确反映电力设备的运行状况，监视绝缘情况，提供收费依据，在发生事故时，帮助运行人员作出判断。测量仪表分为电流表、电压表(图7-14)、有功电度表、无功电度表等。随着科技的进步，单一功能的传统指针表计逐步被多功能电工测量数字式仪表取代。

多功能电工测量数字式仪表是把连续的被测模拟量自动变为断续的、用数字编码方式并以十进制数字显示测量结果的一种测量仪表。它是将电子技术、计算机技术、自动化技术与精密电工测量技术密切结合在一起的新型仪表。其主要特点有：准确度高、显示直观、分辨率高、测量速度快、测量功能强、远程传输和控制、抗干扰能力强等(图7-15)。

图7-14　电压表　　　　图7-15　多功能数字仪表

七、对有关专业的要求

建筑电气设备遍布整个建筑物，与建筑及装饰设计及其他专业的设计相互影响，其中影响较大的是变配电室的位置。

用于安装、布置高低压配电设备和变压器的专用房间和场地称为变配电室。建筑物变配电室大多属于10kV类型。变配电室的位置应尽量靠近用电负荷中心，以减少配电导线和电缆，但防火要求高。高层建筑的变配电室位置多数设在主楼地下一层，不宜设在地下室的最底层。

1. 对建筑专业的要求：

(1) 变配电室的门应向外开应装锁，并装有弹簧。变配电室宜设不能开启的自然采光窗，窗户下沿距室外地面高度不宜小于1.8m，临街的一面不宜开窗。应有防止雨、雪和小动物从采光窗、通风窗、门、电缆沟等进入屋内的措施。

(2) 变压器及配电装置室的门窗高度，应按最大运输件外部尺寸加0.3m。

(3) 配电室长度大于7m时，应设有两个出口，并宜设置在两端。

(4) 设置在地下室的配电所，为防止地面水的浸入，地面抬高不小于100～300mm。

2. 对暖通专业的要求：

(1) 变压器室宜采用自然通风，夏季的排风温度不宜高于45℃。进风和排风的温度差不宜大于15℃。

(2) 在采暖地区的配电室、控制室及兼作值班室的低压配电室应设有采暖设备，采暖温度不低于18℃，配电室的最低温度不低于5℃。

(3) 设置在地下室的配电所，根据消防要求，应设有排烟系统。

3. 对给排水专业的要求：

（1）配变电所中消防设施的设置，一类建筑地下室的配变电所宜设火灾自动报警系统及固定式灭火装置，二类建筑的配变电所可设火灾自动报警系统及手提式灭火装置。

（2）设在地下室的配变电所的电缆沟和电缆夹层应设有防水、排水措施，其进出地下室的电缆管线均应设有挡水板及防水砂浆封堵等措施。

（3）有值班室的配变电所宜设有厕所及上下水措施。

（4）电缆沟、电缆隧道及电缆夹层等低洼处，应设有集水口，并通过排污泵将积水排出。

（5）配变电所不应有与其无关的管道和线路通过。

第三节　常用电气设备的配电方式

建筑物内电气设备的种类繁多，容量大小也参差不齐，例如空调机组可达到 500kW 以上，而有些电气设备只有几百瓦至几千瓦的功率。另外，不同电气设备的供电可靠性要求也是不一样的。因此，在确定电气设备的配电方式时，应根据设备容量的大小、供电可靠性要求的高低，并结合电源情况、设备位置，以及是否接线简单、操作维护方便等因素综合考虑。

一、消防用电设备的配电

消防用电设备应采用专用（即单独的）供电回路，即由变压器低压出口处与其他负荷分开自成供电体系，以保证在火灾时切除非消防电源后消防用电不停，确保灭火扑救工作的正常进行。配电线路应按防火分区来划分。应有两个电源供电并且应尽可能地取自变电所的两段不同低压母线；或采用两级配电，即从变电所低压母线引两路电源到配电箱。

二、空调动力设备的配电

在动力设备中，空调动力是最大的动力设备，它的容量大，设备种类多，包括空调制冷机组（或冷水机组、热泵）、冷却水泵、冷冻水泵、冷却塔风机、空调机、新风机、风机盘管等。空调制冷机组（或冷水机组、热泵）的功率很大，大多在 200kW 以上，有的超过 500kW，因此多采用直配方式配电，即从变电所低压母线直接引来电源到机组控制柜。冷却水泵、冷冻水泵的台数较多且留有备用，单台设备容量有几十千瓦，当用电设备端起动压降不能满足规范要求时，就采用降压起动，对其配电一般采用两级配电方式，即从变电所低压母线引来一路或几路电源到泵房动力配电箱，再由动力配电箱引出线至各个泵的起动控制柜。

空调机、新风机的功率大小不一，分布范围比较大，可以采用多级配电。

风机盘管为 220V 单相用电设备，数量多，单机功率小，只有几十瓦到一百多瓦。因此，一般可以采用像灯具那样的供电方式，一个支路可以接若干个风机盘管。

三、电梯

电梯和自动扶梯是建筑物中重要的垂直运输设备，必须安全可靠。考虑到运输的轿厢和电源设备在不同的地点，维修人员不可能在同一地点观察到两者的运行情况，虽然单台电梯的功率不大，但为了确保电梯的安全及各台电梯之间互不影响，每台电梯应有专用回路供电。

四、生活给水装置的配电

生活给水装置主要包括水泵，一般变压器出口处引一路电源送至泵房动力配电箱，然后送至各泵控制设备。

五、自动门

对于出入人流较多，探测对象为运动物体的场所(如宾馆、饭店、办公楼等)宜选用微波传感器；对于出入人流较少，探测对象为静止或运动物体的场所(如医院手术室等)宜选用红外线传感器或超声波传感器。

自动门应由就近配电箱引单独回路供电，供电回路需装有过电流保护。自动门的所有金属构件及附属电气设备的外路导电部分均应可靠接地。

六、日用电器

固定式日用电器用电应装设单独回路保护和控制，配电回路除具有过载、短路保护外，宜设有漏电保护和过、欠电压保护。功率在 0.25kW 及以下的电感性负荷(如电动机)或 2kW 及以下的电阻性负荷(如电热器)，可以采用插座作为隔离电气，并兼作功能性开关。

日用电器的插座线路敷设，应按下列条件：

(1) 应采用铜芯绝缘护套软线或导线穿管敷设，导线截面不应小于 2.5mm^2。

(2) 当回路上接有两个或多个插座时，其接用的总负荷电流不应大于线路的允许载流量。

插座的型号和安装高度应根据其周围环境和使用要求确定：

(1) 对于不同电压等级的插座，应采用相应电压等级的插头，以防误插。

(2) 干燥场所宜选用普通插座，当需要接插带接地线的日用电器时，必须采用带接地插孔的插座。

(3) 潮湿场所，应选用密闭型或保护型的插座，安装高度不应低于 1.5m。

(4) 对于插接电源有触电危险的日用电器，宜选用带开关能断开电源的插座。

(5) 住宅内插座，当安装高度为 1.8m 及以上时，可选用普通插座 2 孔或 3 孔；低于 1.8m 时，应选用安全型插座(2 孔或 3 孔)；如选用安全型插座且配电回路设有漏电保护装置时，其安装高度可不受限制(一般插座底边距地 0.3m)；插座若是单独回路不应超过十个；灯头和插座混合用的时候不应超过五个。

(6) 儿童活动场所，插座距地安装不应低于 1.8m，宜选用安全型插座。

七、对有关专业的要求

大型动力设备的运输和安装，需要建筑预留吊装孔，做安装基础；需要结构加固承重梁。一般电气设备如果壁挂暗装，需要建筑留洞，若洞深破筋，则需结构配筋。

第四节　供配电线路的设计

在建筑电气系统中，供配电线路的作用是传输电能，通过线路将用电设备连接到电力系统。供配电线路在建筑物内用量最大、分布最广，其选择和布置对建筑构造和布置，以及整个建筑物的经济、安全、使用，都有很大影响。

一、供配电线路的选择

供配电线路一般选用电线、电缆或母线。电线、电缆是指用以传输电能信息和实现电磁能转换的线材产品，由导体(导线)、绝缘层、屏蔽、绝缘线芯、保护层等部分组成。满足不同需要的电线、电缆是按照上述某些或全部组成内容组成的集合体。

1. 电线

低压配电导线的种类很多，按材料的不同可以分为铜线和铝线两种；按结构不同可分为裸线和绝缘线两种；按绝缘保护层的材料不同又可分为橡皮绝缘和塑料绝缘线。塑料绝缘材料对气候适应性较差，低温时变硬发脆，高温或日光照射下易老化，所以，塑料绝缘材料不宜在室外敷设；橡皮绝缘材料耐油、耐腐蚀，适应气候性能好，光老化过程慢，橡皮绝缘线适于室外使用。

2. 电缆

电缆根据线芯材料的不同，分为铜芯电缆和铝芯电缆；根据绝缘材料的不同，分为油浸纸绝缘电缆、塑料绝缘电缆和橡皮电缆；根据耐压等级不同，分为 1kV 电缆、6kV 电缆、10kV 电缆等。

相比绝缘导线，电缆的绝缘性能、机械性能、载流量均优于绝缘导线，而且线芯的组合形式灵活多样，三芯、四芯、五芯大量用于供配电线路中，多芯的控制电缆多用于动力控制系统及弱电系统中。

3. 母线

母线指用高导电率的铜、铝制材料制成的，用以传输电能，具有汇集和分配电力的产品。通常分为硬母线、软母线、金属封闭母线、母线槽和滑触线五种。

(1) 硬母线用铜或铝做成，形状有矩形、管形、槽形和菱形等多种形式，用绝缘子支持敷设。

(2) 软母线常用的有铜绞线、铝绞线和钢芯铝绞线等架空敷设。

(3) 金属封闭母线指用金属外壳将导体连同绝缘等封闭起来的组合体。

(4) 母线槽分为空气绝缘母线槽(靠空气介质来绝缘)、密集绝缘母线槽(利用绝缘材料减少体积)(图 7-16)、耐火母线槽(在规

图 7-16　密集绝缘母线

定的时间、温度下具有一定耐火性)。母线槽常用于配电干线敷设于吊顶或专用管道井内，具有机械强度高、热稳定性能和动稳定性能好、载流量大等优点。

(5) 滑触线是通过集电器向移动受电设备供电的导电装置。适用于交流 50、60Hz，额定电压交流 660V 以下、直流电压 660V、额定电流 50～2000A 的具有固定行驶轨迹的各种起重运输机械(如电动葫芦、电动桥式起重机)、自动生产线等的供电。

4. 预制分支电力电缆

预制分支电力电缆是根据设计要求，制造厂采用预制作方式，完成了位于主干电缆上

制作带有支线及其接头的电力电缆(图 7-17)。它由主干电缆、支线电缆、分支接头、分支压接型连接件及提升金具组成,广泛用于树干式配电系统。

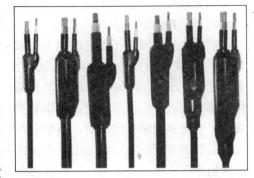

图 7-17　预制分支电缆

5. 线路截面的选择

电线电缆的截面大小是按国家规定分级制造的。电线电缆的截面常用的有:$1.5mm^2$、$2.5mm^2$、$4mm^2$、$6mm^2$、$10mm^2$、$16mm^2$、$25mm^2$、$35mm^2$、$50mm^2$ 等。在选择电线电缆截面时必须同时满足下列条件:

发热条件:电线电缆在长时间运行,通过最大负荷电流时,不至于发生过热而损耗外部绝缘材料而引起短路事故。

电压条件:电线电缆在通过最大负荷电流时,在线路上的电压损失不能过大。

机械强度:电线电缆应有足够的机械强度,避免在刮风、结冰或施工过程中被拉断,从而引起停电或者其他事故的发生,同时还应与保护设备相适应。

按实际工作经验,低压动力线路因其负荷电流较大,所以一般先按发热条件来选择截面,再按电压损失和机械强度校验;低压照明线路,因其对电压水平要求较高,所以一般先按电压损失条件选择截面,然后再按发热条件和机械强度校验。

此外,选择线路截面时,还要考虑环境温度对电线电缆的影响。

二、供配电线路的敷设

1. 钢管配线

把导线(或电缆)穿在钢管内称为钢管配线,若钢管在建筑结构外表敷设,称为明敷;埋设在建筑构件内,称为暗敷。暗敷可将钢管随土建施工敷设于墙、楼板的板缝或面层及现浇混凝土中。钢管分为电线管(薄壁钢管)、普通水煤气管(焊接钢管、厚壁管),其规格(公称直径)有 15mm、20mm、25mm、32mm、40mm、50mm、70mm、80mm、100mm 等。

钢管配线具有如下优点:可保护导线不受机械损伤,不受潮湿尘埃的影响,多用于多尘、易燃、易爆的场所;因钢管是良好的导体,若接地及跨接线做得好,可作为保护接地,以减少触电危险;钢管暗敷美观,换线方便。因此钢管配线是供配电线路敷设中应用最多、最广的敷设方式。

导线穿管有如下要求:

(1) 不同电源、不同电压、不同回路的导线不得穿在同一管内;

(2) 工作照明与事故照明导线不得穿在同一管内;

(3) 互为备用的导线一般不得穿在同一管内;

(4) 一根管中所穿导线不得超过 8 根;

(5) 导线穿管前应将管中积水及杂物清除干净,然后在管中穿一根钢丝作引线,将导线绑扎在引线的一端,一人在一端送线,另一人在另一端拉线,如图 7-18 所示。

钢管暗敷设的部位可为现浇混凝土板内、地面垫层内、砖墙内及吊顶内。

敷设在现浇混凝土板内的钢管，其外径不得超过板厚的 1/3；敷设在地面垫层内的钢管，其外径至少应比地面做法的总厚度小 20mm。暗敷在砖墙内的钢管，垂直敷设时可在墙体剔槽后埋入；水平敷设时必须随砖砌入，以免影响结构的安全。在吊顶内敷设的钢管，一般在吊顶龙骨装配完成后敷设。暗敷的所有钢管须焊接成整体并统一接地。

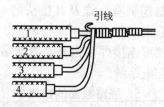

图 7-18　多根导线的绑扎

但钢管敷设也有缺点：一是造价高，二是施工时折弯较困难，折弯时要求一定的弯曲半径。

2. 塑料管配线

将导线穿在塑料管内即为塑料管配线。塑料管又称硬聚氯乙烯，绝缘性好且耐腐蚀，造价低，折弯较容易，细管可直接用手折弯。塑料管多为阻燃半硬塑料管（PVC），其规格（公称直径）有 15mm、20mm、25mm、32mm、40mm、50mm、70mm 等。塑料管的敷设也分明敷和暗敷两种。

阻燃半硬塑料管（PVC）暗敷是由阻燃半硬塑料管、塑料接线盒、开关盒组成。阻燃半硬塑料管既有一定强度又具有可绕性，它便于施工，尤其适合预制混凝土结构的建筑内暗敷，这是其他管材所不能解决的。由于阻燃半硬塑料管容易弯曲，可以沿板缝或墙缝内暗敷。塑料管敷设在民用建筑尤其住宅建筑中得到广泛应用。

穿管配线无论是用于明敷或暗敷，管内导线的总截面（包括保护层）不应超过管子内截面的 40%。

3. 沿电缆桥架敷设

对室内用电负荷性质复杂、容量较大且线路较为集中的场合常采用沿电缆桥架敷设的方式。

电缆桥架由薄钢板冲压成形，经粉末静电喷涂等工艺进行表面处理，并烘烤成膜，紧密附着于钢板表面上，具有强度高、防腐、绝缘性好、寿命长和配置灵活等特点，在民用和工业建筑中尤其是大型建筑物内得到广泛的应用。目前电缆桥架主要有梯级式、托盘式、槽式和组合式四种类型。

电缆桥架一般安装在设备间、竖井、通道上方或吊顶内，与主体工程及其他专业安装工程密切相关，注意专业间的交叉配合非常重要，室内电缆桥架安装一般在管道及空调安装工程基本施工完毕后进行。吊顶内安装时，应在吊顶前进行；吊顶下安装时，应在吊顶基本结束或配合龙骨安装时进行。图 7-19 所示为一电缆桥架敷设示意图。

4. 沿地面线槽敷设

在现代高档建筑物中，有一些大开间的房间，线路的敷设无法借助墙面与柱子，而采取地面敷设的方式。地面线槽根据环境条件不同，分为地板下线槽敷设、网络地板线槽敷设、高架（活动）地板线槽敷设等方式。地面线槽工艺要求高，施工比较困难，造价也高于穿管和电缆桥架。图 7-20 所示是一地面线槽安装平面示意图。

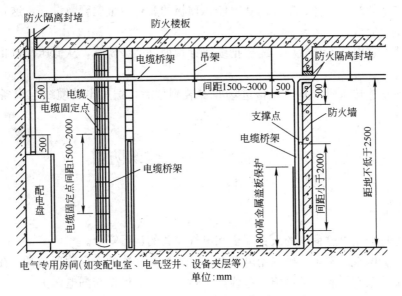

图 7-19　电缆桥架安装图

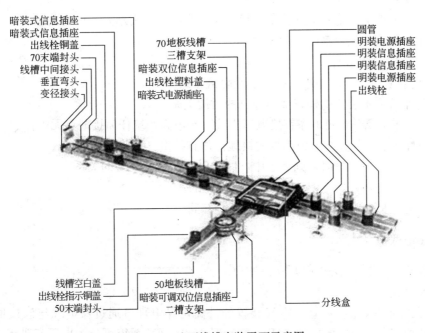

图 7-20　地面线槽安装平面示意图

三、对有关专业的要求

供配电线路的敷设是施工中至关重要的一环，它就像人体内的血管和中枢神经，稍有偏差，就会直接影响建筑的使用功能。供配电线路的敷设大致分三个阶段：前期配管、中期配线、后期与设备连接。每个阶段都有侧重点和注意事项。

前期配管最早是在建筑基础施工时开始，在浇筑水泥之前就把基础内的套管或金属管敷设好，随着主体起来，把建筑体内和穿墙、顶板的套管或金属管敷设好，这一阶段一直延续到建筑主体完成。

中期配线是在电气安装阶段，需要把缆线穿预埋好的金属管，从低压配电柜、配电箱联到负荷终端。

后期与设备连接阶段，是等设备进场并安装到位后，把甩出的缆线与设备电源端子相连。

第五节　接地保护与建筑防雷

一、安全用电

安全用电是指用电过程中的人身安全和电气设备的运行安全。

为了防止触电事故发生，确保用电安全，除了建立完善的安全管理制度，在电气设计和施工中必须采取有效的防护措施，这些措施包括：接地保护与漏电保护。

二、接地类型的表示

建筑物内的电力系统和电气设备，可以用两个字母来表示其对地的关系。

第一个字母表示电力系统的对地关系：

T——一点直接接地；

I——所有带电部分对地绝缘或一点经阻抗接地。

第二个字母表示装置的外露金属部分的对地关系：

T——外露金属部分对地作直接电气连接，与电力系统任何接地点无关；

N——外露金属部分与电力系统的接地体作直接电气连接。

如果其后面还有字母时，则表示中性线(N)与保护线(PE)的关系：

S——表示中性线(N)与保护线(PE)是分开的；

C——表示中性线(N)与保护线(PE)是合一的。

三、接地保护

低压配电系统接地形式有以下三种。

1. TN 系统

电力系统有一点直接接地，电气装置的外露可导电部分通过保护线与该接地点相连接。根据中性导体(N)与保护导体(PE)的配置方式，TN 系统可分为以下三种形式：TN-S 系统、TN-C 系统、TN-C-S 系统。

（1）TN-S 系统

整个系统的 N、PE 线是分开的，如图 7-21 所示。从电力系统（或变配电所）引至用电设备的导线由三根相线、一根中性线 N 和一根保护线 PE 组成。PE 线平时没有接地故障电流，只在发生接地故障时才通过故障电流，因此用电设备的外露可导电部分平时不带电压，安全性最好。

（2）TN-C 系统

整个系统的 N、PE 线是合一的，如图 7-22 所示。从电力系统（或变配电所）引至用电设备的导线由三根相线、一根兼作中性线和保护线的导线 PEN 组成。用电设备的中性线和外露导电部分都接在 PEN 线上。TN-C 系统比 TN-S 系统经济，但安全性不及 TN-S 方式，因为中性线电流通过 PEN 线产生的压降将出现在外露可导电部分。

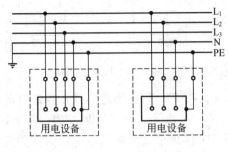

图 7-21　TN-S 接地系统

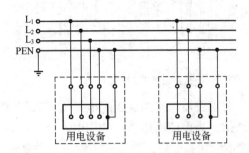

图 7-22　TN-C 接地系统

（3）TN-C-S 系统

系统中有一部分线路的 N、PE 线是合一的，系统电源至用户的馈电线路采用中性线与保护线合一的方式，而在进户处分开，如图 7-23 和图 7-24 所示。此方式在经济性、安全性上介于 TN-S 方式和 TN-C 方式之间。

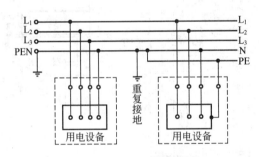

图 7-23　TN-C-S 接地系统

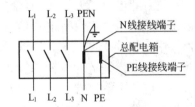

图 7-24　总配电箱内分出 PE 线

2. TT 系统

电力系统有一点直接接地，电气设备的外露可导电部分通过保护线接至与电力系统接地点无关的接地极，如图 7-25 所示。从电力系统（或变配电所）引至用电设备的导线由三根相线和一根中性线 N 组成，用电设备的外壳通过与系统接地体无关的接地体直接接地。故障电压不互串，电气装置正常工作时外露导电部分为接地电压，比较安全；但其相线与外露可导电部分短路时，仍有触电的可能，须与漏电保护开关合用。

3. IT 系统

电力系统与大地间不直接连接（经阻抗连接），电气装置的外露可导电部分通过保护接地线与接地极连接，如图 7-26 所示。其电力系统的中性点不接地或经高阻抗接地，用电设备的外露可导电部分经保护线接地，由于电源侧接地阻抗大，当某相线与外露可导电部分短路时，一般短路电流不超过 70mA，这种保护接地方式特别适用于环境特别恶劣的场合。

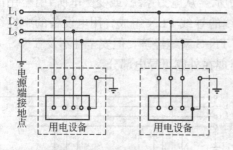

图 7-25 TT 接地系统

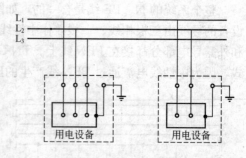

图 7-26 IT 接地系统

对于民用建筑的低压配电系统应采用 TT、TN-S 或 TN-C-S 接地形式，并进行等电位联结。为保证民用建筑的用电安全，不宜采用 TN-C 接地形式；有总等电位联结的 TN-S 接地形式系统建筑物内的中性线不需要隔离；对 TT 接地形式系统的电源进线开关应隔离中性线，漏电保护器必须隔离中性线。

四、漏电(剩余电流)保护

漏电保护主要是弥补保护接地中的不足，有效地进行防触电保护，是目前广泛应用的一种防触电措施。

漏电保护装置也称为剩余电流保护装置，如图 7-27。其主要原理是：线路正常工作时，通过保护装置各相电流的矢量和(剩余电流)为零，电流互感器副绕组 3 中没有电流信号输出，脱扣器线圈 5 中电流等于零，永久磁铁 4 对衔铁 6 产生的吸力略大于弹簧 7 对衔铁的拉力，衔铁处于闭合位置，电气设备正常工作。当人体触带电体或所保护的线路及设备绝缘损坏而漏电时，主电路的三相瞬时电流值之和不为零，即出现了剩余电流，从而在副绕组 3 中感应电动势，与脱扣线圈 5 连成回路，产生电流，使永久磁铁 6 吸力下降，当剩余电流达到漏电保护装置的动作电流时，衔铁 6 在弹簧 7 的作用下被释放，使主开关的自由脱扣机构 8 动作，主开关分断，从而避免了触电事故的发生。

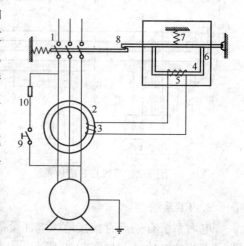

图 7-27 漏电开关原理图

1—主开关；2—环形铁心；3—绕组；4—永久磁铁；5—脱扣线圈；6—衔铁；7—弹簧；8—搭钩；9—按钮；10—电阻

下列设备的配电线路宜设置剩余电流保护，其动作电流宜按下列数值选择：

(1) 手握式及移动式用电设备，其动作电流为 15mA。

(2) 医疗电气设备，其动作电流为 6mA。

(3) 建筑施工工地的用电设备，其动作电流为 15~30mA。

(4) 家用电器回路或插座专用回路，其动作电流为 30mA。

(5) 潮湿场所或环境特别恶劣场所的用电设备，其动作电流为 6~10mA。

（6）成套开关柜、分配电盘等电气设备，其动作电流为 100mA。

（7）为防止电气火灾而设置剩余电流保护，其动作电流为 500mA。

为保证供电的可靠性，消防、人防电气设备的剩余电流保护装置，只发漏电信号而不自动切断电源。

在使用漏电保护器时要注意，通过正常工作电流的相线和零线接在漏电开关上，而保护线绝不能接在漏电开关上，否则，若相线与设备外壳搭接时，故障电流会通过保护线流过漏电开关，电流互感器检测不出故障电流，即剩余电流仍为零，漏电开关不会动作。

在使用漏电保护器时，用电设备侧的零线与保护线也不可接错，若误把保护线当零线用，则漏电开关无法合闸。

五、等电位联结

为了弥补剩余电流保护装置的不足，防止电击事故的发生，应采用等电位联结。

等电位联结按应用场所的不同分为总等电位联结、辅助等电位联结和局部等电位联结。总等电位联结应将建筑物内的保护干线，煤气、给水总管及金属输送管道，采暖和冷冻、冷却总管，建筑物金属构件等部位进行联结。辅助等电位联结指在导电部分间，用导线直接连通，使其电位相等或接近。局部等电位联结指在一局部场所范围内将各可导电部分连通。

六、几种特殊场所的接地要求

装有浴缸或淋浴盆的卫生间等潮湿场所，为保证在卫生间的用电安全，电气设备应符合下列要求：

（1）卫生间内选用的电气装置，不论标称电压如何，必须能防止手指触及电气装置内带电部分或运动部件。

（2）在卫生间的浴缸或淋浴盆周围 0.6m 范围内的配线，应仅限于该区的用电设备所必需的配线，并应将电气线路敷设在卫生间外。同时，卫生间内的电气配线应成为线路敷设的末端。

（3）卫生间内宜选用其额定电压不低于 0.45/0.75kV 电线。

（4）任何开关和插座距成套淋浴间门口不得小于 0.6m，并应有防水、防潮措施。

（5）应采用剩余电流保护电器作用于自动切断供电，并对卫生间内所有装置可导电部分与位于这些区域的所有外露可导电部分的保护线进行等电位联结。卫生间不应采用非导电场所或不接地的等电位联结的间接接触保护措施(图 7-28)。

游泳池和地上水池内的电气设备应符合下列要求：

（1）游泳池和地上水池的水下灯只允许选用标称电压不超过 12V 的安全超低压供电。

（2）提供直接接触保护的防护等级应不低于 IPX2 的遮拦或外护物。

（3）电源接线箱距池壁不应小于 1.5m，箱底距水面或地面不宜小于 0.25m。

（4）当照明回路未装剩余电流保护装置时，照明灯具和照明接线盒不应装在游泳池和地上水池上方，或距内壁水平距离小于 1.5m 的上部空间。但灯具或接线盒在距离游泳池和地上水池最高水面 4m 以上装设时，不受上述规定限制。

（5）当选用全封闭灯具或适用于潮湿场所使用的灯具并在照明回路装剩余电流保护装

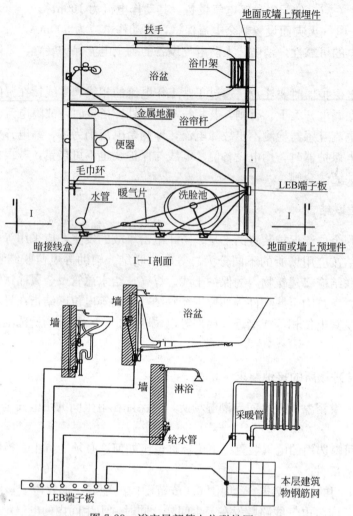

图 7-28　浴室局部等电位联结图

置时，灯具底部距最高水面的距离不低于 2.4m。

（6）水下照明灯具的安装位置，应保证从灯具的上部边缘至正常水面不低于 0.5m。

（7）对于浸在水中才能安全工作的灯具，应采取低水位断电措施。

（8）插座宜装设在距池内壁 3m 以外的地方，且插座配电回路应采用剩余电流保护装置保护。

游泳池局部等电位联结图见图 7-29。

七、建筑防雷

雷电产生于雷暴，而雷暴往往伴随强对流天气而形成，是由大气环流和当地气象因素决定的。雷暴是积雨云中云与云之间或云与地之间产生的放电现象，并伴有火花放电，强大电流通过时，又使空气迅速膨胀产生巨大的响声，即雷电。闪电有枝状、片状、带状、球状，其中枝状最为常见。

雷暴的能量是由太阳辐射能转化的大气不稳定能所供给的。每年进入春季，太阳辐射

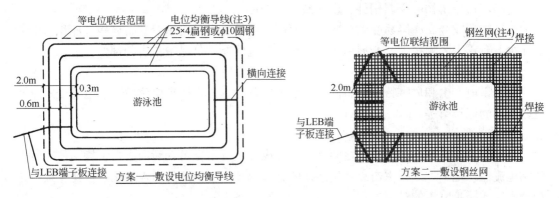

方案一—敷设电位均衡导线　　　　　　方案二—敷设钢丝网

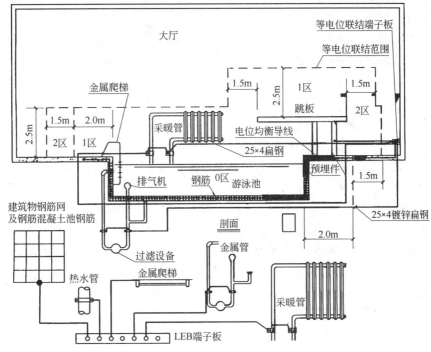

图 7-29　游泳池局部等电位联结图

增强，大气中的不稳定能增加，因雷暴始发于春季，盛夏，太阳辐射强烈，大气不稳定能储存多，雷暴频繁。秋冬以后，太阳辐射减弱，因而雷暴逐渐减少。但由于全球气候变化和大气污染等原因，现在冬季也经常出现雷击现象。据悉，每个闪电的强度可以高达 10 亿伏，一个中等强度雷暴的功率约有 10 万千伏，相当于一座小型核电站的输出功率。

1. 雷电活动规律

局部土壤电阻率小的地方容易受到雷击，因为雷电流总是选取最易导电的途径；

湖、塘、河边的建筑容易受到雷击；

空旷地区中的孤立建筑物易受雷击；

高层建筑周围的多层建筑比其他地区的多层建筑受雷击的概率要大；

高层建筑比多层建筑易受雷击，因为高层建筑容易产生更强烈的上行先导，将雷电引向本身，尖屋顶及高耸建筑物、构筑物易遭受雷击；

高出周边建筑物的金属构件、设备易受雷击；

金属屋顶或金属库容易受到二次雷击效应，建筑物本身构造及其附属构件能积蓄电荷的多少，对雷击影响很大，金属屋顶具有良好导电性能，是易遭雷击的部位。

2. 雷电的种类

根据雷电产生和危害特点的不同，雷电可以分为直击雷、雷电感应、雷电波侵入以及比较少见的球形雷等

1）直击雷

直击雷是云层与地面凸出物之间的放电形成的。直击雷可在瞬间击伤击毙人畜。巨大的雷电流流入地下，令在雷击点及其连接的金属部分产生极高的对地电压，可能直接导致接触电压或跨步电压的触电事故。

2）球形雷

球形雷是一种球形、发红光或极亮白光的火球，运动速度大约为 2m/s。球形雷能从门、窗、烟囱等通道侵入室内，极其危险。

3）雷电感应，也称感应雷

雷电感应分为静电感应和电磁感应两种。静电感应是由于雷云接近地面，在地面凸出物顶部感应出大量异性电荷所致。雷云与其他部位放电后，凸出物顶部的电荷失去束缚，以雷电波形式，沿凸出物极快地传播。电磁感应是由于雷击后，巨大雷电流在周围空间产生迅速变化的强大磁场所致。这种磁场能在附近的金属导体上感应出很高的电压，造成对人体的二次放电，从而损坏电气设备。

4）雷电侵入波

雷电冲击波是由于雷击而在架空线路上或空中金属管道上产生的冲击电压沿线或管道迅速传播的雷电波。其传播速度为 3×10^8 m/s。雷电可毁坏电气设备的绝缘，使高压窜入低压，造成严重的触电事故。例如，雷雨天，室内电气设备突然爆炸起火或损坏，人在屋内使用电器或打电话时突然遭电击身亡都属于这类事故。

3. 建筑物的防雷系统的组成

主要由接闪器、引下线和接地装置三部分组成。

（1）接闪器

接闪器是接受雷电流的金属导体。就是通常的避雷针、避雷带和避雷网，安装在建筑物的顶部。避雷针采用镀锌圆钢或焊接钢管制成，在顶端砸尖，以利于放电，它适用于细高的建筑物或构筑物。避雷带和避雷网一般采用镀锌圆钢或镀锌扁钢，适用于宽大的建筑，通常在建筑顶部及其边缘处明装，主要是为了保护建筑物的表层不被击坏。

（2）引下线

引下线是把雷电流由接闪器引到接地装置的金属导体。一般敷设在外墙面或暗敷于水泥柱子内，引下线可采用镀锌圆钢或镀锌扁钢，焊接处应涂防腐漆。建筑艺术水准较高的建筑物可采用暗敷，但截面要适当加大。引下线也可利用建筑物或构筑物钢筋混凝土柱中的主钢筋作为防雷引下线。引下线主筋从上到下通长焊接，其上部（屋顶上）应与接闪器焊接，下部与基础焊接，并分别与各层板筋、梁筋及桩笼纵筋、螺旋箍筋、地梁面筋焊接通，构成一个完整的电气通路。

利用建筑物钢筋作为引下线在施工时，应配合土建施工按设计要求找出全部钢筋位

置，用油漆做好标记，保证每层钢筋上、下进行贯通性连接，随着钢筋逐层串联焊接至顶层。

由于利用建筑物钢筋作引下线，是从上而下连接一体，因此不能设置断接卡子测试接地电阻，需在柱内作为引下线的钢筋上，距室外护坡0.5m处的柱子外侧，另焊一根圆钢（$\phi \geqslant 10$mm）引至柱外侧的墙体上，作为防雷测试点。每根引下线处的冲击接地电阻不宜大于5Ω。

（3）接地装置

接地装置是埋设在地下的接地导体和垂直打入地内的接地体的总称，其作用是把雷电流疏散到大地中去。利用建筑物的基础作接地装置，具有经济、美观和有利于雷电流场流散以及不必维护和寿命长等优点。

利用柱基础作接地体时，对建筑物地梁的处理是很重要的一个环节。地梁内的主筋要和柱基础主筋连接起来，并要把各段地梁的钢筋连成一个环路，这样才能将各个基础连成一个联合接地体，而且地梁的钢筋形成一个很好的水平地环，综合成一个完整的接地系统，其接地电阻不宜大于4Ω。

电气保护接地与防雷接地体共用一套装置，即用基础钢筋作接地装置。基础内的钢筋必须联结成通路，形成闭合环，闭合环距地面不小于0.8m。应在与防雷引下线相对应的室外埋深0.8～1m处由被利用作为引下线的钢筋上焊出一根40mm×4mm的镀锌导体，此导体伸向室外距外墙皮的距离不小于1m，当自然接地体接地电阻不能满足要求时，利用其增大人工接地极。

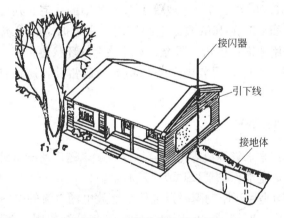

图7-30　建筑物的防雷装置

4. 建筑物防雷分类和防雷保护

各类建筑物防雷应采取防直接雷和防雷电波侵入的措施。装有防雷装置的建筑物，在防雷装置与其他设施和建筑物内人员无法隔离的情况下，应采取等电位联结。

建筑物防雷分类的主要依据是《建筑物防雷设计规范》GB 50057—2010。分为三类：

（1）一类防雷建筑

凡制造、使用或贮存炸药、火药、起爆药、火工品等大量爆炸物质的建筑物，因电火花而引起爆炸，会造成巨大破坏和人身伤亡的建筑物为一类防雷建筑。一类防雷建筑物防

109

直接雷的接闪器应采用装饰在屋角、屋脊、女儿墙上的环状避雷带，并在屋面上装设不大于 5m×5m 或 6m×4m 的网格，建筑物最高处加避雷针，避雷针的滚球半径为 30m。引下线数量不少于 2 根，间距不大于 12m。防雷电感应的措施可采用将建筑物内的设备、管道、构架、电缆金属外皮、钢屋架、钢窗等较大金属物和突出屋面的金属物接到防雷电感应的接地装置上；防雷电感应的接地装置应和电气设备接地装置共用，其工频接地电阻不应大于 10Ω。

(2) 二类防雷建筑

国家级重点文物保护的建筑物；国家级的会堂、办公建筑物、大型展览和博览建筑物、大型火车站、国宾馆、国家级档案馆、大型城市的重要给水水泵房等特别重要的建筑物；国家级计算中心、国际通信枢纽等对国民经济有重要意义且装有大量电子设备的建筑物，制造、使用或贮存爆炸物质的建筑物，且电火花不易引起爆炸或不致造成巨大破坏和人身伤亡的建筑物；预计雷击次数大于 0.3 次/a 的住宅、办公楼等一般性民用建筑为二类防雷建筑。二类防雷建筑物防直接雷宜采用装饰在屋角、屋脊、女儿墙上的环状避雷带，并在屋面上装设不大于 10m×10m 或 12m×8m 的网格，也可采用装饰在建筑物上的避雷针，或两者组合的接闪器，避雷针的滚球半径为 45m。引下线数量不少于 2 根，间距不大于 18m。

(3) 三类防雷建筑

省级重点文物保护的建筑物及省级档案馆；预计雷击次数大于或等于 0.012 次/a 且小于或等于 0.06 次/a 的部、省级办公建筑物及其他重要或人员密集的公共建筑物；预计雷击次数大于或等于 0.06 次/a 且小于或等于 0.3 次/a 的住宅、办公楼等一般性民用建筑属于三级防雷建筑，如高度在 15m 及以上的烟囱、水塔孤立的建筑物或构筑物。三级防雷建筑物防直接雷采用装饰在屋角、屋脊、女儿墙上的环状避雷带，并在屋面上装设不大于 24m×16m 的网格，也可采用装饰在建筑物上的避雷针，避雷针的滚球半径为 60m。引下线数量不少于 2 根，间距不大于 25m。

八、信息系统防雷设计

随着信息时代的到来，计算机等电子信息设备越来越广泛的得到应用，但由于其极易受雷电电磁脉冲破坏，电涌保护器(SPD)应运而生。

电涌保护器(SPD)是用于限制瞬时过电压和泄放电涌电流的电器，它至少包含一个非线性电压限制元件，实现对浪涌过电压快速响应和起抑制作用。在正常的工作条件下，快速响应模块呈现高电阻特性，可以认为是断路状态，不会泄漏电流；当线路上出现过电压时，流过 SPD 模块上的电流迅速增加，当达到某一极限时，模块发生反应，对大地导通，迅速将过电流泄放入地，以达到保护设备的目的。电涌保护器(SPD)有电压开关型 SPD、限压型 SPD、组合型 SPD 等类型(图 7-31)。

图 7-31 电涌保护器

电涌保护器(SPD)一般分三级保护。入户为低压架空线路和电缆宜安装三相电压开关型 SPD 作为第一级保护；分配电柜线路输出端宜安装限压型 SPD 作为第二级保护；在电子信息设备电源进线端宜安装限压型 SPD 作为第三级保护。为防止 SPD 老化造成短路，SPD 安装线路上应有过电流保护器件，宜选用有劣化显示功能的 SPD。

九、对有关专业的要求

接地装置应优先利用建筑物钢筋混凝土内的钢筋。有钢筋混凝土地梁时，宜将地梁内的钢筋连成环形接地装置，这一步骤是在基础钢筋已捆扎好，浇水泥之前完成的。没有钢筋混凝土地梁时，可在建筑物周边无钢筋的闭合条形混凝土基础内，用 40×4 扁钢直接敷设在槽坑外沿，形成环形接地。当结构基础有被塑料、橡胶等绝缘材料包裹的防水层时，应在高出地下水位 0.5m 处，将引下线引出防水层，与建筑物周围接地体连接。

防雷引下线应优先利用建筑物钢筋混凝土柱或剪力墙中的主钢筋，还宜利用建筑物的钢柱、金属烟囱等作为引下线。钢筋采用搭接焊，并在焊接处作防腐处理。这一步骤在柱钢筋已捆扎好，浇水泥之前完成。

思考题：

1. 低压配电系统接线方式有哪三种？

答：放射式、树干式、混合式。

2. 导线穿管有哪些要求？

答：

1）不同电源、不同电压、不同回路的导线不得穿在同一管内；

2）工作照明与事故照明导线不得穿在同一管内；

3）互为备用的导线一般不得穿在同一管内；

4）一根管中所穿导线不得超过 8 根；

5）导线穿管前应将管中积水及杂物清除干净。

3. 建筑供配电系统的接地保护有哪几种方式？

答：TN 方式（其中包括 TN-S 方式、TN-C 方式、TN-C-S 方式）、TT 方式和 IT 方式。

4. 建筑物的防雷系统主要由哪几部分组成？

答：主要由接闪器、引下线和接地装置三部分组成。

5. 一类防雷建筑有哪些具体防雷措施？

答：在屋面上装设不大于 5m×5m 或 6m×4m 的网格，建筑物最高处加避雷针，避雷针的滚球半径为 30m。引下线数量不小于 2 根，间距不大于 12m。

6. 二类防雷建筑有哪些具体防雷措施？

答：在屋面上装设不大于 10m×10m 或 12m×8m 的网格，也可采用装饰在建筑物上的避雷针，或两者组合的接闪器，避雷针的滚球半径为 45m。引下线数量不小于 2 根，间距不大于 18m。

7. 三类防雷建筑有哪些具体防雷措施？

答：在屋面上装设不大于 24m×16m 的网格，也可采用装饰在建筑物上的避雷针，避雷针的滚球半径为 60m。引下线数量不小于 2 根，间距不大于 25m。

第八章 建筑装饰照明系统

本章重点

本章重点介绍了照明的基本知识——光通量、光强度、照度、亮度、色温等专业术语的定义和单位。介绍了光源的分类及其使用场所，以及常用灯具的配光曲线和使用范围。最后简单介绍了装饰照明设计的基本要求。

建筑装饰照明是利用灯光表现力来美化环境空间，在提供良好视觉条件的同时，利用灯具造型及其光色的协调，使环境具有某种气氛和意境，体现一定的风格，增加建筑艺术的美感，以满足人们的审美要求。装饰照明是照明技术与建筑艺术的统一体，随着人们生活方式的改变、生活水平的提高和光源、灯具的迅速发展，照明与装饰日益完美结合，创造出良好的照明与装饰效果。

对于建筑装饰设计来说，灯光效果的运用非常的普遍而且非常重要，一个完美的建筑装饰作品，其装饰风格和艺术效果往往是通过灯光反映出来，并展现给人们。如何巧妙合理地运用灯具和光源来渲染空间气氛，丰富空间内容，装饰空间艺术，使灯光与艺术有机地融为一体是装饰设计的一个主要任务。

第一节 照 明 基 本 知 识

一、光的基本概念

光是属于一定波长范围内的一种电磁波辐射。而电磁辐射的波长范围很广，短的如 γ 射线，波长小到如同原子的直径；长的如通信用无线电波，波长可达数万米，而可见光的电磁辐射在 380nm～780nm 范围内。在可见光谱范围内，不同波长的辐射引起人的颜色视觉各有不同，如：700nm 为红色，580nm 为黄色，510nm 为绿色，470nm 为蓝色。紫外线波长在 100nm～380nm 之间，人眼看不见，红外线波长在 780nm～1mm 之间。太阳是天然的红外线发射源，白炽灯一般可发射波长在 500nm 之内的红外线。

1. 光通量(Q)：是指光源在单位时间内，向周围空间辐射出的使人眼产生光感的辐射能，其单位是 lm(流明)。

2. 光强度(I)：是使光源向周围空间某一方向立体角度内辐射的光通量，其单位为 cd(坎德拉)。

3. 照度(E)：受照物体单位面积上接受的光通量，其单位为 lx(勒克司，$\mathrm{lm/m^2}$)。

4. 亮度(L)：发光体在特定方向单位立体角内单位面积的光通量，其单位为 nt(尼脱，$\mathrm{cd/m^2}$)。

二、电照明技术的常用参数

在建筑装饰中其灯光光色有两方面含义，即色温和显色性。

1. 色温(T)：对黑体进行加热，不同的温度发出不同的光色，用黑体的加热温度来表达光源的颜色的温度，称为光源的色温，其单位为K(开尔文)。

色温和照度的高低对人的色视觉影响很大。暖色调光源(如白炽灯)，即使在较低照度，人的视觉也有种舒适的感觉，而冷色调光源(如荧光灯)，只有在高照度时才能感到有舒适感。光源颜色外观效果见表8-1。

光源的颜色外观效果   表8-1

光源的颜色外观效果	光源色温近似值	光 源
冷 光 源	＞5000K	三波长昼光色日光灯水银灯
中 间 光 源	3300～5000K	三波长白色日光灯复金属灯
暖 光 源	＜3300K	白炽灯，石英卤素灯，三波长灯泡色日光灯

2. 显色性：光源显现被照物体颜色的性能称为光源的显色性。

光源的显色性用显色指数 Ra 定量表示。光源的显色指数愈高，其显色性愈好，物体被反映得就愈清晰。一般以日光作为恒定标准，设定日光显色指数 $Ra=100$，则一些常用光源的显色指数见表8-2。

常用光源的显色指数   表8-2

光 源	显色指数 Ra	光 源	显色指数 Ra
白 炽 灯	97	金属卤化物灯	53～72
日光色荧光灯	75～94	高压汞灯	27～51
氙 灯	95～97	高压钠灯	21
红色，黄色灯	55～85		

光源的色彩对人的生理和心理都有一定的作用，其生理作用可以提高视觉的工作能力，减少视觉疲劳。如：蓝、紫色易引起疲劳；红、橙色次之；黄绿、绿、蓝绿、淡青色就不易引起视觉疲劳。色彩的心理作用有冷暖、轻重、远近等视觉感，如白、橙、黄、棕等颜色为暖色，给人以亲近、温暖之感；而蓝、绿、青等颜色为冷色，给人以清凉、遥远之感。色彩还具有兴奋和抑制作用，红色使人兴奋，紫色使人压抑，表8-3为不同光源下的色彩变化。

不同光源下色彩的变化   表8-3

色 彩	冷光荧光灯	3500K 白色荧光灯	柔白色荧光灯	白 炽 灯
暖色(红，橙，黄)	能把暖色冲淡或使之带灰	使暖色暗淡回浅淡的色彩及淡黄色会使之稍带黄绿色	使鲜艳的色彩(暖色或冷色)更为有力	加重所有暖色，使之更鲜明
冷色(蓝，绿，黄绿)	能使冷色中的黄色及绿色成分加重	能使冷色带灰，并使冷色中的绿色成分加强	使浅色彩和浅蓝、浅绿等冲淡，使蓝色及紫色罩上一层粉红色	使一切淡色，冷色暗淡及带灰

三、照明的方式和种类

1. 照明的方式

（1）一般照明：一般照明的特点是光线分布比较均匀，能使空间显得明亮宽敞。一般照明适用于观众厅、会议厅、办公厅等场所。

（2）分区一般照明：仅用于需要提高房间内某些特定工作区的照度时。

（3）局部照明：是指局限于特定工作部位的固定或移动照明。其特点是能为特定的工作面提供更为集中的光线，并能形成有特点的气氛和意境。客厅、书房、卧室、餐厅、展览厅和舞台等使用的壁灯、台灯、投光等，都属于局部照明。

（4）混合照明：一般照明与局部照明共同组成的照明，称为"混合照明"。混合照明实质上是在一般照明的基础上，在需要另外提供光线的地方布置特殊的照明灯具。这种照明方式在装饰照明中应用很普遍。商店、办公楼、展览厅等，大都采用这种照明方式。

2. 照明的种类

（1）正常照明：是指在正常工作时使用的照明。它一般可单独使用，也可与事故照明、值班照明同时使用，但控制线必须分开。

（2）应急照明：包括备用照明、疏散照明和安全照明。

① 备用照明：指正常照明失效时，为继续工作或暂时继续工作而设置的照明。

② 疏散照明：指为了使人员在火灾情况下，能从室内安全撤离至室外或某一安全地区而设置的照明。

③ 安全照明：指正常照明突然中断时，为确保处于潜在危险的人员安全而设置的照明。

第二节　照明电光源和灯具

一、电光源的种类及特性

电光源基本有两大类：一类是热辐射光源，另一类是气体放电光源。

产品分类见下表。

光　源　分　类　　　　　　　　　　表 8-4

		普通白炽灯
电　光　源	热辐射光源	卤钨灯
	气体放电光源	荧光灯
		荧光高压汞灯
		高压钠灯
		金属卤化物灯

1. 普通白炽灯：最常见的一种光源，普遍用于家庭、商店及其他场所。发光的方法是电流通过一根细金属丝，通常是钨丝。其优点是：开始使用时费用较低，光色优良，易于进行光学控制适用于需要调光、要求显色性高、迅速点燃、频繁开关及需要避免对测试设备产生高频干扰的地方和屏蔽室等。因体积较小，规格齐全，同时易于控光、没有附件、

光色宜人等，特别适用于艺术照明和装饰照明。小功率投光灯还适用于橱窗展示照明和美术馆陈列照明等。但其光效低、寿命短、电能消耗大、维护费用高，使用时间长的工厂车间照明不宜采用。

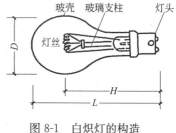

图 8-1　白炽灯的构造

2. 卤素灯： 在传统白炽灯里加入卤素而成，它们所发出的光强度远远高于白炽灯，可使物体的颜色更加光彩夺目。卤素灯体积小巧且品种规格齐全，既可用于狭窄的局部照明，又可用于宽阔的外墙布光，例如家居、办公室、建筑物外立面和交易会等场合。卤素灯的使用寿命是传统白炽灯的 4 倍。

3. 高强气体放电灯： 利用电流通过灯内的气体或蒸气时发光的原理制成，该灯需要利用镇流器起辉并调节其运作。高强气体放电灯与相同场所使用的白炽灯光源相比具有极大的光效优点。此外，它们的外形紧凑，因此光纤能集中准确的照射到指定区域。高强气体放电灯包括：金属卤化物灯、高压钠灯和高压汞灯。

（1）金属卤化物灯：光效很好（达到 115lm/W），并能发出一种具有良好显色性的清晰的白光。该灯较易进行化学控制，可用于优秀照明设施，如泛光照明、运动场所照明、零售店、饭店大厅及商业、公共场所等。金属卤化物灯类的最新产品是陶瓷金属卤化物灯（CMH），这些新型灯的光呈金属卤化物灯的颜色。光效好，其颜色调节性好，使得金属卤化物灯得以扩大其在零售店、商业场所以及在居民区照明的用途。

（2）高压钠灯：光效很高，能产生极暖和的金黄色光，非常适合于大面积照明，用于道路照明、泛光照明、办公室、商场、接待宾客场地、公园、工作生产及其他商业照明，该灯有一种豪华感，其显色性更好。

（3）高压汞灯：灯类中最古老的一种，这种灯尽管在光效方面不如金属卤化物灯，但仍有广泛的用途，如道路照明、保安照明、景点照明。

4. 石英灯： 也是由电流通过一根细金属丝而发光的，但由于灯丝在更高温度动作，使光效增加 20% 以上。其色温也较高，比标准白炽灯发出的光更白。石英灯可以各种形状及大小尺寸供应用户，其用途也是多方面的，如显示展览照明、汽车头灯（图 8-2）以及户外泛光照明等。

5. 节能灯： 尺寸小，结构紧凑，与传统管型荧光灯相比，可以在更小的尺寸上输出更多的光。目前供应的有许多型号，总的来说有两类，即外装镇流器的插拔式节能灯和内装镇流器的一体式电子节能灯。节能灯可以发出与白炽灯同样亮度的光，而其电能消耗只是前者的 1/4，寿命比白炽灯大大延长，几乎可以代替所有的普通灯泡。在推进节能社会发展的今天，节能灯受到越来越广泛的欢迎。

图 8-2　汽车头灯

6. 荧光灯： 一种低压水银放电灯，其光效极好（可达到 100lm/W），耗能少，其电能消耗只是白炽灯的 1/5，寿命比白炽灯大大延长。荧光灯的低耗电和长寿命有利于环境保护，另外，循环利用率高，也是环境保护的另一因素。荧光灯工作时需要镇流器以使灯起辉并调节其运作。至于该灯发光的颜色取决于在灯管内侧的磷光体涂层。三基色荧光灯的显色指数甚佳，可应用于化妆室和小型演播室。

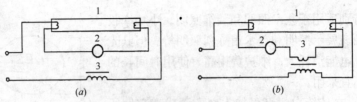

图 8-3　采用启辉器的开关型启动电路

(a)镇流器有两支引线的荧光灯电路；(b)镇流器有四支引线的荧火灯电路

1—灯管；2—启辉器；3—镇流器

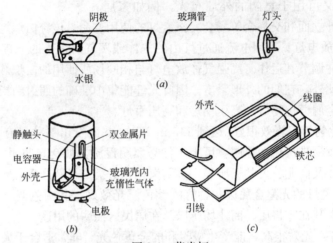

图 8-4　荧光灯

(a)灯管；(b)启动器；(c)镇流器

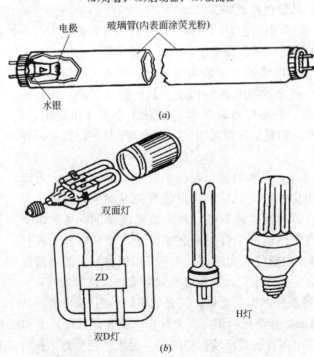

图 8-5　普通荧光灯和紧凑型荧光灯

(a)普通荧光灯灯管的结构图；(b)几种紧凑型荧火灯

7. 卤钨灯：宜用在照度要求较高、显色性较好或要求调光的场所，如体育馆、大会堂、宴会厅等。其色温尤其适用于彩色电视的演播室照明。由于它的工作温度较高，不适于多尘、易燃、爆炸危险、腐蚀性环境场所，以及有振动的场所等。石英聚光卤钨灯用于拍摄电影、电视及舞台照明的聚光灯具或回光灯具中。

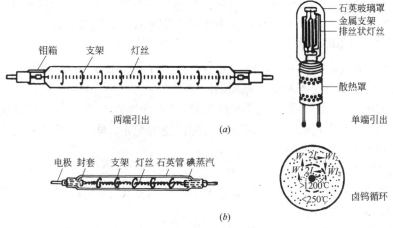

图 8-6　卤钨灯的外形和构造
(a)卤钨灯的外形；(b)卤钨灯的构造

8. 发光二极管(LED)：发光二极管的核心部分是由 p 型半导体和 n 型半导体组成的晶片，在 p 型半导体和 n 型半导体之间有一个过渡层，称为 p-n 结。在某些半导体材料的 p-n 结中，注入的少数载流子与多数载流子复合时会把多余的能量以光的形式释放出来，从而把电能直接转换为光能。p-n 结加反向电压，少数载流子难以注入，故不发光。这种利用注入式电致发光原理制作的二极管叫发光二极管，通称 LED。当它处于正向工作状态(即两端加上正向电压)时，电流从 LED 阳极流向阴极时，半导体晶体就发出从紫外到红外不同颜色的光线，光的强弱与电流有关。LED 光源的特点：LED 使用低压电源，供电电压在 6~24V 之间，根据产品不同而异，所以它比使用高压电源的光源更安全，特别适用于公共场所；消耗能量较同光效的白炽灯减少 80%；寿命长，10 万小时，光衰为初始的 50%；响应时间短，白炽灯的响应时间为毫秒级，LED 灯的响应时间为纳秒级；对环境无有害金属汞污染。各种光色的 LED 在交通信号灯和大面积显示屏中得到了广泛应用，

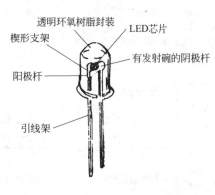

图 8-7　发光二极管

图 8-8　LED 灯

汽车信号灯也是 LED 光源应用的重要领域。采用 LED 光源照明，首先取代耗电的白炽灯，然后逐步向整个照明市场进军，将会节约大量的电能，具体应用方面还在探索之中。

二、灯具的分类

照明灯具是将电光源发出的光在空间进行重新调整以得到舒适的照明环境的器具，它包括除光源外所有用于固定和保护光源所需的全部零部件，以及与电源连接的线路附件。

灯具所起到的作用包括：

（1）固定灯泡，让电流安全的流过灯泡。对于气体放电灯，灯具通常提供安装镇流器以及安装功率因数补偿电容和电子触发器的地方。

（2）对灯泡和灯泡的控制装置提供机械保护，支持全部装配件，并和建筑结构件连接起来。

（3）控制灯泡发出光线的扩散程度，实现需要的配光，防止直接眩光的出现。

（4）保证照明安全，如防爆等。

（5）装饰美化环境。

照明灯具的种类繁多，形状各异，各具特色，可以按不同的方式加以分类。

1. 按使用的光源进行分类

按灯具使用的光源，可分为白炽灯灯具、荧光灯灯具和高压气体放电灯灯具。

2. 按灯具的作用分类

按灯具所起的主要作用，可将灯具分为功能性灯具和装饰性灯具。功能性灯具以满足高光效、高显色性、低眩光等要求为主，兼顾装饰方面的要求；而装饰灯具一般由装饰性零件围绕光源组合而成，以美化空间环境、渲染照明气氛为主。

3. 按照明灯具的配光曲线分类

这种分类方法，是以灯具上半球和下半球发出光通量的百分比来区分的。一般划分为五类：直接型照明灯具、半直接型照明灯具、漫射型照明灯具、半间接型照明灯具、间接型照明灯具，见表 8-5。

灯具的配光曲线   表 8-5

类 型		直接型	半直接型	漫射型	半间接型	间接型
光通量分布特点	上半球	0～10%	10%～40%	40%～60%	60%～90%	90%～100%
	下半球	100%～90%	90%～60%	60%～40%	40%～10%	10%～0
特 点		光线集中，工作面上可获得充分照度。易产生眩光和阴影，有较强的阴暗对比，光效高	光线能集中在工作面上，空间也能得到适当照度，比直接型眩光小，阴影小，明暗对比不太强	空间各方向光强基本一致，比半直接型眩光小，较柔和	增加了反射光的作用，使光线比较均匀柔和。无眩光，无阴影，光线柔和	扩散性好，光线柔和、均匀。避免了眩光和阴影，但光的利用率低
实 例						
灯具材料		反光性能良好，不透明的搪瓷、铝、镀银面	半透明、下面开口式玻璃棱形罩、碗形罩	上半部透明，下半部漫射透光材料制成封闭式	与半直接型相反	与直接型相反

118

4. 按照安装方式和使用场合分类

按照灯具的安装方式可将灯具分为台灯、落地灯、花吊灯、壁灯、嵌入式筒灯、舞台灯、光盒和光带、路灯、高杆灯、草坪灯等。

（1）花吊灯

花吊灯是室内装饰照明中常用的灯具。装饰效果较佳，在与建筑装饰相协调下造成比较富丽堂皇的气氛，能突出中心，色调温暖明亮，能得到光源的亮度，有豪华感，光色美观，如图8-9所示。

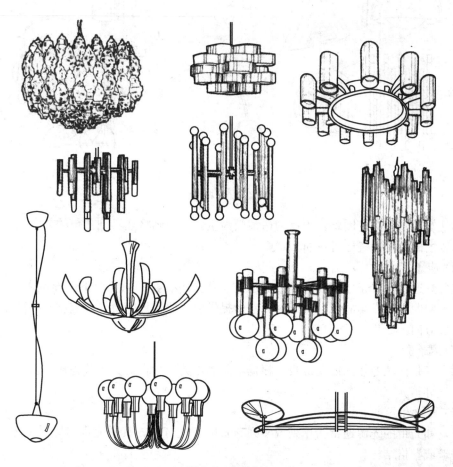

图8-9　花吊灯

布灯时应注意用同类型壁灯做辅助照明，使照度均匀，获得比较效果；要求房间的高度较高；为节约用电，照明开关应易于控制；避免用荧光灯管做的吊灯所产生的眩光，建议用能漫射光线的材料做灯罩。

花吊灯多用于饭店宾馆的大厅、大型建筑物的门厅。

（2）壁灯

壁灯安装在墙壁或柱子，作为室内的辅助照明，在墙上能得到美观的光线，重点突出，表现出室内的宽阔，如图8-10所示。

（3）嵌入式筒灯

将筒灯按一定格式嵌入顶棚内，并与房间吊顶共同组成所要求的花纹，使之成为一个

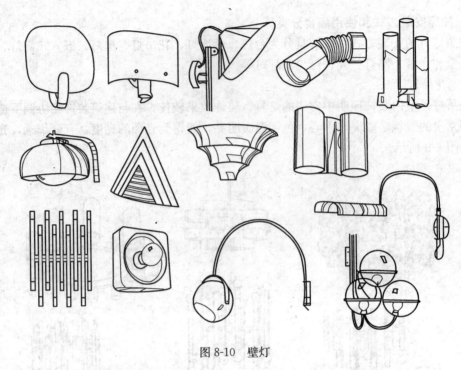

图 8-10 壁灯

完美的建筑艺术图案。因此，顶棚的造型极为重要，否则将达不到预想的艺术效果。常用于面积较大的会堂和餐厅等场所。

（4）应急灯

应急灯通常设置于建筑物内疏散通道处。其作用是在紧急情况下引导室内人流疏散，或在正常照明电源发生故障时，及时为室内提供应急照明。应急灯上应有文字标注或箭头指示疏散方向。

（5）舞台灯

舞台灯是比较专业的照明灯具。根据不同的用途，舞台灯又可分为舞台追光灯、聚光灯、散光灯等。

（6）光盒和光带

光盒和光带的光源通常为单列或多列布置的荧光灯管，其透光面可以采用磨砂玻璃、有机玻璃或栅格结构。

光盒和光带能够造成良好的照明，可以构成各种图案使房间的建筑构图不至于单调。

第三节　建筑装饰照明设计

在建筑装饰设计中，对光源特性掌握及运用的好坏将直接影响装修的艺术效果。一个完美的装饰设计，一是要靠流畅的空间划分，合理的功能布局，严密的装饰语言设计，更重要的是靠五彩缤纷的灯光效果及艺术照明来映托空间，强化装饰语言，将艺术效果和装饰风格通过灯光反映出来，并展现给人们。建筑装饰照明设计的任务就是如何根据灯光光源的特性，考虑不同空间环境、不同使用功能和不同艺术风格来科学合理地选择运用光源及灯具。

一、建筑装饰照明的表现形式

1. 点光源嵌入式直射照明

这种照明方式是将点光源灯具按一定格式嵌入顶棚内，并与房间吊顶共同组成所要求的花纹，使之成为一个完美的建筑艺术图案。因此，顶棚的造型极为重要，否则将达不到预想的艺术效果。常用于较大面积的会堂和餐厅等场所。

2. 光梁和光带照明

光梁是将一定造型的灯具突出顶棚表面而形成的带状发光体。光带是将光源嵌入顶棚，其发光面与顶棚齐平，如图8-11所示。

光梁和光带的光源通常为单列或多列布置的荧光灯管，其透光面可以采用磨砂玻璃、有机玻璃或栅格结构。

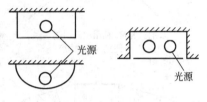

图8-11 光梁、光带

光梁和光带可以做成在顶棚下维护或在顶棚上（上人夹层）维护的形式。在顶棚上维护时，光梁或光带的反射罩应做成可揭开的，灯座和透光面则固定安装。为了在夹层中进行工作，应在夹层中装设少量灯具；当光梁或光带在顶棚下维护时，应将透光面做成可拆卸的以便更换灯管或拆修其他元件。

光梁和光带形成的光照效果可使室内清晰明朗，使得空间具有一定的长度感、宽度感和通透感。采用光带时，顶棚简洁平整，给人以舒适开朗的感觉。

3. 空间枝形网状照明

这种照明是将相当数量的光源与金属管架构成各种形状的灯具网络，它在空间以建筑的装饰形式出现。有的按照建筑要求在顶棚上以图案形式展开照明，有的则在室内空间以树枝形状分布。

这种照明的特点是具有活跃气氛的光照环境，灯具的精心制作更能起到装饰作用，体现建筑物风格。大规模的网状照明适用于大型厅堂、商店、舞厅等，小规模的网状照明也可适用于旅馆的客房或建筑物的楼梯间和走廊等处。

4. 发光顶棚照明

发光顶棚是一种常用的发光装置，它利用有扩散性的介质如磨砂玻璃、半透明有机玻璃、棱镜、格栅等制作。光源装设在这些大片安装的介质之上，介质将光源的光通量重新分配而照亮房间。这种照明形式的特点是发光表面亮度低而面积大，所以能得到质量很高的照明，即照度均匀、无强烈阴影、无直射眩光和反射眩光，常用于各种展览厅和会议室，如图8-12所示。

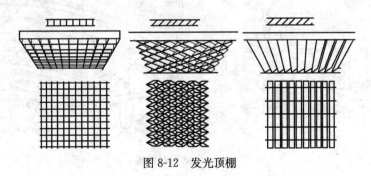

图8-12 发光顶棚

5. 光檐照明

光檐是将光源隐蔽在房间四周墙与顶棚交界处，室内光线主要来源于顶棚的反射，如图 8-13 所示。

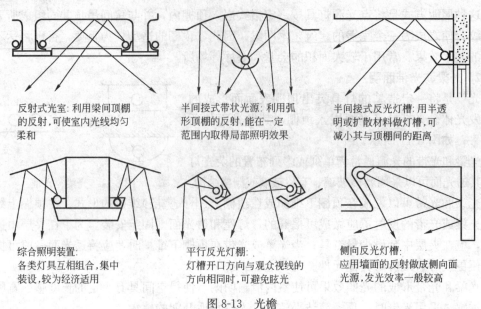

反射式光室：利用梁间顶棚的反射，可使室内光线均匀柔和

半间接式带状光源：利用弧形顶棚的反射，能在一定范围内取得局部照明效果

半间接式反光灯槽：用半透明或扩散材料做灯槽，可减小其与顶棚间的距离

综合照明装置：各类灯具互相组合，集中装设，较为经济适用

平行反光灯棚：灯槽开口方向与观众视线的方向相同时，可避免眩光

侧向反光灯槽：应用墙面的反射做成侧向面光源，发光效率一般较高

图 8-13　光檐

这是一种常用的艺术照明方式，能充分表现建筑物的空间感、体积感，取得照明、装饰双重效果，光线柔和，顶棚明亮。适用于艺术场所照明，如剧场、观众厅、舞厅等，如图 8-14 所示。

图 8-14　光檐照明效果

二、建筑装饰中的光源选择及运用

1. 根据装饰环境的使用功能来选择

不同环境、不同场所，对灯光的要求各有不同。如写字间、办公室等办公性场所，要求灯光的照度必须满足使用要求。我国目前规定的照度值为 $100\sim200$lx，国际上一些发达国家的办公写字间照度为 500lx 以上，远高于我国。同时，还应考虑灯光的色彩影响，办公场所需有一个宁静、清澈的空间环境，光源宜选用冷色调，如荧光灯系列的格栅式荧光灯，因为荧光灯发光顶发出的光为漫射型，光源较好，不易产生眩光。尤其是蝙蝠翼式配光荧光灯更为理想，这种灯的光强在 30°方向最强，灯的正下方光强较低，作业面反射光不会与视线重合而射入人眼。一些大空间的营业场所、商场等其照度要求高，其商品摆设处的局部照明光源的显色性要好，以使顾客能清晰地看到商品，激起购买欲望，一般可选用白炽灯、石英射灯，而金属卤化物灯其照度高，显色性也较好，主照明可采用发光顶、发光带或格栅日光灯，布局可以是矩形规则排列，或按平面功能划分上下呼应而排列，也可按装饰风格艺术地排列。对一些餐饮、酒店、大堂等场所，灯光宜选用暖色光源，因这类场所要求空间环境具有一种温馨、亲近的感觉，尤其是大堂，因其占据位置比较显著，是装饰风格的集中表现，灯光的选择更为重要，一般可选择豪华水晶花灯或豪华吊灯来渲染大堂的空间艺术气氛，使大堂更加蓬荜生辉、富丽堂皇。各种灯具的照射效果见图 8-15。

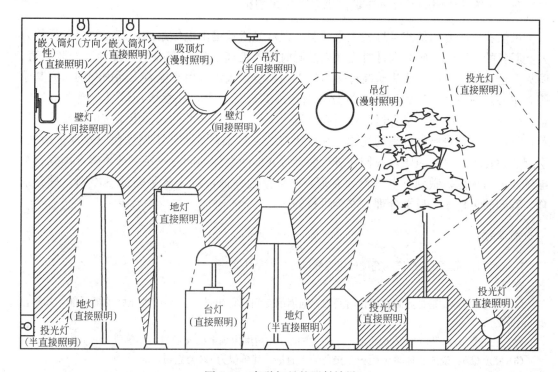

图 8-15　各种灯具的照射效果

2. 根据装饰装修的艺术风格来选择

不同场所，装饰的艺术风格各有不同，选用的灯具与光源也各不相同，如欧式西餐厅，从功能摆布、设施选用到装饰材料的运用及空间艺术处理，均为欧式建筑艺术语言，灯具与光源就要根据其特殊风格来选择，如欧式水晶花灯、欧式吊灯、壁灯等，其光源宜选用点式暖光源，如白炽泡、蜡烛泡等，而不宜选用荧光灯等冷色光源。一些具有现代风格的快餐厅、快卖店等，所选用的材料均为新型材料，如复合塑铝板、白钢板、石膏板饰面刮大白等，其材料选择及装修风格均体现出现代快节奏，空间有明亮清快感，灯光选择宜选用荧光灯、节能型荧光泡等冷色光源。

3. 根据灯具造型及安装方式来选择

在装饰装修领域中，灯具作为艺术组成的一部分，它有多种多样的造型和各种安装形式。如顶棚上安装的水晶花灯、吊灯、筒灯、吸顶灯、射灯、格栅灯等；墙壁上安装的各种艺术壁灯、镜前灯、床头灯等；地面上安装的地灯、标志灯；另外还有水底灯，各种舞台、舞厅专业灯，室外用的投光灯、霓虹灯、庭院灯等。这些灯的造型千姿百态，光源多种多样，故可根据装饰风格及使用要求，科学合理地选用。如可以利用各种艺术壁灯来渲染装饰墙面或柱面；对喷泉水池，可以用各种色彩的水底灯来映照水景，使之更加艳丽多彩；对宽敞豪华的大堂，选用造型各异的水晶花灯，可使大堂更加豪华明亮。另外，还可根据光源的折射、透射、反射原理进行巧妙地艺术处理。如用各种颜色的灯光纸通过透射而改变灯光色彩，营造出灯光变幻的感觉；利用发光槽、发光板、影壁等，使暗藏的灯光通过折射、反射而打出间接灯光，使发出的光均匀柔和。

三、建筑装饰照明设计要遵循国家各项技术规范

虽然我们研究的是艺术灯光效果照明，但灯光毕竟是由电供给的，灯光效果毕竟是为人类服务的，我们在研究设计灯光效果的同时还不能违反国家有关电气设计及安装规范、防火安全规范。目前一些建筑装饰场所的火灾事故，大都是由于电着火而引起的，究其原因，主要是在装饰设计和施工中过分片面地强调灯光效果，任意增加灯具，增大电气容量，使导线严重超载，温升过高而引起电着火。另外，在光源的选择上不按电气及消防规范执行，选用一些温度过高的光源，并直接安装在易燃材料上，不做任何隔热保护措施，引起易燃材料着火。因此，我们在进行装饰灯光照明设计的同时一定要严格遵守国家有关电气及消防规范，做到：电气设计合理，防火措施保证，灯光效果完美三原则。只有这样，我们的设计才是科学合理、安全可行的。

思考题：

1. 光通量、光强度、照度、亮度的定义和单位分别是什么？

答：

(1) 光通量(Q)：是指光源在单位时间内，向周围空间辐射出的使人眼产生光感的辐射能，其单位是 lm(流明)。

(2) 光强度(I)：是使光源向周围空间某一方向立体角度内辐射的光通量，其单位为 cd(坎德拉)。

(3) 照度(E)：受照物体单位面积上接受的光通量，其单位为 lx(勒克司，lm/m^2)。

(4) 亮度(L)：发光体在特定方向单位立体角内单位面积的光通量，其单位为 nt(尼脱，cd/m^2)。

2. 照明有哪几种方式？分别加以说明。

答：

(1) 一般照明：一般照明的特点是光线分布比较均匀，能使空间显得明亮宽敞。

（2）分区一般照明：仅用于需要提高房间内某些特定工作区的照度时。

（3）局部照明：是指局限于特定工作部位的固定或移动照明。其特点是能为特定的工作面提供更为集中的光线，并能形成有特点的气氛和意境。

（4）混合照明：一般照明与局部照明共同组成的照明，称为"混合照明"。

3. 灯具的配光曲线分哪几种类型？

答：直接型、半直接型、漫射型、半间接型、间接型五种。

第九章　建筑智能化工程

本章重点

本章介绍了建筑智能化系统的构成及各分系统的概念、组成及施工配合等。重点介绍了智能化集成系统、建筑设备监控系统、火灾自动报警系统、安全技术防范系统、信息设施系统、综合布线系统、会议系统、智能住宅、机房工程与综合管路等。

第一节　建筑智能化系统概述

传统的建筑电气系统分为强电和弱电两部分，将供配电系统、照明系统、防雷系统归类于强电系统，而将其余部分，如电话、电视、消防报警和楼宇自控等系统统统归于建筑弱电系统。自 1984 年第一座"智能大厦"在美国哈特福德(Hartford)市诞生，智能建筑的概念被世界接受。随着信息技术的飞速发展，智能化建筑热潮悄然掀起，且智能化水平逐步提高，信息技术、计算机网络技术在建筑工程中广泛应用，传统的建筑弱电系统不再是传统意义上可有可无，多考虑预留发展，而是与建筑给水排水系统、暖通系统、供配电系统一样，成为建筑物重要组成部分，并被称为建筑智能化系统。

我国的智能建筑于 20 世纪 90 年代才起步。起始阶段是在 90 年代初，随着改革开放的深入，国民经济持续发展，人们对工作和生活环境的要求不断提高，一个安全、高效和舒适的工作和生活环境成为人们的迫切需要。同时科学技术飞速发展，特别是以微电子技术为基础的计算机技术、通信技术和控制技术的迅猛发展，为满足人们这些需要提供了技术基础。这一时期，智能建筑主要针对一些涉外酒店等高档公共建筑，所涉及的建筑智能化系统主要包括：在建筑内设置程控交换机系统、有线电视系统、计算机网络系统等，为建筑内用户提供通信手段和必要的现代化办公设备等；利用计算机对建筑内机电设备进行控制和管理；设置火灾自动报警系统和安防系统为建筑内人员提供保护等。这时建筑智能化系统是独立的，相互没有联系。

在 90 年代中后期的房地产开发热潮中，智能建筑进入了普及阶段，建筑智能化开始强调对建筑中各个系统进行系统集成和广泛采用综合布线系统，出现了建筑设备综合管理系统、通信网络系统和办公自动化系统，性质类似的系统实现了整合。并逐步向智能建筑一体化集成方向发展，即以计算机网络为核心，服务于建筑的各智能化系统实现统一管理，从而实现各系统的信息融合，协调各系统的运行，以发挥建筑智能化系统的整体功能。

20 世纪末中国开展了住宅小区建设，当时应用信息技术主要是为住户提供先进的管理手段、安全的居住环境和便捷的通信娱乐工具。随着信息技术的发展，电信运营商开始通过投资建设一个到达各家各户的宽带网络，为用户提供各种智能化信息服务业务，以此网络开展各种增值服务，如：安防报警、紧急呼救、远程抄表、电子商务、网上娱乐、视频点播、远程教育、远程医疗以及其他各种数据传输和通信业务等。"宽带网"已成为电信行业、建筑智能化行业乃至房地产行业最热门的话题，这标志着智能化已经突破一般意义上的建筑范畴，而逐渐延伸至整个城市、整个社会中。

随着现代建筑向自动化、节能化、信息化、智能化方向蓬勃发展，智能建筑不仅仅是一种时尚标志，而是一种必然发展趋势。

一、智能建筑的定义

由于智能建筑的发展历史较短，但发展速度很快，国内外对它的定义有各种描述和不同理解，尚无统一的确切概念和标准。

美国认为，智能建筑是通过优化建筑物结构、系统、服务和管理等四项基本要素，以及它们之间的内在关系，来提供一个多产和成本低廉的物业环境。

欧洲认为，智能建筑是一种可以使用户拥有最大效率环境的建筑，同时可以有效管理资源，且在硬件设备方面的寿命成本最小。

我国建设部颁布的《智能建筑设计标准》GB/T 50314—2006 对智能建筑做出的定义是：智能建筑(Intelligent Building 简称 IB)是以建筑物为平台，兼备信息设施系统、信息化应用系统、建筑设备管理系统、公共安全系统等，集结构、系统、服务、管理及其优化组合为一体，向人们提供安全、高效、便捷、节能、环保、健康的建筑环境。

二、建筑智能化系统

智能建筑中的智能化系统分成三大部分：建筑设备管理系统、信息设施系统、信息化应用系统。各系统组成见图 9-1。

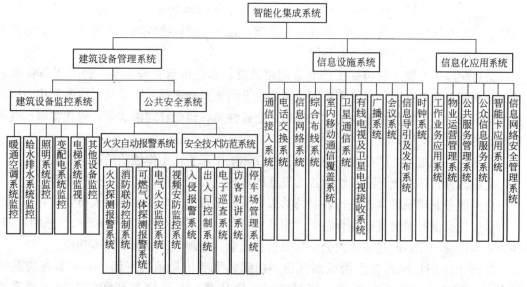

图 9-1　智能化集成系统图

1. 建筑设备管理系统

建筑设备管理系统（Building Management System，简称 BMS）是对建筑设备监控系统和公共安全系统等实施综合管理的系统。具有良好的人机交互中文界面。根据建筑物的物业管理需要，实现数据共享，可生成节能及优化管理所需的各种相关信息分析和统计报表。对相关的公共安全系统进行监视及联动控制，并可共享所需的公共安全等相关系统的数据信息等资源。

建筑设备监控系统采用集散式控制方式，对建筑机电设备测量、监视和控制，对建筑物环境参数监测，确保各类设备系统运行稳定、安全和可靠并达到节能和环保的管理要求。通常包括暖通空调、给排水、供配电、照明、电梯等。

公共安全系统是为维护公共安全、综合运用现代科学技术、以应对危害社会安全的各类突发事件而构建的技术防范系统或保障体系。对火灾、非法侵入、自然灾害、重大安全事故和公共卫生事故等危害人们生命财产安全的各种突发事件，建立起应急及长效的技术防范保障体系。包括火灾自动报警系统、安全技术防范系统和应急联动系统等。

2. 信息设施系统

信息设施系统（Information Technology System Infrastructure，简称 ITSI）是为确保建筑物与外部信息通信网的互联及信息畅通，对语音、数据、图像和多媒体等各类信息予以接收、交换、传输、存储、检索和显示等进行综合处理的多种类信息设备系统加以组合，提供实现建筑物业务及管理等应用功能的信息通信基础设施。

信息设施系统包括通信接入系统、电话交换系统、信息网络系统、综合布线系统、室内移动通信覆盖系统、卫星通信系统、有线电视及卫星电视接收系统、广播系统、会议系统、信息导引及发布系统、时钟系统和其他相关的信息通信系统。

3. 信息化应用系统

信息化应用系统（Information Technology Application System，简称 ITAS）是以建筑物信息设施系统和建筑设备管理系统等为基础，为满足建筑物各类业务和管理功能的多种类信息设备与应用软件而组合的系统。

信息化应用系统一般包括工作业务应用系统、物业运营管理系统、公共服务管理系统、公众信息服务系统、智能卡应用系统和信息网络安全管理系统以及其他业务功能所需要的应用系统。可根据建筑物的建设规模、业务性质和物业管理模式等，建立实用、可靠和高效的信息化应用系统。

工作业务应用系统满足建筑物所承担的具体工作职能及工作性质的基本功能。

物业运营管理系统对建筑物内各类设施的资料、数据、运行和维护进行管理。

公共服务管理系统具有进行各类公共服务的计费管理、电子账务和人员管理等功能。

公众信息服务系统具有集合各类共用及业务信息的接入、采集、分类和汇总的功能，并建立数据资源库，向建筑物内公众提供信息检索、查询、发布和导引等功能。

智能卡应用系统具有作为识别身份、门钥、重要信息系统密钥，并具有各类其他服务、消费等计费和票务管理、资料借阅、物品寄存、会议签到和访客管理等管理功能。

信息网络安全管理系统确保信息网络的运行保障和信息安全。

三、智能化集成系统

将智能建筑中不同功能的建筑智能化系统，通过统一的信息平台实现集成，以形成具有信息汇集、资源共享及优化管理等综合功能的系统，就是智能化集成系统（Intelligented Integration System，简称 IIS）。系统构成如图 9-1 所示。

智能化集成系统通过符合相关技术标准的通信协议和接口对各智能化系统进行数据通信、信息采集和综合处理，以实现对各智能化系统进行综合管理，满足建筑物的使用功能，确保对各类系统信息资源的共享和优化管理。智能化集成系统应以建筑物的建设规模、业务性质和物业管理模式等为依据，建立实用、可靠和高效的信息化应用系统。智能化集成系统必须具有可靠性、容错性、易维护性和可扩展性。

第二节　建筑设备监控系统

建筑设备监控系统（简称 BAS）是将建筑物或建筑群内的空调与通风、给排水、变配电、照明、热源、冷源电梯和自动扶梯等系统，以集中监视、控制和管理为目的，构成的综合系统。是运用计算机数据处理、自动测量及控制技术，对智能建筑内的各种分散的机电设备进行自动控制和统一管理，充分体现"集中管理、分散控制"这一智能建筑的控制理念，达到节约能源、提高工效的目的。

一、系统组成

建筑设备监控系统一般采用分布式系统和多层次的网络结构，大型系统由管理网络层、控制网络层、现场网络层组成。如图 9-2 所示。

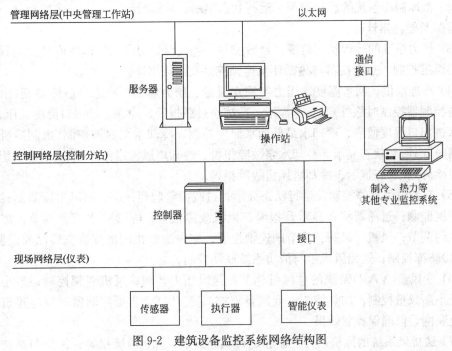

图 9-2　建筑设备监控系统网络结构图

管理网络层（中央管理工作站）由服务器、客户机、打印机、控制台等组成，完成系统集中监控和各种系统的集成，包括监控系统运行参数、监测可控的子系统对控制命令的响应情况、显示和记录各种测量数据和设备运行状态及故障报警等信息、数据报表打印等等。中央管理工作站由系统成套提供，设在 BAS 中央控制室内，可与消防中心、安防中心等合并组成建筑智能化控制中心。

控制网络层由通信总线和现场控制器组成，完成对建筑设备的自动控制。通信总线的通信协议一般采用 TCP/IP、BACnet、LonTalk 等国际标准协议。现场控制器一般采用直接数字控制器（DDC），通过通信接口与管理网络层联络。现场控制器可提供数字量输入（DI）、数字量输出（DO）、模拟量输入（AI）、模拟量输出（AO）等接口类型，通过一对一连线的方式与现场传感器和执行器连接。现场控制器与现场智能仪表等智能现场设备可直接或通过通信接口与通信总线相连。现场控制器通常安装在被监控设备较集中的场所，如冷冻机房、热交换站、空调机房等，也可设置在弱电竖井中。

现场网络层由检测仪表和执行器组成。检测仪表将被检测的参数稳定可靠地转换成现场控制器可接收的电信号，主要包括温度、湿度、压力、流量、水位、一氧化碳浓度、二氧化碳浓度、电流、电压、有功功率、无功功率、功率因数等检测仪表。执行器接收现场控制器发来的信号，对现场设备参数进行稳定准确的控制和调节，主要包括电动调节阀、电动蝶阀、电磁阀、电动风门、电机等执行机构。

二、系统功能

规范规定建筑设备监控系统根据建筑设备的情况选择配置下列相关的各项管理功能：

(1) 压缩式制冷机系统和吸收式制冷系统的运行状态监测、监视、故障报警、启停程序配置、机组台数或群控控制、机组运行均衡控制及能耗累计。

(2) 蓄冰制冷系统的启停控制、运行状态显示、故障报警、制冰与溶冰控制、冰库蓄冰量监测及能耗累计。

(3) 热力系统的运行状态监视、台数控制、燃气锅炉房可燃气体浓度监测与报警、热交换器温度控制、热交换器与热循环泵连锁控制及能耗累计。

(4) 冷冻水供、回水温度、压力与回水流量、压力监测、冷冻泵启停控制（由制冷机组自备控制器控制时除外）和状态显示、冷冻泵过载报警、冷冻水进出口温度、压力监测、冷却水进出口温度监测、冷却水最低回水温度控制、冷却水泵启停控制（由制冷机组自带控制器时除外）和状态显示、冷却水泵故障报警、冷却塔风机启停控制（由制冷机组自带控制器时除外）和状态显示、冷却塔风机故障报警。

(5) 空调机组启停控制及运行状态显示；过载报警监测；送、回风温度监测；室内外温、湿度监测；过滤器状态显示及报警；风机故障报警；冷（热）水流量调节；加湿器控制；风门调节；风机、风阀、调节阀连锁控制；室内二氧化碳浓度或空气品质监测；（寒冷地区）防冻控制；送回风机组与消防系统联动控制。

(6) 变风量（VAV）系统的总风量调节；送风压力监测；风机变频控制；最小风量控制；最小新风量控制；加热控制；变风量末端（VAVBOX）自带控制器时应与建筑设备监控系统联网，以确保控制效果。

(7) 送排风系统的风机启停控制和运行状态显示；风机故障报警；风机与消防系统联

动控制。

(8) 风机盘管机组的室内温度测量与控制；冷(热)水阀开关控制；风机启停及调速控制。能耗分段累计。

(9) 给水系统的水泵自动启停控制及运行状态显示；水泵故障报警；水箱液位监测、超高与超低水位报警。污水处理系统的水泵启停控制及运行状态显示；水泵故障报警；污水集水井、中水处理池监视、超高与超低液位报警；漏水报警监视。

(10) 供配电系统的中压开关与主要低压开关的状态监视及故障报警；中压与低压主母排的电压、电流及功率因数测量；电能计量；变压器温度监测及超温报警；备用及应急电源的手动/自动状态、电压、电流及频率监测；主回路及重要回路的谐波监测与记录。

(11) 大空间、门厅、楼梯间及走道等公共场所的照明按时间程序控制(值班照明除外)；航空障碍灯、庭院照明、道路照明按时间程序或按亮度控制和故障报警；泛光照明的场景、亮度按时间程序控制和故障报警；广场及停车场照明按时间程序控制。

(12) 电梯及自动扶梯的运行状态显示及故障报警。

(13) 热电联供系统的监视包括初级能源的监测；发电系统的运行状态监测；蒸汽发生系统的运行状态监视能耗累计。

(14) 当热力系统、制冷系统、空调系统、给水排水系统、电力系统、照明控制系统和电梯管理系统等采用分别自成体系的专业监控系统时，应通过通信接口纳入建筑设备管理系统。

第三节　火灾自动报警系统

随着科技的发展和社会的进步，现代建筑功能越来越复杂，建筑设备越来越多，建筑物的防火要求也越来越高。国家消防法已颁布和实施了相关的法律法规，工程建设中对火灾的防范被提高到法律的高度。根据规范规定，消防系统及其相关设备(设施)应包括火灾探测报警、消防联动控制、消火栓、自动灭火、防烟排烟、通风空调、防火门及防火卷帘、消防应急照明和疏散指示、消防应急广播、消防设备电源、消防电话、电梯、可燃气体探测报警、电气火灾监控等全部或部分系统或设备(设施)。消防系统要贯彻"预防为主，防消结合"的原则，这标志着火灾自动报警系统将扮演更加重要的角色。火灾自动报警系统应用在几乎所有建筑物，成为建筑物组成的不可缺少的部分。

火灾自动报警系统能够在火灾初期，将燃烧产生的烟雾、热量和光辐射等物理量，通过感温、感烟和感光等火灾探测器变成电信号，传输到火灾报警控制器，同时显示出火灾发生的部位，记录火灾发生的时间，并及时采取有效措施，控制和扑灭火灾。

火灾自动报警系统包含火灾探测报警系统、消防联动控制系统、可燃气体探测报警系统和电气火灾监控系统。可燃气体探测报警系统和电气火灾监控系统分别是独立的系统。火灾探测报警系统和消防联动控制系统设备可分为：触发设备(火灾探测器、手动报警按钮、水流开关等)、火灾报警控制器(区域火灾报警控制器、集中火灾报警控制器)、消防联动控制器、消防广播机柜、消防专用电话主机以及现场控制装置。通常集中火灾报警控制器、消防联动控制器、消防广播机柜、消防专用电话主机安装在消防控制中心，还可配备显示器和打印机，系统如图9-3所示。

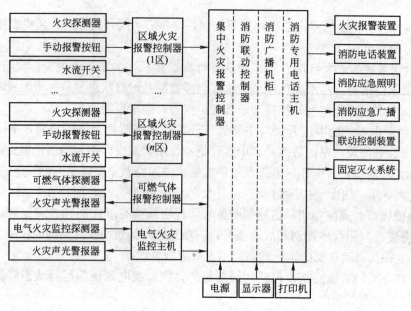

图 9-3　火灾自动报警系统图

一、火灾探测报警系统

火灾探测报警系统是在火灾初期探测到火灾的发生，并完成报警的功能，系统一般由火灾报警控制器、火灾探测器、手动报警按钮、火灾显示盘、消防控制室图形显示装置、火灾声光警报器等全部或部分设备组成。

1. 火灾报警控制器

火灾报警控制器是火灾自动报警系统的中枢，它接收信号并作出分析判断，一旦发生火灾，经判别处理后发出声光报警信号并将火灾信息传送上一级监控中心。同时自动输出控制指令到其他联动设备，控制它们做出相应动作，控制和扑灭火灾。

设置火灾报警控制器时应考虑报警区域、探测区域和控制器的容量。所谓报警区域就是将火灾自动报警系统的警戒范围按防火分区或楼层等划分的单元。在设计安装火灾自动报警系统时，人们一般都将其保护空间划分为若干个报警区域。每个报警区域又划分了若干个探测区域。这样就可以在火灾时，能够迅速、准确地确定着火部位，便于采取有效措施。一个报警区域可以由一个防火分区或同楼层相邻几个防火分区组成，但同一个防火分区不能在两个不同的报警区域内；同一报警区域也不能保护不同楼层的几个不同的防火分区。探测区域就是将报警区域按照探测火灾的部位划分的单元。火灾报警控制器的容量应大于所保护区域的探测区域数量，并留有余量。

火灾报警控制器按容量大小可分为区域火灾报警控制器和集中火灾报警控制器。

区域火灾报警控制器容量较小，一般安装在所保护区域现场有人值班的房间或场所，直接连接火灾探测器，处理各种报警信息。集中火灾报警控制器能接收区域火灾报警控制器或火灾探测器发出的信息，并能发出控制信号使各报警装置和联动设备工作。集中火灾报警控制器一般容量较大，可独立构成大型火灾自动报警系统，也可与区域火灾报警控制器构成分散或大型火灾报警系统。集中火灾报警控制器一般安装在消防控制室。

集中火灾报警控制器的选配，一方面要满足整个火灾自动报警系统工作要求，另一方面，还应该具备与智能建筑中其他控制系统的通信界面。主要包括以下几点：

(1) 具备与各个报警区域内区域火灾报警控制器的通信功能；

(2) 具有处理显示整个系统报警信息、故障信息、联动信息的功能；

(3) 应能根据火警信息，启动消防联动设备并显示其状态；

(4) 具备与智能建筑中其他控制系统的通信界面。

对于有两个及以上消防控制室的情况，应确定一个主消防控制室。主消防控制室应能显示所有火灾报警信号和联动状态信号，并应能控制重要的消防设备，各分消防控制室内消防设备之间可以互相传输、显示状态、信息，但不应互相控制。

2. 火灾探测器

火灾探测器按火灾自动报警系统对象分为感烟火灾探测器、感温火灾探测器、感光火灾烟温复合式火灾探测器以及气体火灾探测器，按其测控范围又可分为点型火灾探测器和线型火灾探测器两大类。点型火灾探测器只能对警戒范围中某一点周围的温度、烟等参数进行控制，如点型离子感烟探测器、点型光电感烟火灾探测器、点型感温火灾探测器等，线型火灾探测器则可以对警戒范围中某一线路周围烟雾、温度进行探测，如红外光束线型感烟火灾探测器，激光线型感烟火灾探测器，缆式线型感温火灾探测器等，常用火灾探测器性能特点及适用范围如表 9-1 所示。

常用火灾探测器分类比较表　　　　　　　　　　表 9-1

	探测器型	性能特点	适用范围	备注
感烟探测器	点型离子感烟探测器	灵敏度高，历史悠久技术成熟性能稳定，对阴燃火的反应最灵敏	宾馆客房、办公楼、图书馆、影剧院、邮政大楼等公共场所	易受水雾、气流、粉尘干扰
	点型光电感烟探测器	灵敏度高，对湿热气流扰动大的场所适应性好	同上	易受电磁干扰，散射光型黑烟不灵敏
	红外光束〔激光〕线型感烟探测器	探测范围大，可靠性环境适应性好	会展中心、演播大厅、大会堂、体育馆、影剧院等无遮挡大空间	易受红外、紫外光干扰；探测视线易被遮挡
感温探测器	点型感温探测器	性能稳定，可靠性环境适应性好	厨房、锅炉间、地下车库、吸烟室等	易受恶劣环境温度干扰
	缆式线型感温探测器	同上	电气电缆井、变配电装置、各种带式传送机构等	造价较高，安装维护不便
	火焰探测器	对明火反应迅速，探测范围宽广	各种燃油机房、油料储藏库等火灾时有强烈火焰和少量烟热场所	易受阳光和其他光源干扰；探测被遮挡，镜头易被污染
	复合探测器	综合探测火灾时的烟雾温度信号，探测准确，可靠性高	装有联动装置系统等单一探测器不能确认火灾的场所	价格贵，成本高

智能建筑中应以感烟火灾探测器选用为主,个别不宜选用感烟火灾探测器的场所,选用感温火灾探测器。

火灾探测器的选用应按照国家标准《火灾自动报警系统设计规范》和《火灾自动报警系统施工及验收规范》的有关要求执行。火灾探测器的安装会碰到风管、风口、灯具等障碍物。此时探测器的位置可作适当移动,但移动后不能超出原来的探测器保护范围。

3. 手动报警按钮

手动报警按钮安装在公共场所,当人工确认火灾发生后按下按钮,向控制器发出火灾报警信号,是手动方式产生火灾报警信号、启动火灾自动报警系统的器件,也是火灾自动报警系统中不可缺少的组成部分之一。

4. 火灾显示盘

火灾显示盘是一种可以安装在楼层或独立防火区内的数字式火灾报警显示装置。它通过总线与火灾报警控制器相连,处理并显示控制器传送过来的数据。当建筑物内发生火灾后,消防控制中心的火灾报警控制器产生报警,同时把报警信号传输到失火区域的火灾显示盘上,火灾显示盘将产生报警的探测器编号及相关信息显示出来同时发出声光报警信号,以通知失火区域的人员。当用一台报警控制器同时监控数个楼层或防火分区时,可在每个楼层或防火分区设置火灾显示盘以取代区域报警控制器。

5. 消防控制室图形显示装置

消防控制室图形显示装置用于火灾自动报警系统管理与控制以及设备的图形化显示。可与火灾报警控制器组成功能完备的图形化消防中心监控系统。

6. 火灾声光警报器

火灾声光警报器是一种安装在现场的声光报警设备,当现场发生火灾并确认后,安装在现场的火灾声光警报器可由消防控制中心的火灾报警控制器启动,发出强烈的声或声光报警信号,以达到提醒现场人员注意的目的。

二、消防联动控制系统

消防联动设备控制系统是火灾自动报警系统的执行部件,消防控制中心接收火警信息后应能自动或手动启动相应消防联动设备。消防联动控制系统由消防联动控制器、模块、消防电气控制装置、消防电动装置等消防设备组成,完成消防联动控制功能,并能接收和显示消防应急广播系统、消防应急照明和疏散指示系统、防烟排烟系统、防火门及卷帘系统、消火栓系统、各类灭火系统、消防通信系统、电梯等消防系统或设备的动态信息。

根据建筑设计防火规范和智能建筑防火灭火要求,智能建筑应具备以下全部或部分消防联动功能:

(1) 非消防电源控制,火灾应急照明和安全疏散指示灯控制;

(2) 室内消火栓泵和喷淋水泵控制,火灾时实施灭火;

(3) 消防电梯运行控制,火灾时所有电梯归于首层或电梯转换层;

(4) 管网气体灭火系统,泡沫灭火系统和干粉灭火系统,火灾确认后实施灭火;

(5) 防火门、防火卷帘、防火阀的控制,火灾时实施防火分隔,防止火灾蔓延;

(6) 防烟排烟风机、通风设备、送风阀、排烟阀的控制,防止烟气蔓延提供救生保障;

(7) 消防应急广播控制,火灾时发出火灾警报,通知人们安全撤离。

三、可燃气体探测报警系统

可燃气体探测报警系统应用在生产、使用可燃气体、有可燃气体产生的场所，如制造、储藏可燃气体的工矿企业，饭店、公寓、居民住宅的厨房等使用可燃气体的场所。可燃气体探测报警系统由可燃气体控制器、可燃气体探测器和火灾声光警报器组成一个独立的系统。当需要接入火灾自动报警系统时，通过可燃气体控制器接入。可燃气体探测器设置在可能产生可燃气体的部位附近。可燃气体报警控制器设置在有人值班的场所，可燃气体报警控制器将报警信息和故障信息传给消防控制室，当有报警信号时，启动保护区域的火灾声光警报器。

四、电气火灾监控系统

随着建筑物内用电量的不断增加，电气火灾事故的发生居高不下。因此国家已在规范中规定，应根据建筑物的性质、发生电气火灾危险性、保护对象等级设置电气火灾监控系统。

电气火灾监控系统是针对低压配电系统中尚未造成火灾发生的隐患，通过对电气设备中的漏电、温度的异常变化以及它们可能引起的火灾进行预报、监控，从而大大降低电气火灾事故的发生。

电气火灾监控系统由电气火灾监控设备和电气火灾监控探测器构成，电气火灾监控探测器的种类有剩余电流式和测温式两种。当探测器检测到电流、温度等参数发生异常或突变时，发出报警信号输送到监控设备中，监控设备进一步识别、判定，当确认可能会发生火灾时，监控主机发出火灾报警信号，点亮报警指示灯，发出报警音响，同时在显示屏上显示火灾报警等信息。值班人员根据以上显示的信息，迅速到事故现场进行检查处理，并将报警信息发送到集中控制台。

电气火灾监控系统属于先期预报警系统，与传统火灾自动报警系统不同的是，电气火灾监控系统早期报警是为了避免损失，而传统火灾自动报警系统是为了减少损失。因此不管是新建或是改建工程项目，尤其是已经安装了火灾自动报警系统的建筑，仍需要安装电气火灾监控系统。

五、消防广播系统

消防广播的功能是当火灾发生时警示或通知人员安全转移，以及用于灭火指挥。同时消防广播应与信息发布系统联动实现疏散导引。消防广播系统主要由音源设备、广播功率放大器、多路分区控制器、扬声器以及专用传输线路组成。当确认火灾后，消防广播信号通过音源设备发出，经过功率放大后，由多路分区控制器切换到广播指定区域的扬声器实现应急广播。现场扬声器设置在走廊、大厅等公共场所以及宾馆公寓房间内，分为吸顶式和壁挂式两种。消防广播扬声器可与背景音乐广播共用，但火灾发生时，必须能自动切换到消防广播。

六、消防专用电话

为了保证火灾时报警和消防指挥的畅通，设置消防专用电话系统。在消防控制室设置消防专用电话总机，在现场设置电话分机或电话插孔。电话采用直接呼叫通话方式，无须拨号。现场分机或手柄电话插入电话插孔，电话立即响应，总机和分机可以通话；当总机呼叫分机时，按下对应分机选择键，对应分机振铃响，分机即可与总机通话。同时消防控制室应设置可直接拨打 119 报警的外线电话。

第四节　安全技术防范系统

安全技术防范系统是根据国家现行有关的技术标准、规范规定，根据建筑的结构、建设投资、使用功能和安全防范管理工作的需要来设置。根据被保护对象的风险等级，确定相应的防护级别和各级防护目标的区域和位置，确定监视区、禁区、防护区对安全技术防范系统的要求。

安全技术防范系统以视频安防监控系统为核心，综合运用安全防范技术、电子信息技术和信息网络技术等，实现对机房、设备、出入口、建筑物周界和主要通道的监视、记录、管理及控制，将各子系统融为一体，形成相互支援、协同防范的综合体系，有效保障设备安全和人员的人身安全。

安全技术防范系统一般包括：安全防范综合管理系统、入侵报警系统、视频安防监控系统、出入口控制系统、电子巡查系统、访客对讲系统、停车场管理系统及各类建筑物业务功能所需的其他相关安全技术防范系统。

一、视频安防监控系统

视频安防监控系统是利用视频技术探测、监视设防区域并实时显示、记录现场图像的电子系统或网络，是安全保卫工作的重要组成部分，也是现代化管理在安全保卫工作中的重要体现。在视频安防监控系统中，可以把被监视场所的图像内容传送到监控中心，使被监控场所的情况一目了然。同时，把被监视场所的图像及声音全部或部分地记录下来，这样就为日后对某些事件的处理提供了方便条件及重要依据。

传统的视频安防监控系统采用模拟系统，即模拟摄像机的视频信号通过同轴视频线缆传输至监控中心，监控中心一般有矩阵控制主机、控制键盘、数字硬盘录像机、电视墙等设备，完成图像的切换显示、记录、搜索回放等功能。系统结构如图 9-4 所示。

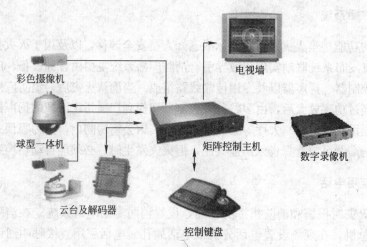

彩色摄像机　　电视墙

球型一体机　　矩阵控制主机　　数字录像机

云台及解码器

控制键盘

图 9-4　视频安防监控系统结构图

随着数字技术及网络技术的发展，目前已经越来越多地采用基于 IP 的视频监控系统，采用网络摄像机，通过网线及网络设备传输至监控中心，通过网络化平台实现所有摄像机的监控及图像存储，通过外部网络还可以实现远程监控。

摄像机通常设置在建筑物周界、建筑物出入口、大厅、重要通道、电梯、电梯厅、车库等处，对建筑物周界及内部的主要区域和重要部位进行监视控制。视频安防监控系统还可以与防盗报警等其他安全技术防范系统联动运行，使防范能力更加强大。

二、入侵报警系统

入侵报警系统是利用传感器技术和电子信息技术探测并指示非法进入或试图非法进入设防区域的行为、处理报警信息、发出报警信息的电子系统或网络。在一些无人值守的场所，根据不同部位的重要程度和风险等级要求以及现场条件，设置入侵报警探测器、手动报警按钮等，当有不法者非法闯入防范区域时，探测器立即将报警信号传送到监控中心报警主机，并发出声光报警，显示报警区域。系统结构图如图 9-5 所示。

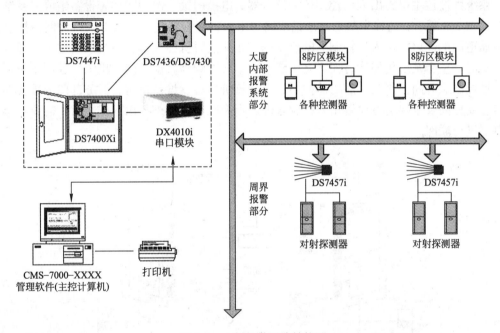

图 9-5　入侵报警系统结构图

通常在建筑物的周界设置红外对射探测器，在重要场所(如财务室、重要物品库等)设置红外双鉴探测器，在首层及顶层门窗等处设置门磁、窗磁，在商场或大楼首层的大玻璃窗设置玻璃破碎探测器，在收银的区域通常设置手动报警按钮或紧急脚挑开关。入侵报警系统可分区域布防撤防，在有些场所不需要 24 小时布防，如财务室白天有人正常进出时，其探测器应该撤防，下班时才能布防。

入侵报警系统可实现报警联动的功能，当发出报警信号时，视频安防监控系统能够自动识别报警来源，根据设定的程序，自动切换报警区域的视频图像到指定的监视器，自动调整前端摄像机监视报警点，同时联动硬盘录像机进行实时录像；建筑设备监控系统会打开非法闯入者所在通道的照明，出入口控制系统关闭通道门，将非法闯入者围困在该区域，从而有效地保障建筑物内人员和财产的安全。视频安防监控系统、出入口控制系统、巡更系统以及入侵报警系统组成的安全防范系统保障了整个建筑物的安全。

三、出入口控制系统

随着科学技术的发展，人们用一串钥匙控制门的进出管理和安全管理方法将越来越落伍，取而代之的将是集信息管理、计算机控制、感应卡等技术于一体的高科技出入口控制系统。通过对建筑物重要区域实行通道控制，进行严密的保安管理，从而实现强大的完整的出入控制与管理功能。

出入口控制系统是利用自定义符识别或/和模式识别技术对出入口目标进行识别并控制出入口执行机构启闭的电子系统或网络。通常以感应卡作为信息载体，利用计算机控制系统对感应卡中的信息做出判断，并给各对应的设备发送控制信号以控制房门或通道门的开启，同时将各动作时间和所使用卡的卡号等信息记录、存储在相应的数据库中，方便管理人员的随时查询，当有人使用非法感应卡时，系统会自动报警，并将报警信息存储在相应的数据库中。

系统由监控主机、出入口控制器、读卡器、电控门锁、出门按钮等设备组成，系统结构图如图9-6所示。监控主机通过通信线路与出入口控制器相连，由出入口控制器控制房门或通道门的开启，出入口控制器既能联网工作又能脱机独立运作，当网络中某一部分出现故障时，整个系统仍能运行而不会中断，也不会影响到其他系统。出入口控制系统可实现区域控制、时间控制，一般对监控中心、计算机中心、设备机房、财务部门、重要办公室等重要房间及重要通道设置出入控制管理。当需要对电梯进行出入控制时，需要与电梯控制器进行联网。

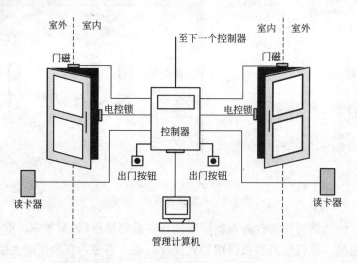

图9-6 出入口控制系统结构图

随着智能化技术的不断发展，智能建筑中已普遍使用一卡通系统。所谓"一卡通"，是综合感应卡、自动控制、通信及网络技术，使得生活在特定区域的人们，只需随身一张智能卡，就可以享受诸如出入口、考勤、停车、消费、用餐及其他日常生活及社会活动中各种便捷、安全、舒适的服务，同时也可提高建筑内部管理及工作效率。系统结构图如图9-7所示。

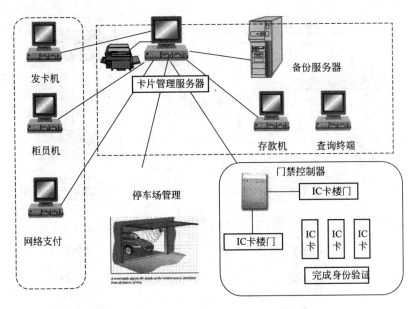

图 9-7　一卡通系统结构示意图

四、电子巡查系统

电子巡查系统是对保安巡查人员的巡查路线、方式及过程进行管理和控制的电子系统。在安防技术界和智能建筑界，通常将该系统称为"巡更系统"。巡更系统包括在线式巡更系统和离线式巡更系统。对于在线式巡更系统可以在各楼层的两侧楼梯等巡逻检查线路和值班室等地设置巡更点，巡逻人员在按预定线路检查时，在每一检查点按一次巡更按钮或刷一下卡，系统就实时记录按钮或刷卡动作时间，从而如实地记载巡逻现状，为加强安全值守管理提供详实数据。当巡逻人员过早、过晚或不按次序巡逻或没有巡逻某一巡更站，系统主机就立即发出报警信号，从而使控制中心的警卫人员可根据情况采取相应措施。离线巡更系统，利用手持式巡更器作为信息采集器进行巡更，巡更完毕，手持机所采集的所有信息通过 USB 电缆输入电脑进行处理和备份。

五、访客对讲系统

访客对讲系统是智能化住宅的一个非常重要的子系统，用于保安人员及住户对访客身份进行验证。访客对讲系统经历多年的发展，系统已由最初单户型、单元型发展到总线联网型，其功能也由最初的语音对讲发展到可视对讲、带安保功能、短信发布等功能的小区智能化管理系统。

访客对讲系统建立从控制中心、出入口、到住户之间的网络式防范体系。在保证对出入口、住家管理的同时，实现住户与管理中心之间、住户与住户之间的信息传递，系统工作模式如图 9-8 所示。图 9-9 是一种常见的系统结构。

（1）管理中心由管理计算机、管理软件、对讲管理中心主机、集线器等组成。对讲管理中心主机与系统内任一门机、围墙机、室内分机实现呼叫对讲，帮助访客与住户打开单元楼门及小区门的门锁，并可监视单元门口及小区门口情况。管理计算机及软件可接受住

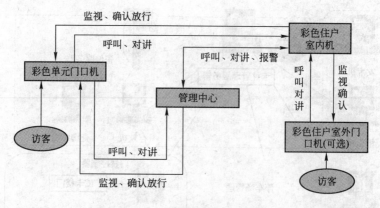

图 9-8　系统工作模式框图

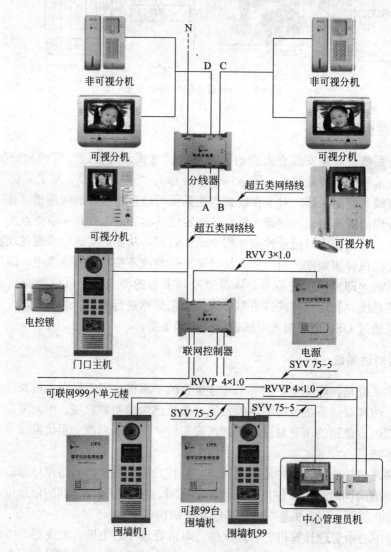

图 9-9　访客对讲系统结构图

户现场报警、显示及打印报警信息、显示报警现场平面图形等，具有人性化易操作的界面，具有密码操作功能、图形功能、报警处理、报警、报表打印、资料处理等功能。

（2）在单元楼门口、小区门口安装门口机，围墙机，同时在大门上安装门锁、出门按钮及闭门器等。住户及访客可通过门口机、围墙机实现呼叫住户、呼叫中心、密码（感应卡）开锁等功能。各门口机和围墙机通过联网控制器与管理中心主机实现联网。

（3）梯间设备包括分线器，按连接室内机数量的不同可分为二分支、四分支及多分支分线器。

（4）在每户设置住户室内分机，目前已大多采用可视分机。有访客呼叫时，住户通过室内机的显示屏对访客进行观察，并决定是否与其通话及允许其进入，在确认后，住户通过室内机上的开锁键控制门口电控门锁的开启，让访客进入。可视住户室内分机一般安装在起居室、客厅或进户入口的过道等方便住户操作的位置，考虑到住户家里的老人及小孩，安装高度不宜过高，通常室内机安装高度为底边距地 1.4m，同时考虑到用户装修时可能会改变安装位置，故在布线时需为每户预留 1~3m 的预留线，以供业主装修时改变线路。对于室内分机的配置，可配置安保型、带信息接收功能，或选择听筒式、免提式、壁挂式、嵌入式安装等。室内分机可支持多个防区的报警接入及外接紧急呼叫按钮。通常在客厅安装一个紧急按钮，安装在沙发旁，安装高度为底边距地 0.6m。当有紧急情况发生时，可按下该按钮呼叫控制中心。

（5）传输线路包括语音线、视频线、数据信号传输线等。

六、停车场管理系统

停车场管理系统是对进、出停车库（场）的车辆进行自动登录、监控和管理的电子系统或网络。该系统实现车辆进出停车场的自动化管理，包括车辆人员身份识别、车辆资料管理、车辆的出入情况、位置跟踪和收费管理等。该系统集成了感应式智能卡技术、计算机网络、视频监控、图像识别与处理及自动控制等技术。系统设备分为入口设备、出口设备、管理中心。入口设备包括：入口机箱、发卡机、读卡器、控制器、摄像机、车辆检测器、挡车器、车辆满位显示器等；出口设备包括：出口机箱、读卡器、控制器、摄像机、车辆检测器、挡车器等；管理中心包括：主控通信模块、停车场管理软件、对讲主机、紧急开闸按钮、电脑及打印机等；管理中心可设在出口岗亭内兼做收费站。系统结构及出入口设备分布如图 9-10、图 9-11 所示。

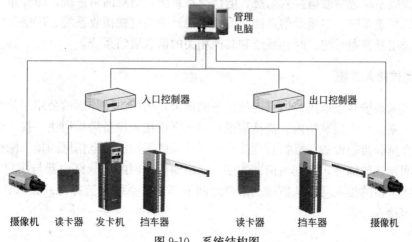

图 9-10　系统结构图

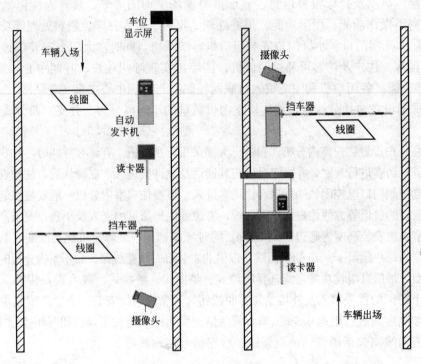

图 9-11 出入口设备分布图

第五节 信 息 设 施 系 统

随着科技和社会的发展，社会信息化与全球经济一体化的时代已经到来，人们对建筑物信息服务的要求越来越高。智能建筑中的信息设施系统即建筑通信系统，由对语音、数据、图像、多媒体等各类信息进行接收、交换、传输、存储、检索和显示等综合处理的多种类信息设备系统组成。支持建筑物内语音、数据、图像信息的传输，确保建筑物与外部信息通信网的互联及信息通畅，满足人们对各种信息日益增长的需要。

信息设施系统包括通信接入系统、电话交换系统、信息网络系统、综合布线系统、室内移动通信覆盖系统、卫星通信系统、有线电视及卫星电视接收系统、广播系统、会议系统、信息导引及发布系统、时钟系统和其他相关的信息通信系统。

一、通信接入系统

通信接入系统是根据用户信息通信业务的需求，将建筑物外部的公用通信网或专用通信网的接入系统引入建筑物内。概括地说，接入网由接入设备局端模块、接入设备远端模块、传输介质和传输设备、维护管理接口、操作系统等构成。电信网的接入网指本地交换机与用户间连接的部分，数据通信网的接入网指通信子网的边缘路由器与用户 PC 之间的部分，有线电视的接入网指从前端到用户之间的部分。系统可选择光纤接入、铜缆接入、无线接入等接入方式。

二、电话交换系统

电话交换系统是供建筑内用户和单位使用并与公用电信网连接的用户电话交换机、终端及辅助设备。

电话交换系统由用户电话交换机、话务台、各类终端及电源、配线设备等配套设施组成。用户电话交换机按照功能和提供的业务，可包括模拟或数字的普通用户电话交换机、ISDN用户电话交换机、IP用户电话交换机、软交换用户电话交换机等类型的交换设备。终端设备包括模拟终端、ISDN终端、IP终端等。配线设备包括配线架、配线电缆、交接箱、配线箱、分线盒、出线盒等。电话交换机、话务台、电源、配线架一般安装在电话交换机房。各类终端即指电话机、传真机等。

数字程控电话交换机是一种利用计算机技术控制电话接续的电话交换机。数字程控交换机除了能够处理话音业务外，还能够处理数据业务、多媒体业务等。支持缩位拨号、热线服务、呼出限制、免打扰服务、转移呼叫、呼叫等待、会议电话、闹钟服务、遇忙回叫、缺席用户服务、三方通话、房间控制、房间状态、留言中心、自动叫醒等业务。IP型数字程控电话交换机除能提供以上业务外，还能提供IP电话业务和IP传真业务，支持IP终端到IP终端、PC到IP终端、IP终端到PC、PC到PC间的IP电话业务，包括语音电话和视频电话，以及IP终端或PC与普通终端间的通话。数字程控电话交换系统应根据实际话务量等因素确定出入中继线数量，按实际需求配置电话端口，并预留裕量。

目前新一代软交换电话交换机，利用把呼叫控制功能与媒体网关分开的方法来沟通公用电话交换网（PSTN）与IP电话（VoIP）的一种交换技术。软交换技术独立于传送网络，主要完成呼叫控制、资源分配、协议处理、路由、认证、计费等主要功能，同时可以向用户提供现有电路交换机所能提供的所有业务，并向第三方提供可编程能力。

三、信息网络系统

信息网络系统是集计算机硬件设备、通信设施、软件系统及数据处理为一体的，能够为建筑物内使用者提供各类有效信息的接收、交换、传输、存储、检索、显示和管理的综合服务系统。信息网络在智能建筑中的应用包括：互联网信息服务，如电子政务、电子商务等；公用事业信息服务，如开通IP电话、IP电视等；公共信息资源共享服务，如VOD视频点播、网络教育、网络医疗等；业务应用，对医院、航站楼、校园、博物馆、体育场馆、剧院等不同的建筑，在信息网络平台上建立不同的业务应用系统；内部管理信息系统，如企业内部的财务、人事、生产、销售等部门的计算机管理在信息网络平台上构成一个整体的管理信息系统；内部办公自动化，如可以在信息网络平台上进行公文传阅、领导批示、电子文档等打印；物业运行管理，对建筑物内各类设施的资料、数据、运行、维护进行管理；智能化系统集成平台，如建立IBMS集成管理系统，在集成平台上进一步建立应急指挥系统等。

信息网络系统由硬件系统、软件系统及网络信息系统组成。在网络系统中，硬件的选择对网络起着决定性的作用，而网络软件则是挖掘网络潜力的工具。硬件系统由计算机、通信设备、连接设备及辅助设备组成，主要包括服务器、数据存储、计算机、网络适配器（网卡）、集线器、交换机、路由器、网关、网桥、通信介质及介质连接部件等。软件系统有数据通信软件、网络操作系统和网络应用软件。网络信息系统是以计算机网络为基础开发的信息系统。

信息网络系统通常采用以太网交换技术和相应的网络结构方式，按业务需求规划二层或三层的网络结构。只有主干层和终端接入层两个层次的局域网适用于规模较小的网络，主干层、汇聚层、终端接入层三个层次的局域网适用于规模较大的网络。系统桌面用户接入根据需要选择配置 10/100/1000Mb/s 信息端口，个别需要选择千兆光纤到桌面。建筑物内流动人员较多的公共区域或布线配置信息点不方便的大空间等区域，根据需要配置无线接入点设备（AP），AP 的覆盖范围一般室内不超过 100m，室外不超过 300m。局域网与广域网连接时，一般采用支持多协议的路由器，并配置防火墙等信息安全保障设备，接入线路介质可为光纤或铜缆。整个网络的管理，可通过设置网络管理站，选择合适的软硬件配置及网络管理软件对网络系统的运行状态进行监测和控制。

在一些特殊功能的建筑中，为了加强信息安全性，要构建内网和外网，内网和外网可物理隔离，也可通过防火墙逻辑隔离。当采用物理隔离时，内网和外网的配线及线路敷设必须是彼此独立的，不得共管、共槽敷设。内网通过网络设备连接，互相之间只有允许的部分计算机可以相互通信，作为办公、生产业务处理和信息管理平台。外网与互联网相连。

四、室内移动通信覆盖系统

室内移动通信覆盖系统是针对室内用户群、用于改善建筑物内移动通信环境的一种成功的方案。其原理是利用室内天线分布系统将移动基站的信号均匀分布在室内每个角落，从而保证室内区域拥有理想的信号覆盖。系统由信号源和信号分布系统组成。信号源一般采用在建筑物内安装微蜂窝基站，信号分布系统一般采用通过无源器件（耦合器、功分器等）、有源器件（干线放大器等）和天线、馈线将信号传送和分配到室内所需环境，以得到良好的信号覆盖。

五、卫星通信系统

卫星通信系统是以卫星作为中继站转发微波信号，在多个地面站之间通信。卫星通信的主要目的是实现对地面的无缝隙通信覆盖。

卫星通信系统由卫星端、地面站、用户三部分组成。卫星端在空中起中继站的作用，即把地面站发上来的电磁波放大后再返送回另一地面站。地面站则是卫星系统与地面公众网的接口。用户即是各种用户终端。卫星通信的主要优点是通信范围大，不易受陆地灾害影响，建设速度快，易于实现广播和多址通信等。但卫星通信要求地面设备具有较大的发射功率，因此不易普及使用。未来卫星通信系统将与 IP 技术结合，用于提供多媒体通信和因特网接入，包括用于国际、国内的骨干网络，也包括用于提供用户直接接入。按照用途区分，卫星通信系统可以分为综合业务通信卫星、军事通信卫星、海事通信卫星、电视直播卫星等。

VSAT 卫星通信系统（Very Small Aperture Terminal，甚小口径终端）是 20 世纪 80 年代发展起来的一种新型的卫星通信系统，是具有小口径天线的智能化地球站。这类地球站安装使用方便，适合智能建筑应用。多个这类小站与一个大站（称主站）共同构成一个卫星通信系统，可提供单独的语音或语音数据和图像等综合通信。小型端站由小口径接收天线、室外单元、室内单元三部分组成。应在建筑物相关对应的部位，配置或预留卫星通信系统天线、室外单元设备安装的空间和天线基座基础、室外馈线引入的管道及通信机房的位置等。

六、有线电视及卫星电视接收系统

有线电视从最初的共用天线电视接收系统（MATV），到有小前端的共用天线电视系统（CATV）。经过不断发展，有线电视功能不断增加，节目由几套增加到几十套、甚至几百套。目前，电缆电视（CableTV，也称CATV）在我国也一律称为"有线电视"，其传输手段也不局限于同轴电缆，现已采用光缆、微波以及多路微波分配系统（MMDS）。广泛应用的是以光缆为传输干线，以同轴电缆为用户分配网的混合式有线电视网络（简称HFC）。为了区别于无线电视，人们仍称上述诸传输分配系统为"有线电视"。有线电视几乎汇集了当代电子技术许多领域的成就，包括电视、广播、传输、微波、光纤、数字通讯、自动控制、遥控遥感和电子计算机等技术。人们已经不满足于娱乐性、爱好性节目的传送，而要求信息交换业务的发展，即不仅可以下传常规节目而且可以上传用户信息，如视频点播即VOD，为家庭服务。此外，还有某些对节目予以加扰处理，然后在用户端解扰，并收取一定费用的"付费电视"。

卫星接收系统就是利用卫星来直接转发电视信号的系统，其作用相当于一个空间转发站，是解决电视覆盖率问题和高质量传输电视图像信号的最好方法。卫星接收及有线电视系统主要由信号源、前端、信号传输分配网络组成。信号源接收部分的主要任务是向前端提供系统欲传输的各种信号，包括地面卫星及有线电视台节目等信号。卫星信号采用卫星电视专用接收天线，目前通过小型卫星接收天线可以接收多套数字卫星电视节目。前端设备的主要任务是进行电视信号接收后的处理，这种处理包括信号放大、混合、频率变换、电平调整，以及干扰信号成分的滤波等，是CATV系统中最重要的组成部分。前端设备主要包括卫星接收设备、邻频调制器、宽频带前置放大器、混合器、主干放大器以及传输设备、条件接收系统、矩阵、视音频分配、QAM调制、EPG、SMS、光发光放设备等。信号传输分配网络，指的是信号电平的有线分配网络，分配网络分为有源和无源两类。无源分配网络只有分配器、分支器和传输线等无源器件，可连接的用户少；有源分配网络增加了线路放大器，因而所接的用户数可以增多。

卫星接收及有线电视系统的基本组成，如图9-12所示。

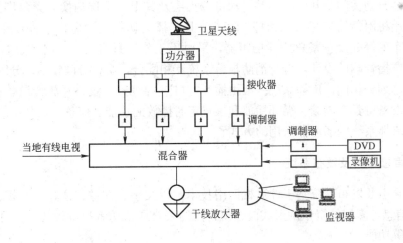

图9-12　卫星接收系统

到 2015 年我国将停止模拟电视的广播，取而代之的为交互式有线电视系统，该系统是基于 HFC 网络开展数字电视业务的综合业务系统。数字有线电视系统与模拟有线电视系统相比传输频道多，通过编码、复用，可达几百个频道，在数字付费频道数量飞速发展的情况下，可以解决模拟有线电视带宽受限的传输频道的瓶颈问题。数字有线电视可以实现条件接收。利用数字有线电视的条件接收功能可以实现授权下的电视节目收看，这样可以根据不同的授权实现个性化的服务以及交互式服务。目前，数字有线电视可以为用户提供多种服务，通过数字机顶盒接收。数字有线电视节目除提供基本节目包外，还提供信息服务、数字付费频道、交互电视业务、高清电视节目、准视频点播和轮播节目、付费数字音频广播等。

当前，国家正在积极倡导三网融合，电信、广播电视和互联网三网融合试点方案已经启动。三网融合是指电信网、广播电视网、互联网在向宽带通信网、数字电视网、下一代互联网演进过程中，三大网络通过技术改造，其技术功能趋于一致，业务范围趋于相同，网络互联互通、资源共享，能为用户提供语音、数据和广播电视等多种服务。三网融合并不意味着三大网络的物理合一，而主要是指高层业务应用的融合。三网融合应用广泛，遍及智能交通、环境保护、政府工作、公共安全、平安家居等多个领域。以后的手机可以看电视、上网，电视可以打电话、上网，电脑也可以打电话、看电视。三者之间相互交叉，形成你中有我、我中有你的格局。

七、广播系统

广播系统包括公共广播、紧急广播、背景音乐、音乐广播、多功能厅的扩音系统，讲堂的扩音和收音系统，以及会议厅的扩音和同声传译系统等。

公共广播的对象为公众场所，主要在大楼内的走廊、电梯厅、电梯轿厢、入口大厅、商场、餐厅酒吧、宴会厅、天台花园商场、商务中心等处，装设组合式声柱或分散式扬声器，可提供调频、调幅广播节目、录音卡座放音信号、激光唱机信号、MD 卡座放音信号、MP3、MP4 及话筒信号等，通过混音器可任选上述任何一路音源，经过音量控制电路将音量调整至合适水平，再经区域选择器输出至给定的区域广播。当有消防报警信号时，系统会自动关闭公共广播，并自动将着火层及其上、下层切换至紧急广播，必要时，亦可手动用机附话筒进行人工指挥。除了公共广播会切换至紧急广播外，在大楼的设备层、地下车库等处设置紧急广播扬声器，平时不工作，只有在火灾时才进行消防紧急广播。公共广播音响的设计，应与消防报警系统互相配合，实行分区控制。分区的划分，与消防的分区划分相同。广播系统一般由播音室(广播站房)、线路和放音设备三部分组成。系统播放设备可具有连续、循环播放和预置定时播放的功能。应急广播系统的扬声器可采用与公共广播系统的扬声器兼用的方式。

八、信息导引及发布系统

信息导引及发布系统基于计算机网络技术，以文字、图像、视频、音频、电子文件、Internet 信息等多媒体资讯的形式向建筑物内的公众或来访者提供告知、信息发布和演示以及查询等功能。

该系统由中心播控服务器、终端设备、显示设备及传输网络组成。

中心播控服务器存储大量素材，管理人员可随时借助管理平台对这些素材进行管理和重新组织，服务器接受管理人员指定的信息发布任务，根据任务将宣传信息传递给对应的终端，并根据管理人员设定的条件和方式控制终端的信息显示，服务器监视和控制着整个系统，并为管理人员提供系统运行的所有必要数据。

终端设备采用机顶盒，支持视频、图片、文字等多媒体信息的输出。

显示设备主要类型有 LED 大屏幕、液晶显示器、触摸屏等。通常安装在建筑的中央大厅、电梯厅、主要出入口等公共区域。

信息导引及发布系统的线路利用综合布线的线路，所以不用单独走线，需要设置信息屏的位置应预留综合布线信息点。所有显示屏的具体位置和尺寸都需要在精装修时深化设计。每个显示屏旁边应设置 220VAC 插座。

九、时钟系统

时钟系统是为自动化系统中的计算机、控制装置等提供统一的时间信号，为控制人员、相关工作人员等提供统一的标准时间信息。系统主要由母钟、子钟、网络管理设备等组成。系统接收来自卫星的标准时间信号，经母钟处理后产生精确的同步时间码，通过传输系统发送至系统的各个部分，同时驱动所有子钟正常工作，进行时间信息显示。时钟系统设置独立监测终端，通过数据通道实时监测时钟系统的运行状态、故障，系统出现故障时能够发出声光报警，指示故障部位，并通过网络接口设备向集中网管终端传输告警信息以实现集中管理。同时可实现远程联网报警，及时将相关信息传送到不在故障现场的设备管理人员的通信工具上。时钟系统应用于机场、医院、电力、火车站、地铁轻轨、广播电视时钟、体育馆时钟、车载时钟、办公大楼时钟、酒店时钟、学校时钟等不同领域的公共场所。

第六节 综合布线系统

一、综合布线系统的定义

综合布线系统是建筑物或建筑群内的传输网络。综合布线系统以一套单一的配线系统，综合了整个通讯，包括语音、数据、图像、监控等设备需要的配线。它将话音和数据通信设备、交换设备及其他信息管理系统彼此相连，又使这些设备与外部通信网络相连接。它包括从建筑物到外部网络或电话局线路上的连线点到工作区的话音或数据终端之间的所有电缆及相关联的布线部件。图 9-13 为一个典型综合布线系统示意图。

二、综合布线系统的定义构成

综合布线系统一般包括六个独立的子系统：建筑群子系统、干线区子系统（垂直区子系统）、配线子系统（水平区子系统）、工作区子系统、管理区子系统、设备间子系统（图 9-13）。改变、增加或重组其中一个部件并不会影响其他子系统。

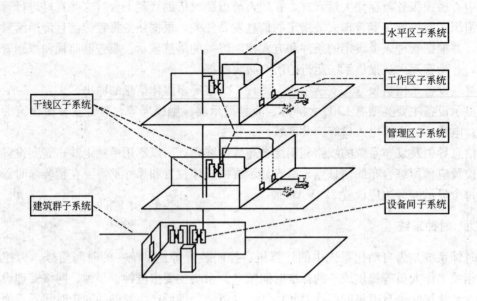

图 9-13　综合布线系统

1. 建筑群子系统

建筑群子系统是指楼群配线架(CD)与其他建筑物的大楼主交换间配线架(BD)之间的电缆及配套设施组成的系统，它的作用是将邻近的各建筑物内的综合布线系统形成一个统一的整体，可在楼群内部交换、传输信息，并对电信公用网形成唯一的出、入端口。

2. 干线区子系统

干线区子系统是指每个建筑物内从主交换间配线架(BD)至楼层交换间配线架(FD)之间的电缆及配套设施组成的系统。其作用是将建筑物内 BD 与各 CD 之间形成一个干线馈电网络。

3. 楼层配线子系统

楼层配线子系统是指每个楼层主交换间配线架(FD)至工作区信息插座(TO)之间的线缆、信息插座，转接点及配套设施组成的系统。作用是将楼层内的每个信息点与楼层配线架相连。

4. 工作区子系统

工作区子系统是处在用户终端设备(包括电话机、计算机终端、监视器、数据终端等)和水平子系统的信息插座(TO)之间，起着搭桥的作用。它是由用户工作区的信息插座延伸到工作站终端设备处的连接线缆、适配器等组成。作用是将用户终端有效地与网络连接。

5. 管理区子系统

管理是指线路的交连、互连控制。靠管理点来安排或重新安排线路的连接方式，使信息传送到所需的新工作区，以实现通信线路的管理。

6. 设备间子系统

设备间是在每一栋建筑物大楼的适当地点设置电信设备和计算机网络设备以及建筑物配线设备，进行网络管理的场所。

三、常用的综合布线介质

常用综合布线的介质有两类：铜缆和光缆。

1. 综合布线用铜缆

用于综合布线的铜缆有很多规格，按屏蔽类型分为屏蔽双绞电缆和非屏蔽双绞电缆；按阻抗值分为 100Ω 和 150Ω 双绞电缆；按电缆芯数分为 4 对双绞电缆和大对数电缆；按应用系统分为 3 类、4 类、5 类、6 类……

水平子系统布线中均采用 4 对双绞电缆传输数据及语音信息；

垂直子系统布线采用的铜缆为大对数双绞电缆，一般用于传输语音信息。

2. 综合布线用光缆

常用于综合布线工程的光纤有：

$9/125\mu m$　单模光纤；

$50/125\mu m$　多模光纤；

$62.5/125\mu m$　多模光纤。

光纤主要用于垂直子系统和建筑群子系统的布线，用于传输数据信息。

四、系统及部件等级的选择

信息技术的高速发展促进布线系统的高速发展。布线系统的标准及等级的选择不仅考虑要满足当前网络通信对布线的需要，还要面向未来高速网络技术的发展对布线系统的要求。

综合布线系统最重要的应用是计算机网络链路。国内目前最流行的综合布线水平系统已由超 5 类系统转入 6 类，带宽从 100Mb/s 扩大到 1000Mb/s，而且安装要求也有相应的提高；多模光纤系统也成为网络主干应用的主流。新型光纤布线标准 OM-3 光纤规范，满足万兆以太网的应用。OM-3 万兆多模光纤系统支持 10Gb/s 应用达 300m，支持 1Gb/s 应用达 1000m。当链路长度小于或等于 1000m 时，在千兆系统中可以采用 OM-3 多模光纤，而在万兆系统中应采用单模光纤。当链路长度小于 300m 时，OM-3 多模光纤可以应用于任何千兆和万兆系统中。

特别值得一提的是，综合布线系统在实际应用中仅仅是指通信和计算机网络链路，而非全部弱电系统的物理链路，否则，设备投入的代价太高。除通信和计算机网络外，每个弱电系统都有相应的连接线路，按相应的标准和规范设计和安装。

第七节 会 议 系 统

随着现代科技的发展和数字化技术的广泛应用，传统的会议设备已不能适应现代会议的要求。现代会议要求与会者简洁有序地表达自己的意思，生动清晰地展示自己的资料，并能灵活快捷地与外界的信息网络交换信息，同时要求会议管理者能简便高效地对会议进行控制。即我们需要高质量的语音信号，高清晰的视频画面及图像、实物资料，以及准确无误的数据表达和简单实用的控制系统，以满足会议、报告、讨论、讲座、多媒体演示、远程视频会议等活动的需要。

会议系统通常包括：视频会议系统；会议设备总控系统；会议发言、表决系统；多语种的会议同声传译系统；会议扩声系统；会议签到系统；会议照明控制系统和多媒体信息显示系统等。会议场所的分类有：大会议(报告)厅、多功能大会议室和小会议室等，根据不同会议场所的需求及有关标准，所需要的会议系统功能不同，配置相应的会议系统设备。

一、视频会议系统

视频会议系统指两个或多个不同地方的人，通过传输线路及多媒体设备，将声音、影像及电子文件资料互传，实现即时且互动的沟通，以实现会议目的的系统设备。视频会议的使用，使处于不同地方的人就像在同一房间内沟通。

一般的视频会议系统包括 MCU 多点控制器(视频会议服务器)、会议室终端、PC 桌面型终端、电话接入网关等几个部分。各种不同的终端都连入 MCU 进行集中交换，组成一个视频会议网络。

二、会议设备总控系统

会议设备总控系统是通过一个中央控制器把会议室内视音频及环境控制等所有电控设备集中用一个操作终端来控制的一套集中控制系统。比如投影机，投影幕，话筒的音量调节，视频的切换，灯光的明暗和开关，电动窗帘的开合，空调的开关等。

三、会议发言、表决系统

会议发言、表决系统使与会代表通过发言设备参与会议。系统可实现会议的听/说请求、发言登记、接收屏幕显示资料、参加电子表决、接收同声传译和通过内部通信系统与其他代表交谈等功能。会议主席所使用的发言设备可控制其他代表的发言过程，可选择允许发言、拒绝发言或终止发言，还具有话筒优先功能，可使正在进行的代表发言暂时静止。旁听代表以申请方式加入会议后可获得听/看的权力，但无权发言。

发言设备通常包括有线话筒、投票按键、LED 状态显示器和会议音响，并且还有其他设备可供选择，如鹅颈会议话筒、无线领夹式话筒、LCD 状态显示器、语种通道选择器、代表身份卡读出器等。

四、多语种的会议同声传译系统

同声翻译系统是为开国际会议而设的一种同步翻译，口译译员利用专门的同声传译设备，一面通过耳机收听发言人连续不断的讲话，一面对着话筒几乎同步翻译讲话的内容，听众通过耳机选择收听不同语种的翻译。同声传译设备主要有译员台、译员耳机、发言台和旁听台耳机及内部通信电话。

五、会议扩声系统

会议扩声系统的主要作用是将会议发言以及 DVD 等音源的音频信号通过集中扩声将声音清晰地传输和还原，同时保证会场有足够的声压级、均匀的声场分布、足够的语言清晰度，使所有与会人员都能听到、听清发言内容保证会议的质量。同时根据会议需要，可以在会议间隙播放其他广播、音乐等音频内容，以调节会议的紧张气氛。该系统主要由音源设备、调音台、周边设备、功放以及扬声器组成，由音源提供信号，通过调音台进行编组和音量总控，周边设备则对声音信号进行适当的加工处理，最后通过功率放大器把声音信号进行放大后通过扬声器还原出来。

六、会议签到系统

会议签到系统是为了脱离以往的手工签到，实现会议的签到数据采集、数据统计、信息查询、会议管理自动化的系统。

会议签到系统的种类很多，传统的签到模式如条形码签到、磁卡签到、智能卡签到都是利用读写器读取电子标签进行身份验证，并将信息存储到数据库。近年来出现在高端会议、大型公关活动上的新型互动签到方式如手机二维码签到、多媒体电子签到。

手机二维码签到是指将会议报到信息保存到二维条码中，利用群发彩信或短信技术，将信息发送到参会者手机上。开会时，参会者出示二维码彩信或短信，使用特殊的二维码识别设备获取参会者的报到信息，完成会议的电子签到。

多媒体电子签到是伴随着新兴多媒体互动技术、多点触控技术、3G 网络的应用发展而出现的一种新产品，它的功能已经远远超出了传统会议签到范畴，更准确地说它是参会者与会议互动的桥梁和平台。从会议签到开始，通过融入互动元素让参会者与会议有更紧密的互动，从而达到会议营销与品牌推广的目的。多媒体电子签到系统是将数字毛笔签名、影像捕捉、flash 动画、配音配乐、多屏显示技术、数据库技术、身份识别技术、计算机编程等技术融为一体，配备多点光学触摸屏、大容量硬盘、高清摄像头、外接 LED 及 DPL 等大屏幕高端设备，实现人机交互性签到的多媒体终端设备。

七、会议照明控制系统

灯光照度是会议室的一个基本的必要条件，尤其是视频会议室，因为使用摄像装置，会议室的灯光、色彩、背景等对视频图像的质量影响非常大。在视频会议室通常应用人工冷光源，选择三基色灯较为适宜，三基色灯一般安装在会议室顶棚上，要在顶棚上安装 L 形框架，灯管安装在 L 形框架拐角处，使灯管不直接照射到物体及与会者，而依靠顶棚对灯光的反射、散射照亮会议室。会议室的门窗用深色窗帘遮挡，避免阳光直射到物体、背景及摄像机镜头上。

会议室的主要功能是会议及演讲。为了给会议主持人、演讲人及与会者提供一个舒适方便的环境，通过采用智能照明控制系统对各照明回路进行调光控制，实现预先精心设计的多种灯光场景，如会议场景、演讲场景、放映场景、休息场景等，在每个场景中，灯光的开关及亮度调整，电动窗帘的开闭，投影幕、投影机架的升降，投影仪的开关，DVD及功放的启停，都在一瞬间调整到适当的状态。

八、多媒体信息显示系统

多媒体信息显示系统主要包括：投影仪、投影幕、实物投影仪、电子白板、控制台和计算机等设备。

第八节　智　能　住　宅

一、智能住宅的定义

智能住宅，又称"数字化智能家居"（Smart Home）。是以住宅为平台，利用网络、通信及控制技术管理家中各种设备（如照明系统、环境控制、安防系统、家电）通过家庭网络连接到一起。比如，通过无线遥控器、电话、互联网控制家用设备，更可以执行场景操作，使多个设备形成联动；另一方面，智能家居内的各种设备相互间可以通信，不需要用户指挥也能根据不同的状态互动运行，从而给用户带来最大程度的高效、便利、舒适与安全。

智能住宅具有能动智慧的工具，提供全方位的信息交互功能，帮助家庭与外部保持信息交流畅通，优化人们的生活方式，帮助人们有效安排时间，增强家居生活的安全性，甚至为各种能源费用节约资金。

强调人的主观能动性，亦即重视人与居住系统的协调，控制人们自身的居住环境，以实现富有创造性的生活。

构成智能住宅的基本条件有如下三点：

（1）具有相当于住宅神经的家庭网络；

（2）能够通过这种网络提供各种服务；

（3）能与社会等外部世界相连接。

二、智能住宅的功能

智能住宅可实现以下功能：

（1）始终在线的网络服务，与互联网随时相连，为在家办公提供了方便条件。

（2）安全防范：智能安防可以实时监控非法闯入、火灾、煤气泄露、紧急呼救的发生。一旦出现警情，系统会自动向中心发出报警信息，同时启动相关电器进入应急联动状态，从而实现主动防范。

（3）家电的智能控制和远程控制，如对灯光照明进行场景设置和远程控制、电器的自动控制和远程控制等。

（4）交互式智能控制：可以通过语音识别技术实现智能家电的声控功能；通过各种主动式传感器（如温度、声音、动作等）实现智能家居的主动性动作响应。

（5）环境自动控制，如家庭中央空调系统。

（6）提供全方位家庭娱乐，如家庭影院系统和家庭中央背景音乐系统。

（7）现代化的厨卫环境，主要指整体厨房和整体卫浴。

（8）家庭信息服务：管理家庭信息及与小区物业管理公司联系。

（9）家庭理财服务，通过网络完成理财和消费服务。

（10）自动维护功能：智能信息家电可以通过服务器直接从制造商的服务网站上自动下载、更新驱动程序和诊断程序，实现智能化的故障自诊断、新功能自动扩展。

三、智能住宅的系统构成

图 9-14 是智能住宅的一般构成模式。其主要特点在于具有智能住宅布线系统。通过采用家庭总线系统（Home Bus System，简称 HBS）来进行各种信息传送。

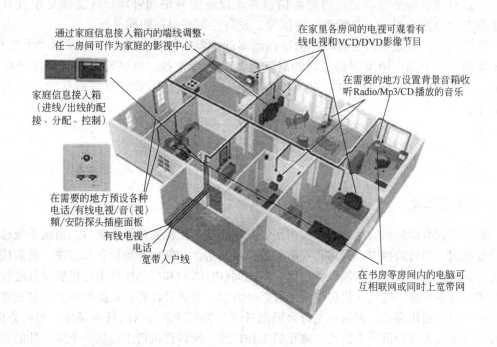

图 9-14　智能住宅

所谓家庭总线系统，就是将家庭内的各种信息通信设备（包括安保、医疗、购物、电话、家电、视听设备等）接在共同的传输线上，以加强各设备相互间的有机联系，而且不限于家庭，将社会的总功能融合起来，把家庭置于网络的一部分，任何人在任何地方或任何时候都可能随意地选择家庭内外的各种信息。

图 9-14 所示为一住宅的弱电系统布置。

在图 9-14 中，HBS 由一条同轴电缆和 4 对双绞线构成。同轴电缆传输图像信号（CATV、CCTV 等），双绞线传输话音、数据及控制信号。各类家用设备与电器均有秩序地与 HBS 相连。这些设备和电器的控制既可由住户在室内操作，又可在外地通过电话线遥控操作或了解家中设备状况。一旦出现意外或需要与外界（管理人、消防、安保、医疗）联系，也可自动或人工地通过 HBS 操作。

四、智能住宅发展趋势

随着物联网技术的高速发展，给传统智能家居带来了全新的产业机会。物联网通过各种信息传感设备，实时采集任何需要监控、连接、互动的物体或过程等各种需要的信息，与互联网结合形成一个巨大网络，实现物与物、物与人、所有的物品与网络的连接，方便识别、管理和控制。物联网的目标是发展绿色全无线技术，包括感知、通信等等，要求极低功耗、全无线覆盖、高可靠连接、强安全通信、大组网规模、能自我修复。

智能家居是物联网最佳的应用空间之一。通过设置网关与外部通信，实现远程互访，通过设置管理平台，实现内部各信息终端设备的联络和管理，既能满足家庭日常的多点上网及家庭娱乐，又能为安防报警、设备控制等提供物联平台。

目前物联网尚处在初级阶段，仍存在诸多问题需要解决。随着《物联网"十二五"发展规划》的发布，国家明确了对物联网发展的高度重视，物联网在各行各业的应用不断深化，相信在不远的将来，随着智慧城市建设的发展，物联网智能住宅将得到普及应用。

第九节　机房工程与综合管路

一、机房工程

机房工程范围包括信息中心设备机房、数字程控交换机系统设备机房、通信系统总配线设备机房、消防监控中心机房、安防监控中心机房、智能化系统设备总控室、通信接入系统设备机房、有线电视前端设备机房、弱电间(电信间)和应急指挥中心机房及其他智能化系统的设备机房。现代的机房建设工程，一方面，要满足计算机系统的安全可靠正常运行，延长设备使用寿命，提供一个符合国家各项有关标准的优秀的技术场地；另一方面，要给机房工作人员提供一个舒适、典雅的工作环境。所以说机房工程是一个综合性的专业技术系统工程。它具有建筑室内设计、空调、通风、给排水、强电、弱电等各个专业及计算机房所特有的专业技术要求，同时又具有建筑装饰关于美学、光学、色彩学等专业的技术要求。机房工程内容包括机房配电及照明系统、机房空调、机房电源、防静电地板、防雷接地系统、机房环境监控系统等，有时也包括机房装修。

1. 机房配电及照明系统

机房配电包括一般动力照明配电和不间断电源(UPS)配电。一般动力照明配电包括对空调系统、排风系统、普通照明等系统的供电。UPS配电主要针对计算机系统、网络系统以及应急照明系统等。两者应由不同的回路配电。

供配电系统提供电源的质量好坏直接影响着计算机系统的稳定性和可靠性。机房用电负荷等级、供电电源质量及供电要求应根据机房的等级，按照现行国家标准《供配电系统设计规范》GB 50052及《电子信息系统机房设计规范》GB 50174中的有关规定执行。

机房照明应符合现行国家标准《建筑照明设计标准》GB 50034有关的规定。消防控制室的照明灯具通常采用无眩目荧光灯具或节能灯具，并应由应急电源供电。

2. 机房空调

机房内设备运行情况、使用寿命与工作环境有密切关系，这就对机房空气的温度、湿度、洁净度有严格的标准要求。因此机房应设专用空调系统。

3. 防静电地板

机房地板一般采用防静电活动地板(图 9-15)。在活动地板上可安装各类计算机等设备，而在地板下的空间则可用来敷设联结各设备的电源、网络互联管线、集成监控信号线管等设施。活动地板具有可拆性，对网络的建设、设备的检修及更换都很方便。通常连接电缆从地板下进入设备，便于设备的布局调整，同时减少了因设备扩充或更新而带来的建筑设施的改造。活动地板的抗静电技术指标及地板的质量好坏将直接影响到计算机系统的运行安全及设备的使用寿命。

图 9-15　机房地板下的空间

对于有精密空调的机房，活动地板下可作为精密空调的送风静压风库。通过地板上设置的送风口，把冷却空气送至计算机设备，保障计算机的安全运行，因此地板敷设高度应保证充足的通风空间。此外，活动地板下的地表面需进行防潮处理，为了保证机房空气的洁净性还需要做防尘处理。

4. 防雷接地系统

感应雷侵入用电设备及计算机网络系统的途径主要有四个方面：交流 380V、220V 电源线引入；信号传输通道引入；地电位反击以及空间雷闪电磁脉冲等。为了确保机房设备及电脑网络系统稳定可靠运行，以及保证机房工作人员有安全的工作环境，必须对机房进行防雷接地处理。

具体处理方法应符合现行国家标准《建筑物防雷设计规范》GB 50057、《建筑物电子信息系统防雷技术规范》GB 50343 和《电子信息系统机房设计规范》GB 50174 的有关规定。

5. 机房环境监控系统

根据机房的规模和管理的需要，可设置机房环境综合监控系统。监控对象包括市电电源、UPS、空调、温湿度监测、漏水检测、设备开关状态、新风、消防监测等。采用相应的探测器和智能通讯接口等进行实时监测，将状态和故障传输到监控主机，进行集中监控，一旦状态发生改变将按预设方式报警，通知相关人员。

6. 机房装修

1）吊顶工程

吊顶是机房中重要的组成部分。吊顶上部安装着强电、弱电线槽和管线，同时安装着消防灭火的气体管路及新风系统风管等。在吊顶面层上安装着嵌入式灯具、风口、消防报警探测器、气体灭火喷头等。机房吊顶必须防尘、防火、吸声性能好、无有害气体释放、抗腐蚀不变形、降低电磁干扰、美观和易于拆装。

2) 地面楼面保温

机房的冬季保温、夏季隔热以及防凝露等技术问题是机房设计的重要考虑因素。尤其在夏季，室外温度较高，空气相对湿度大，机房内外存在较大的温差，这时如果机房的保温处理不当，会造成机房区域两个相邻界面产生凝露，更重要的是下层顶棚的凝露会给相邻部分设施造成损坏而影响工作，同时会使机房区域的精密空调的负荷加大，造成能源的浪费。在冬季，由于机房的温湿度是恒定值，此时相对湿度高于室外，机房的内立面墙及天地平面产生凝露，使机房受潮，造成墙立面及天地平面建筑结构损坏，而影响机房的洁净度。

由于界面的凝结水蒸发，造成局部区域空气含湿增大，给计算机及微电子设备的元器件和线缆插件造成损坏。因此，为了节约能源，减少日后的运行费用，根据以上分析，机房相邻界面凝露应按其起因而采取相应的措施来控制平面、立面隔热及热量的散失。

地板下面做保温层既能保持机房的温度恒定，又不至于使下一层楼顶结冷凝水，同时地板的灰尘又不至于被风吹进机器内。

一般楼面保温隔热功能的实现将采用以下技术方案：即在已完成平整度处理的楼面上满铺橡塑板，之后再于橡塑板上铺装一层薄镀锌钢板，镀锌钢板之间做跨接线并与保护接地相接。

采用上述措施，首先完全可以实现地板下强冷送风静压箱保温隔热、保持洁净度的基础要求；其次，钢板平滑的表面可以最大限度地减小风阻，保证空调送风的通畅，送风噪声也显著下降。

3) 墙面及净空

机房墙面、柱面通常采用彩色钢板石膏板复合板装饰墙面。彩钢石膏复合板之间做金属连接，最后所有连接汇于等电位箱内，让整个机房空间形成一个法拉第笼，起到屏蔽作用。

机房的净空由计算机设备的通风要求及建筑物的房净空高度来决定，同时也需要考虑到顶棚上及地板下的所有设备走线路由等实际情况，净高应不低于 2.5m，监控中心机房同时要考虑电视墙高度的要求。

7. 弱电竖井和弱电管理间

弱电竖井的安排是弱电系统应用环境的一项重要内容。传统的弱电竖井仅仅是弱电系统的过线通道。即使安装设备，也是少量的墙装设备，如电视信号放大器、DDC 等。由于计算机系统在智能建筑的广泛应用，弱电竖井已不再是传统意义上的线路过道，更重要的是，为高效利用建筑平面及弱电系统安装考虑，弱电竖井往往用作计算机的二级网络管理机房。因此，兼作网络管理间的弱电竖井，在建筑设计时应考虑其在建筑体内的合适位置、面积及内部应用环境三个方面的问题。

计算机网络对各种数据通信线路都有一定的要求，如长度限制。在智能建筑中，计算机系统的水平线路往往采用铜质双绞线路(UTP)。按综合布线的标准和规范要求，端到端的 UTP 线路长度(水平布线)不能超过 100m(布线设计时应考虑在 90m 以内，其余为网络跳线的长度)。考虑到管路的竖直、弯度因素，建筑物的最边缘至弱电管理间的中心轴距离应不超过 65m。因此，兼作网络管理间的弱电井位置在建筑平面设计时位置相当重要。尤其是占地面积很大的建筑物，弱电井的数量会不止一个，就是出于这种考虑。

二、建筑智能化系统的综合管路

建筑智能化系统需在建筑物内部布置大量的桥架和保护管，以保证连接线路按一定的要求联通。建筑智能化系统的综合管路包括墙体的预留孔洞、管路的预埋、弱电桥架、线路保护管以及管路和桥架的接地等。因此，在施工图设计中，应根据系统要求进行综合性的管路设计。

桥架规格的设计是根据整个系统可能走线容量进行确定的。桥架的走向是根据机房的位置、弱电井的位置和公共走廊的走向确定，整个建筑物的桥架必须联通并具有合理性（图9-16）。

在建筑智能化系统功能比较确定的情况下，管路设计中应尽可能采用预埋管，通常采用G20或G25管。穿管敷设主要用于建筑物内的水平线路，通常用于距离不远、管线截面较小的场合。

图 9-16　弱电桥架

思考题：

1. 建筑智能化系统包括什么？

答：建筑智能化系统分成三大部分：建筑设备管理系统、信息设施系统、信息化应用系统。

2. 建筑设备监控系统有何重要性？

答：建筑设备监控系统在弱电智能化设计中是非常重要的，设计工作量较大，需要密切配合水、电、暖等设备专业。首先需要了解建筑机电设备设置情况，如冷暖空调机组、热源锅炉（热水器）、通风设备、变配电设备、给排水设备、照明设备（包括公共照明、室外照明、泛光照明等）、电梯、自动扶梯等；其次需要了解各机电设备的控制要求以及甲方要求等。通过对建筑机电设备的监控，达到节约能源、提高工效的目的，同时使建筑物具有安全、舒适、高效和环保的特点。

3. 简述信息设施系统设计原则。

答：智能建筑中的信息设施系统即建筑通信系统，是为实现智能建筑内外各种通讯的需要，实现对语音、数据、图像、多媒体等各类信息进行接收、交换、传输、存储、检索和显示等的综合处理和利用，同时与外部通信网络（如公用电话网、综合业务数字网、计算机互联网、数据通信网、卫星通信网、有线电视网等）相连，确保建筑物与外部信息通信网的互联及信息通畅。因此，首先需要明确某工程信息设施网络系统包括哪些子系统，其次应明确各系统信息点设置原则、机房设置、通信设备选择、接入网方式、是否有无线通信系统等等。将各子系统统一考虑，统一设置对外接口，避免管线交叉。

4. 简述会议系统设计原则。

答：在建筑物中有多个会议室，一般将2～3个会议室设置为多功能会议室。多功能会议室一般设置会议扩声系统、多媒体信息显示系统等。根据不同的会议要求，可设置会议发言表决系统、远程视频会议系统、同声传译系统等。高端会议室可设置会议设备总控系统、会议照明控制系统，会议桌上可设置电脑升降屏，多媒体信息显示系统可选用液晶拼接屏，在大报告厅可选用LED大屏幕等。

练习题：

1. 智能建筑中的智能化集成系统具体由哪些部分构成？

答：见图 9-1。

2. 建筑设备监控系统的目的是什么？

答：建筑设备监控系统是对建筑物或建筑群内的空调与通风、给排水、变配电、照明、热源与热交换、冷冻和冷却、电梯和自动扶梯等系统，以集中监视、控制和管理为目的，构成的综合系统。运用计算机数据处理、自动测量及控制技术，对智能建筑内的各种分散的机电设备进行自动控制和统一管理，充分体现"集中管理、分散控制"这一智能建筑的控制理念，达到节约能源、提高工效的目的。

3. 信息设施系统包括哪些子系统？

答：信息设施系统包括通信接入系统、电话交换系统、信息网络系统、综合布线系统、室内移动通信覆盖系统、卫星通信系统、有线电视及卫星电视接收系统、广播系统、会议系统、信息导引及发布系统、时钟系统和其他相关的信息通信系统。

4. 火灾自动报警系统主要由哪些部分组成？

答：见图 9-3。

5. 综合布线系统中最远数据出口至配线间的线缆敷设长度应小于多少米？

答：最远数据出口至配线间的线缆敷设长度应小于 90m。

第十章 建筑装饰设备工程实例

第一节 建筑装饰设备工程识图

建筑装饰设备工程施工图涉及的专业较多，采用的图例和标注方法，因专业而异。各专业的施工图平面布置图可以单一绘制，也可以相互组合，混合绘制。凡单一绘制的施工图管路一般采用粗实线表示；混合管道施工图，管路要用线型和代号加以区分。施工图中的设备、器具多用其外形简图表示。

建筑装饰设备工程施工图按专业一般划分为：给水排水工程、采暖工程、通风空调工程、供配电工程、照明工程、弱电工程等专业图纸，尽管专业不同、意义不同，但就图纸的篇幅和涉及内容而言几乎都是相同的。

一、建筑装饰设备施工图的内容

建筑装饰设备施工图的内容包括：图纸目录、设计说明、总平面图、平面图、系统图、详图、标准图、剖面图、主要设备及材料表等。

1. 设计说明

设计说明是指在设计图纸的首页(或图幅内)对设计依据、安装要求、材料规格、施工做法、施工中的注意事项、施工验收应达到的质量要求、设计采用的标准图号、图中应用的非标准图例、运行调节要求等方面内容的文字说明。

给水排水工程：系统的形式；水量及所需的水压；采用的管材及接口方式；卫生器具的类型及安装方式；管道的防腐、防冻、防结露的方法；系统的水压试验要求等内容。

采暖工程：建筑物的采暖面积；总耗热量、热媒参数、系统的阻力；系统采用的形式及主要设计意图；散热器的种类、形式及安装要求；管道的敷设方式；防腐、保温、水压试验的要求等。

通风空调工程：建筑物总通风空调面积；热源、冷源情况；热媒、冷媒参数；空调冷、热负荷系统形式的控制方法；消声、隔振、防火、防腐、保温；风管、管道等材料的选择、安装要求；系统试压要求等。

供配电工程：供配电设计范围；负荷级别和负荷容量、电源及供电方式；供配电系统接线方式；供配电设备选型及安装方式；选用电缆电线的材质和型号以及敷设方式；照明、防雷、接地、智能建筑设计的相关系统内容等。

照明工程：照明系统配电说明；照明种类及照度标准；光源及灯具的选择、照明灯具的安装及控制方式；室外照明的设计说明；照明线路的选择及敷设方式等。

弱电工程：系统组成；设备的选择及安装；弱电线路的选择及敷设方式；与其他系统的关系；系统的发展与扩充等。

2. 系统图

给水排水、采暖、通风空调系统图是利用轴测作图原理(也称透视图)在立体空间中反映管路、设备及器具相互关系的图形，能够反映系统的全貌，系统图上注有各管径尺寸、立管编号、管道坡度和标高、各种附件位置等。

采暖系统图反映采暖系统形式、采暖干管标高、标明系统立管编号、坡向及管径、系统放气及泄水设置。

供暖系统原理图反映锅炉供暖管路系统设备连接、供暖系统循环原理及附属设备的配置。

电气系统图反映建筑电气工程的供电方式、电能输送分配控制和设备运行情况。但电气系统图不反映相互之间具体安装位置和接线方式。电气系统图又分为变配电系统图、动力系统图、照明系统图、弱电系统图。

3. 总平面图

表示建筑装饰设备工程在建筑项目和其他附属设施的布置图。建筑物给水排水总平面图与建筑物建筑总平面图通常采用相同的比例和布图方向，绘制有关建筑物、构筑物的平面布置，突出管网的平面位置和室外给水排水管道的连接情况，能清楚地反映室内给水引入管和排水排出管分别与室外给水管道和排水管(渠)的连接情况。

4. 平面图

假设用一个平面把房屋沿窗台以下切开，由上而下观察得到的图样，反映建筑装饰设备各专业中设备、装置、管线等的平面布置。平面图是施工图的重要组成部分，又是绘制系统图的依据。平面图常用比例为 1:100。

建筑给水排水工程的平面图主要内容有：各种设备的类型及位置，各立管、干管及支管各层平面布置，管径尺寸，各立管编号及管道安装方式，各种管件的平面位置，给水引入管、排水出水管、热力入口等的平面位置及室外管网的连接。

采暖工程平面图主要内容有：散热器安放位置，立管、干管及支管平面布置；热水总管入口及阀门设置，末端干管放气。

供暖工程平面图主要内容有：锅炉及附属设备定位，锅炉进出水管及与水泵、水箱连接，燃料给入及烟气排出的烟囱设置，供回热水总管路设置与连接走向、管径，机房内的通风换气设置。

通风空调工程平面图主要内容有：空调机房内设备定位，风管送配系统走向，风管管径、消声器及阀门设置，风口选设及定位。对于多联机或分体空调机系统，还要考虑制冷气液管的设置及凝结水的排放。

电气工程平面图主要内容有：所有电气设备和线路的平面位置、安装高度、设备和线路型号、规格、线路的走向和敷设方法、敷设部位。常用的电气平面图有变配电所平面图、动力平面图、照明平面图、弱电平面图。平面图按工程内容的繁简每层绘制一张或数张。

5. 详图

某些设备的构造或管道之间的连接情况，在平面图或系统图上表达不清楚，又无法用文字说明时，局部范围需要放大比例，表明其做法。详图包括：管道节点详图、接口大样、管道穿墙的做法、设备基础做法等。有标准做法时可套用标准图。

详图常用比例为 1:10～1:20。

6. 标准图

标准图是指定型的装置、管道的安装、卫生器具的安装、附件加工等内容的标准化（定型）图纸。标准图有国标、部标和省标、院标等不同级别图册，供设计和施工中套用。例如全国通用给水排水标准图以"S"编号，地方性标准图多在"S"前加标地方性简称的拼音字头。

7. 剖面图

假想一垂直外墙的剖切平面，将房屋剖切后进行投影所得到的图样。表示建筑装饰设备在垂直方向的设备及管线布置及主要尺寸。

8. 设备及主要材料明细表

为便于施工中备料，保证施工质量，使施工单位按设计要求准备材料、选用设备，一般施工图均附有设备及主材表，尤其是设备较多时需列出设备表。

二、建筑装饰设备施工图图例

建筑装饰设备各专业工程图例分别详见相关专业国家标准。常见的施工图图例见图10-1、图10-6、图10-10、图10-15、图10-18及图10-21。

三、建筑装饰设备识图

（1）建筑装饰设备工程和土建工程关系密切，相互依托。建筑装饰设备工程图中标明的设备及管线总是以土建工程图为基础的，识读安装工程施工图，必须同时对照土建施工图进行。

（2）熟悉图纸的名称、比例、图号、张数、设计单位等问题，在读图以前应查阅和掌握常用图例，明确其画法、标注方法和各种代号。

（3）看图时先看设计说明，明确设计要求。把平面图、系统图、剖面图对照起来看，看清各部分之间的关系。根据平面图、系统图所指出的节点图、标准图号，搞清各局部的构造和尺寸。

（4）一张施工图上，可能有几个不同的系统，识图时按系统分类。水暖施工图按给水、排水、采暖等分类，电气施工图按动力、照明等分类。

（5）按流程进行阅读。由平面图对照系统图进行阅读。首先了解系统形式，然后按一般识图顺序依次识读：

给水系统　引入管→水表井→给水干管→给水立管→给水横管→给水支管→用水设备

排水系统　卫生器具→排水支管→排水横管→排水立管→排出管

采暖系统　供水管入口→供水干管→供水立管→供水支管→散热器→回水支管→回水立管→回水干管→回水管出口

电气系统　电源进户点→总配电箱→沿各条干线→分配电箱→沿各支线→支线用电设备

（6）图上往往出现管线的交叉，一定要弄清线型差别，区别管线交叉与管线分支的不同。

（7）弄清全貌后，对管路中的设备、管线走向等进行详细分析，并对照标准图了解施工详细情节，以便于计算工程量，同时做好施工准备及与相关专业的配合。

第二节　建筑给排水工程实例

本工程为某办公楼给排水工程施工图，水-001～水-005 共 5 张图，如图 10-1～图 10-5 所示。

图 10-2 为一层给排水平面图。反映整体建筑平面概况，为一长方形建筑，每层设男女厕所、开水间，布局相同。

给水管 J1 由建筑物北侧（垂直建筑物外墙）轴线③④间引入，并分出三根给水立管 JL-1、JL-2、JL-3。

从图 10-3 卫生间大样图反映，给水立管 JL-1 向每层男厕拖布池、蹲式大便器、洗脸盆、开水间供水，给水立管 JL-2 向每层男厕小便器供水，给水立管 JL-3 向每层女厕蹲式大便器、洗脸盆供水。

对应给水立管分布，排水立管也设三根：PL-1、PL-2、PL-3。但一层的排水单独走管，男厕排水 P-4，女厕排水 P-5。

图 10-4 为给水系统图，可以了解给水系统的总体情况。如：给水引入管管径为 $DN100mm$，给水立管 JL-1 三层以下管径为 $DN50mm$，三层管径为 $DN40mm$。给水立管 JL-1 一层管径为 $DN32mm$，二层管径为 $DN25mm$，三层管径为 $DN20mm$。给水立管 JL-3 三层以下管径为 $DN50mm$，三层管径为 $DN40mm$。

施工图纸反映的内容远远不止这些，且不是都能用文字表述，这里不再详细介绍。

第三节　建筑采暖工程实例

本工程为某锅炉房供暖工程施工图，暖-001～暖-004 共 4 张图，如图 10-6～图 10-9 所示。

锅炉房选用两台锅炉一用一备向用户供暖，设备包括三台 5.5kW 循环泵，两台 1.1kW 循环泵，一套定压系统，一台软水器等。

图 10-7 为锅炉房采暖平面及采暖系统轴侧图。反映锅炉房的供暖系统及本身的采暖系统情况。采暖系统采用上供上回形式，散热器采用 TFD700-Ⅲ 灰铸铁柱翼散热器。安装高度 700mm 共 116 片。

图 10-8、图 10-9 反映锅炉房的设备布置、水管走向及供暖系统原理。

采暖工程施工图的识读方法与建筑给排水施工图的识读方法基本相同，识读时应将平面图与系统图对照起来看，对常见的图例要熟悉。

第四节　建筑通风与空调工程实例

本工程为某摄影棚改造空调与通风工程施工图，风-001～风-005 共 5 张图，如图 10-10～图 10-14 所示。

图 10-11 为空调机房平面及 1—1 剖面图。空调机房设在地下室摄影棚下方。设一台节能型全自动空调机组，采用双风机系统。空调机组排风直接排在空调机房内，通过排风口自然压至室外。

从图 10-13 可看出，摄影棚设置了防排烟系统。

根据摄影棚对空调的要求，空调管道设置了 9# 阻抗复合式消声器 4 个，10# 阻抗复合式消声器 6 个，微穿孔板式消声器 2 个，以及消声弯头 3 个，消声风筒 16 个等。

通风与空调工程施工图的识读方法与建筑给排水工程施工图、采暖工程施工图的识读方法基本相同，识读时应将平面图与系统图对照起来看，对常见的图例要熟悉。

第五节　建筑供配电工程实例

本工程为某锅炉房供配电工程施工图，电-001～电-003 共 3 张图，如图 10-15～图 10-17 所示。

对照平面图和系统图可以看出，锅炉房一路低压电源引自建筑物北侧②处，至水泵房 C 轴处动力箱。动力箱共 11 路出线。①②③路电源供 1～3 台循环泵，④⑤路电源供两台补水泵，⑥路电源供全自动水处理器，⑦⑧路电源供两台锅炉，⑨路电源供防爆风机控制箱，⑩⑪路电源供锅炉房照明及锅炉房配套用房照明。

线路的敷设方式、接地系统方式及安装说明等见图 10-15。

供配电工程施工图的识读基本与给排水工程、采暖工程及通风空调工程相同，但系统图的表现有所不同，电气系统图一般不画轴侧图。

第六节　建筑照明工程实例

本工程为某锅炉房照明工程施工图，照-001～照-003 共 3 张图，如图 10-18～图.10-20 所示。

锅炉房的照明电源引自前一节水泵房的动力配电箱。共有锅炉房照明和锅炉房配套用房照明两个照明配电箱：AL-1、AL-2。AL-1 照明配电箱引出三路电源供锅炉房照明，AL-2 照明配电箱引出五路电源供锅炉房配套用房照明。

本照明工程采用的灯具有 4 种类型：防爆灯、吊链日光灯、吸顶灯及雨棚灯。

本工程与第五节为同一建筑。一般小型工程不再单独出册。

第七节　建筑弱电工程实例

本工程为某办公楼消防报警工程施工图，防-001～防-003 共 3 张图，如图 10-21～图 10-23 所示。

每层设置一区域报警器，报警线分别引至 14 个烟感，2 个手动报警，2 个消火栓控制按钮，1 个消防广播扬声器及层照明配电箱(一层除照明配电箱外还有 2 个动力配电箱)。报警线采用环形连接。输出模块还需连接电源线。

消防主机设置在一层的消防室内。各层报警线、电源线、广播线及联动控制线分别引至消防主机。消防主机将本楼消防信号引出至主楼消防控制中心。

管路的选择及敷设要求等见防-001(图 10-21 中)设计说明。

本工程与第二节给排水工程实例为同一建筑物。

施工说明

1. 本工程包括本楼给水排水、消防层、泄至给水、排水等系统。

2. 尺寸单位及标高
   标高以米计，其他均以mm计，室内管道标注中心标高。
   室内管线标注于平面图，管径以标注有数见，一般度以楼底面为±0.000.

3. 材料及接口
   (1) 生活给水、热水管：室内采用电熔复合管PPR、管内连接。
   生活污水管
   室内污水管采用UPVC管，承插连接；坐地的胶圈承插连接套管。

4. 支架要求
   (1) 采管不见预埋，只限于钢筋混凝土大地板下支承本体孔洞
   （>300mm）者，采用者，才能直线或其本支立管用，请参本专业图，均已按专业管道支架，也可用打针，管道穿越柱出或墙，一般应按标准按支架，个别特殊地方，也不能小于本夏大坡度，见以下表：

公称管径（毫米）	标准坡度	最小坡度
50	0.035	0.025
100	0.020	0.012
150	0.010	0.007

5. 试压
   (1) 给水管道试压与冲洗
   1) 管道试压，管道内无漏水现象方可控到，至24h后方能进行试压。
   2) 给水管道在地板：
   当工作压力>490kPa时，试验压力为工作压力加490kPa；
   当工作压力<490kPa时，试验压力为工作压力的2倍，若管
   不小于漏10 min内压降不到过490kPa为合格。

   (3) 外观要求：位置准确，接口严密，表面清洁，管子敷设平直，管道附件齐全横管无挠曲表观，
   (4) 管阀：管道长5m左右，要求每支管、支架、支架。
   (5) 按安装参数方按，在各专业标准的地方需定型立式绘容器大体立全。
   (6) 设有阀门的管道器，接在各专业的应配置有阀入处，并在靠近的应设各备表示全。

6. 隧道
   (1) 室内污水管道平接穿至墙地水处。
   (2) 所有管件主要且用镶锌钢管至，若接头处理每管1～2道，另立法螺接样样1～2道，制作长度可
      隧道（承接锌样），随道管至若隧道的冲洗每管1～2道，另立法螺接样样1～2道
   (2) 所有管子要要收处理样管齐表一遍
   (3) 凡阀门接以接地的镶锌标准部的接照刷附涤若底和防漆，当至补刷铬锈漆若底和
      热合环氧漆。
   (4) 管道引至支接修饰隧道的工程，至若用已涤修若材料上表观颜色接修更用隧道材地的识别
      漆标志。

7. 防噪标准
   (1) 凡调节管支接水若若隔若水若
   (2) 保温材：主要且用隔热吸若若顶墙，总墙若（LYE）厚度20～30mm，
      个异不保温型的地方，可用石棉。
   (3) 保温方法样标接91SB－贾和91SB一遍。

(3) 当系统设有专门减压末装均工作加材，设各机工作减均推离若，
    可减小若若结的工作压力。

(4) 生活若要供水至减均计算要量大样处，直若出口马入
    口介含封隔隔程度目測一致为合格。

(2) 本水管道区试验
    室内给水管若若区试水真面以一层楼样度为水≠10 min內不要天水若为合格。
    冬季引用地试减样，瓶压为245kPa，15 min內封含若注若若为合格。

序号	图名	图号
1	给排水施工说明、图纸目录、主要设备表	水-001
2	一层给排水平面图	水-002
3	正压污水平面图	水-003
4	卫生间大样图	水-004
5	系统系统图	水-005

图例	名称		名称	图例
—J—	给水管		无封地冲阀	
—P—	排水管		存水池	⊠
—T—	截止阀		洗脸盆	
	闸阀		小便斗	
	蝶阀		蹲式大便器	
	地漏		童洗槽	
	清扫口		污水池	
	排水检查口			

编号	设备名称	型号规格	单位	数量	备注
1	电开水器	DAY-T812A型 N=6.0kW	台	4	
2	洗脸盆		套	16	
3	存水池		个	4	
4	蹲式大便器	自闭式冲洗阀 DN25	个	24	
5	小便器	自闭式冲洗阀 DN15	个	12	
6	地漏	DN50	个	20	
7	清扫口	DN100	个	7	
8	清扫口	DN50	个	1	
9	钢板式通气帽	DN75	个	1	
10	钢板式通气帽	DN100	个	1	
11	普通水嘴	DN15	个	4	
12	截止阀				

给排水施工说明、图纸目录、主要设备表　　图号　水-001

图10-1　给排水施工说明、图纸目录、主要设备表

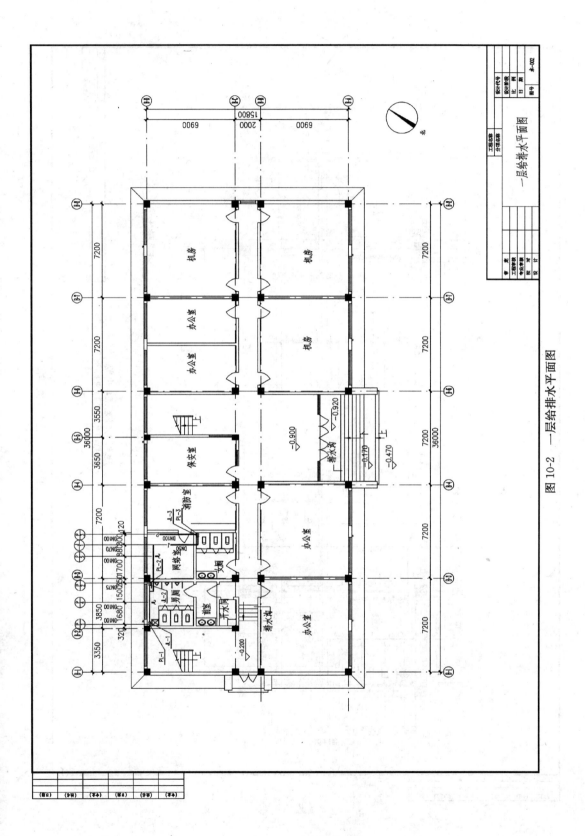

图 10-2 一层给排水平面图

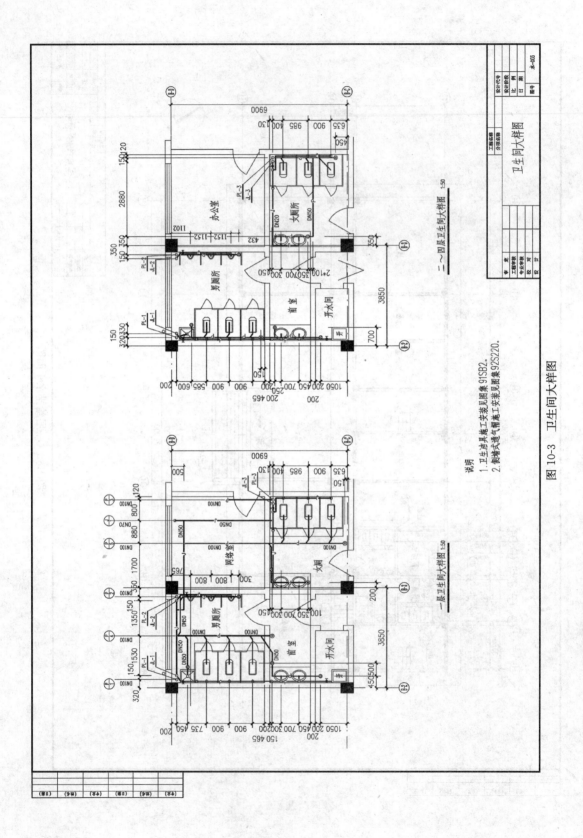

图 10-3 卫生间大样图

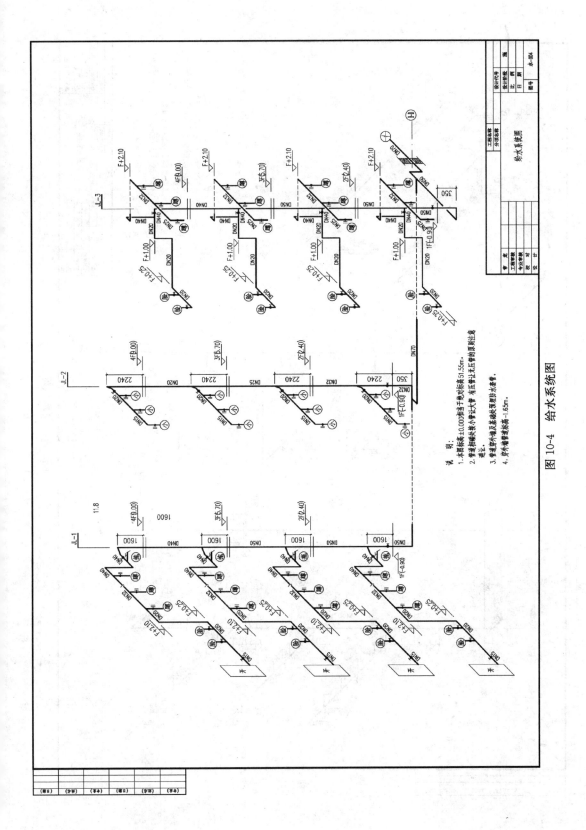

图 10-4 给水系统图

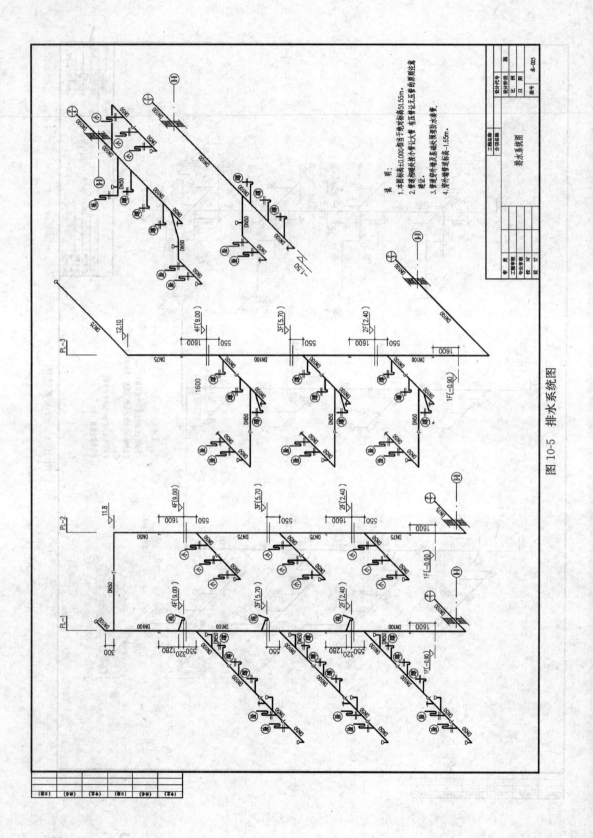

图 10-5 排水系统图

目 录

施 工 说 明

1. 概述：

本设计为主锅炉房的采暖系统。采用一用一备二台锅炉。锅炉集中设置分户分配小管径集中供热，固定供暖小管径管接送至各用户。图略水供暖，长采用供回水温度设计为90~70℃，用户供回水温度主送为1000。老水采用，外管敷设在走行地沟内。

2. 设备安装：

1) 锅炉：直接干设备基础上。

2) 锅炉：备前加口水设备为阀组。

　a：焊连外表锈后刷一道锈红色漆灰底漆。

　b：焊道壁 200～250℃ 进行保温。

3) 水泵：水泵与后回连设置单独设阀保设，基础与泵基座间设置阀，应止水进位差。

4. 其他：

1) 采暖水管一般用水采气，凡径 <DN150 的用无缝钢管或焊缝钢管螺纹连接。

2) 管径 <DN40 的用丝扣连接；>DN40、<DN50的用法兰连接；>DN50 的用焊连接，低于本管径大小，只不列制丝螺钢。

3) 所有水管做保护防腐，除锈后刷此升月再用。热后行敷防腐刷。

4) 热水管一律要求保温，保温层厚度为30mm由焊等固防做用带固支，做法参见91SB─暖─36（华北标样图）。

5) 水管穿墙和非板处设见见敷如不设。采问 57-3-2和57-3-3图。

6) 热水器敷用刷锈钢锈漆底涂，在本敷行遍进水进正试验，试验正为0.6MPa。

7) 供热、管、支架：平本锈和管后连连敷后设的刷色，刷制各管黑进连间，回水管保兰色，补水管用色。

8) 锅炉房内水管色管种种种外色管固等量要油绕敷喷固敷丝喷管支配选。

其他未说明，一律按《建筑与工业后工施合重工程质量化级》(GB 50243-2002)《建筑给水排水及采暖工程质量验收规范》(GB 50242-2002)。

主要设备一览表

序号	型号名称	性能尺寸	单位	数量	备注
1	B40 型热水锅炉	供热量 33.8万 cal/h	台	2	
2	80RK32-25 热水循环泵	功率 5.5 kW	台	3	用一备
3	KD002-40-12.5A 热水循环泵	功率 1.1kW	台	2	用一备
4	NZG-50x2x3型压系统	补水泵3功率3kW（用备）	套	1	
5	CRJH-1软水器	功率 0.8 kW	台	1	
6	软水箱	外形 1500x2000x1800	个	1	
7	膨胀水箱	外形 900x900x900	个	1	
8	储气罐	外形1000x1000x1000	个	1	
9	TFD700-III 型丝锈柱丝对流换热器	高度 700mm	片		
10	TZY2-3-5型灰铸丝压系对流换热器	高度 400mm	片		

图 例

软化水管	—— RS ——
进水管	—— X ——
补水管	—— B ——
给水管	—— S ——
热水管	—— R ——
均压管	—— J ——

图 10-6 采暖施工说明、图纸目录及设备一览表

工程名称		设计代号	
分项名称		设计编号	
		比 例	
审 定		日 期	
工程负责			
专业负责			
校 对		图号	暖-001
设 计			

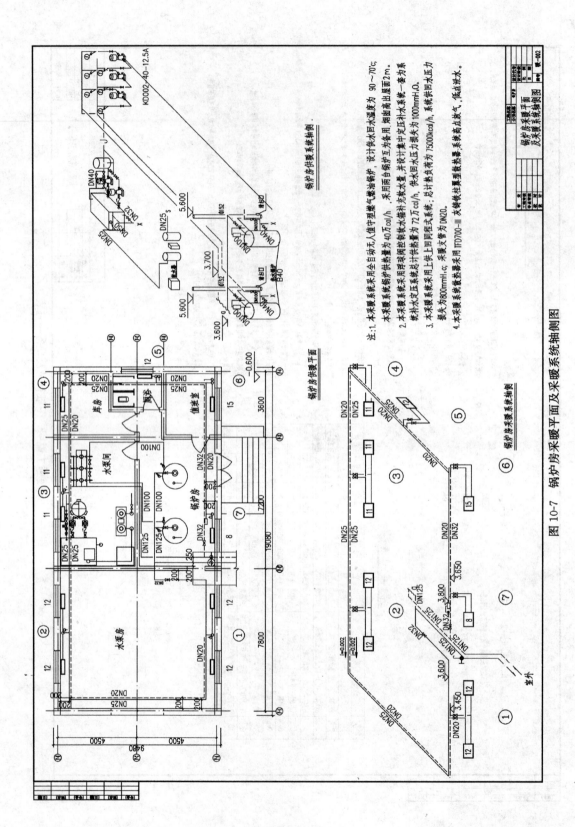

注：1.本采暖系统用全自动无人值守型燃气燃油锅炉，采用两台锅炉互为备用，设计供水回水温度为 90～70℃；本采暖系统锅炉供热量为40万cal/h，采用两台锅炉互为备用，烟囱高出屋面7m。

2.本采暖系统采用闭环减压控制软水箱补水系水量，并设计集中定压补水系统，系中定压补水系统一套为系统补水定压系统总计计算热量为72万cal/h，供水回水压力为1000mmH₂O。

3.本采暖系统采用上供上回同程式系统；总计热负荷为75000kcal/h，系统供回水压力损失为800mmH₂O；采暖立管为DN20。

4.本采暖系统散热器采用FD700-Ⅲ灰铸铁柱翼型翼型铸铁散热器，系统南点放气，低点泄水。

图 10-7 锅炉房采暖平面及采暖系统轴侧图

170

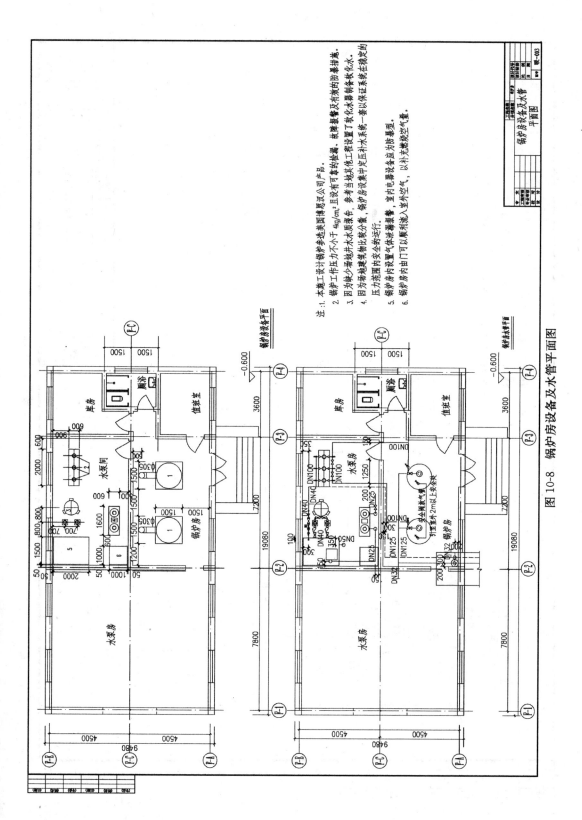

图 10-8 锅炉房设备及水管平面图

注：1. 本施工设计锅炉多选美国博灵灵公司产品。

2. 锅炉工作压力不小于 4kg/cm²，且设有可靠的除氧。故障报警及后效的防暴措施。

3. 因为缺少场地其他工程设置了软化水器制备软化水。

4. 因为场地建筑物比较分散，锅炉房设集中定压补水系统一套以保证系统在稳定的压力范围内安全运行。

5. 锅炉房内设置气体消毒报警，室内电器设备应为防暴型。

6. 锅炉房内由门可以顺利流入室外空气，以补充燃烧空气量。

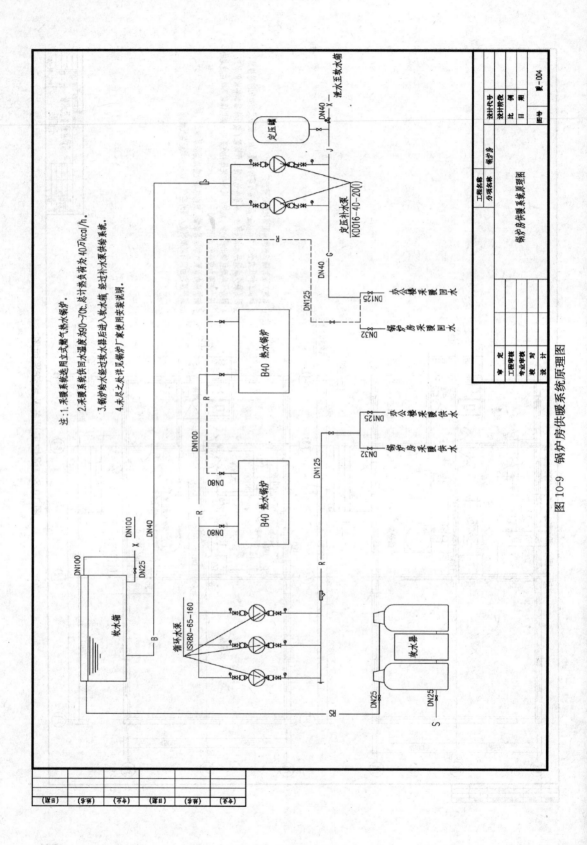

图 10-9 锅炉房供暖系统原理图

172

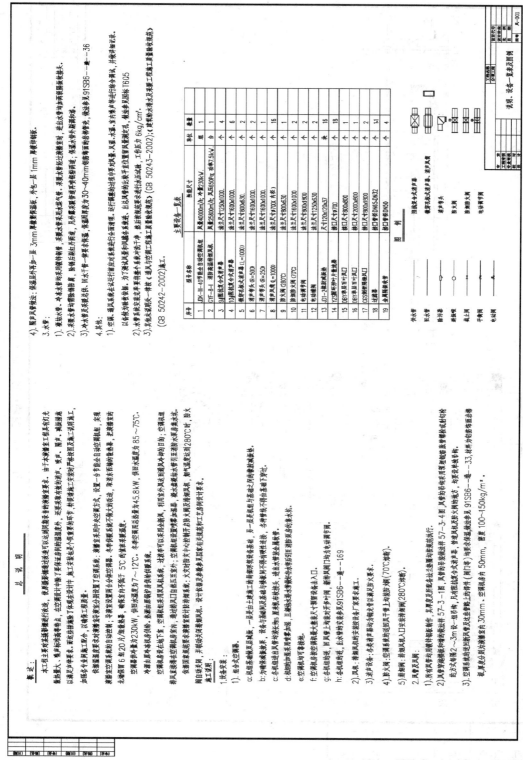

图 10-10 通风与空调工程总说明、设备一览表及图例

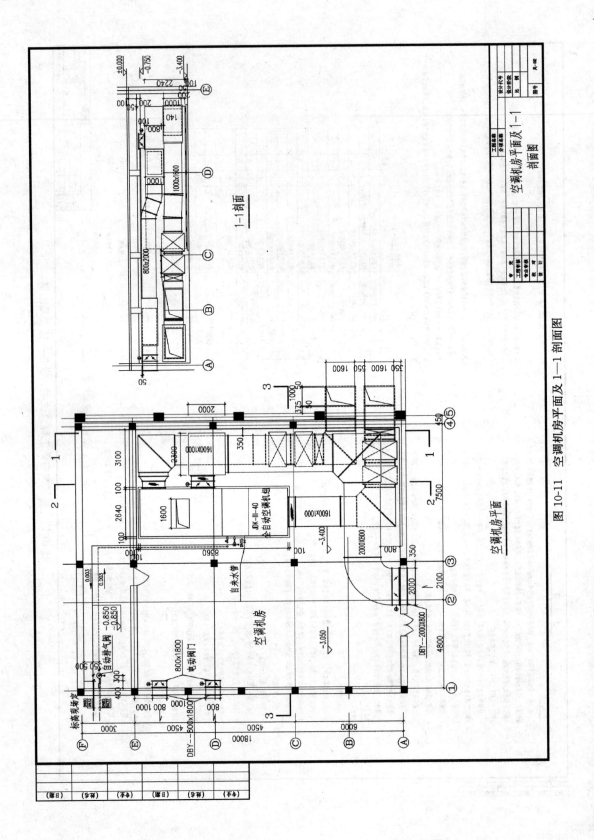

图 10-11 空调机房平面及 1—1 剖面图

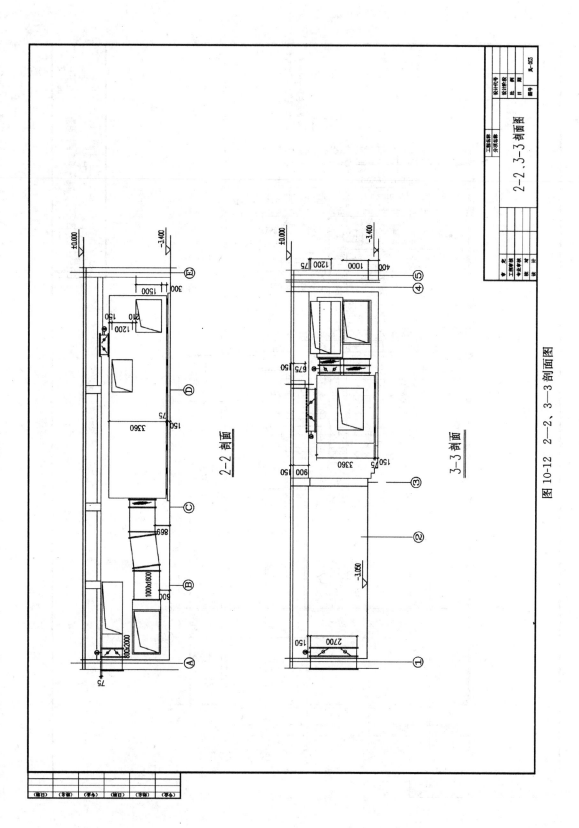

图 10-12 2—2、3—3 剖面图

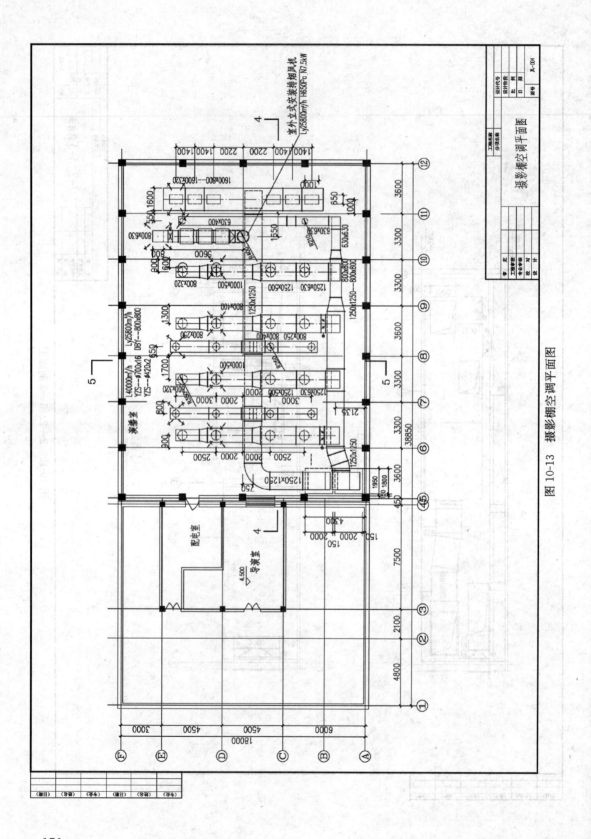

图 10-13 摄影棚空调平面图

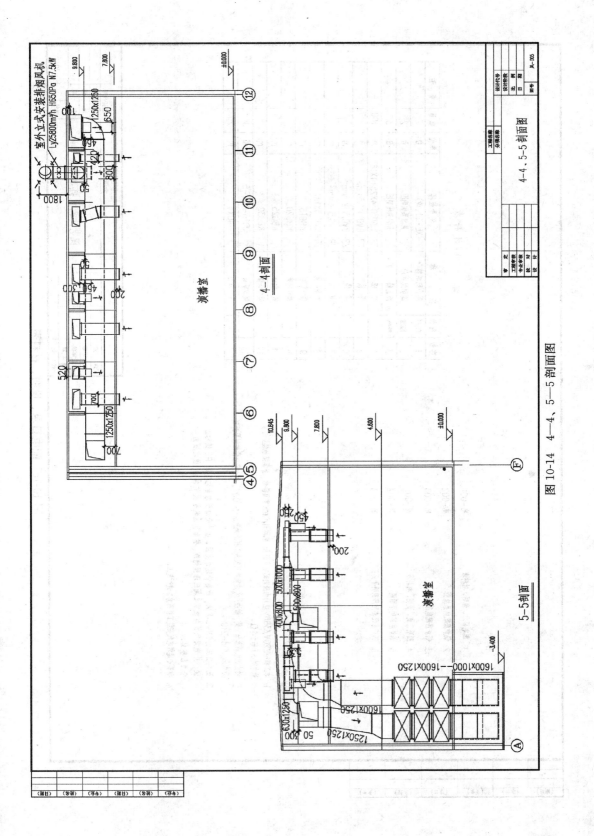

图 10-14 4—4、5—5 剖面图

材 料 表

序号	符号	名称	型号规格(或)	单位	数量	备注
1	DBX	动力配电箱	XL-21(或)	台	2	
2	■	照明配电箱	见系统明图	台	2	
3	■	控制箱	见系统明图	台	3	
4		电缆	ZR-YJV1.0 4X25+1X16	m	100	
5		导线	ZR-BV0.5 1.5mm²	m		
6		导线	ZR-BV0.5 2.5mm²	m		
7		导线	ZR-BV0.5 4mm²	m		
8		控制电缆	ZR-kVV 5X1.0	m		
9		镀锌钢管	KBG15	m		
10		镀锌钢管	KBG20	m		
11		镀锌钢管	KBG25	m		
12		镀锌钢管	KBG32	m		
13		接地极组	JD10-127-5	组	1	
14		镀锌扁钢	-40X4	m	20	

目录

说明

1. 本工程~220V/380V电源由院内配电室引来，电源引入后做重复接地，重复接地装置的接地电阻小于等于4Ω。
2. 动力电箱暗装敷设，做法见《建筑电气表工程图集》JD3-007，其大样定位详精装装方式见 JD8-210。
3. 配电方式为TN-S系统，所有线外皮及设备外皮均为与专用接地 PE 线相连接，并做好铁管与铁管之间的跨接地线，管与接线盒各处的焊接，使之成为一个可靠整体。
4. 参照《建筑电气表工程图集》进行施工。

配电目录、说明、材料表

设计代号
设计阶段
比例
日期
图号　电-001

工程名称
分项名称

审定
工程审核
专业审核
校对
设计

(日期)(签字)(字号)(日期)(签字)(字号)

图10-15 配电目录、说明、材料表

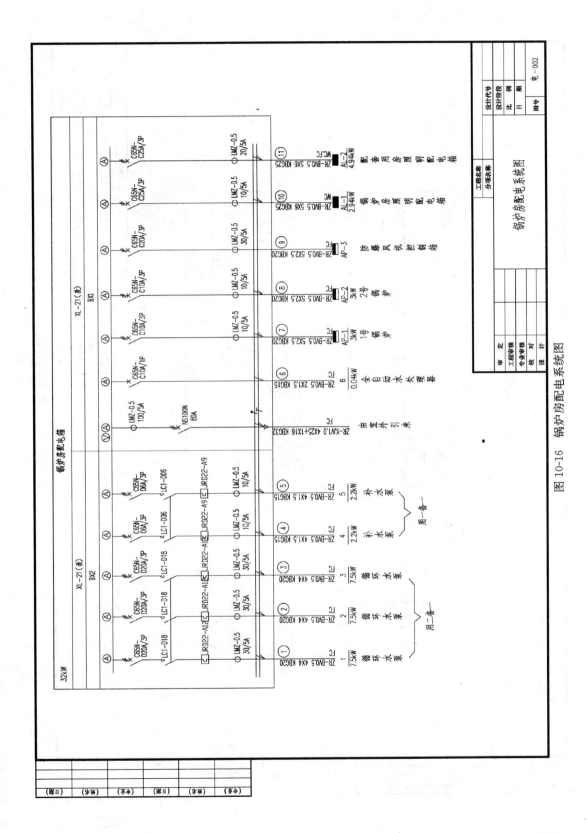

图 10-16 锅炉房配电系统图

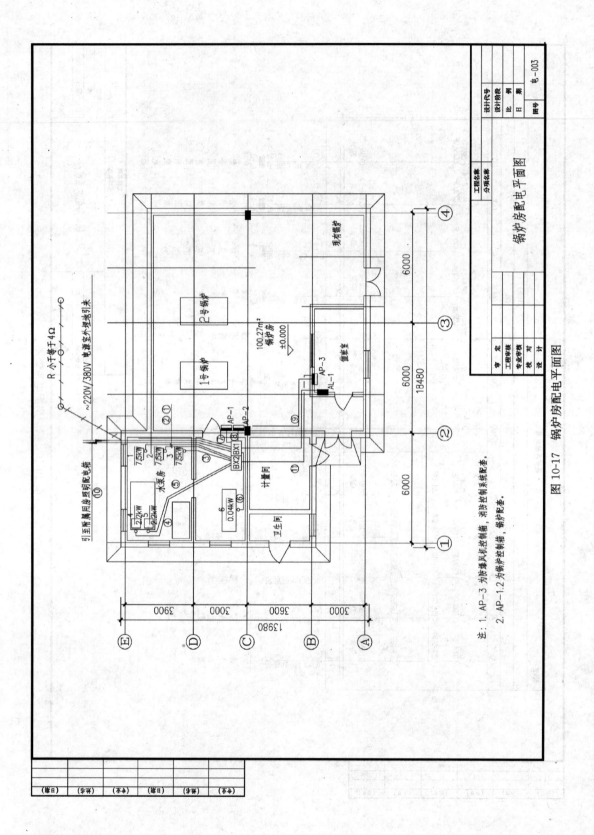

图 10-17 锅炉房配电平面图

注: 1. AP-3 为防爆风机控制箱, 消防起制系统配套。
2. AP-1.2 为锅炉控制箱, 锅炉配套。

180

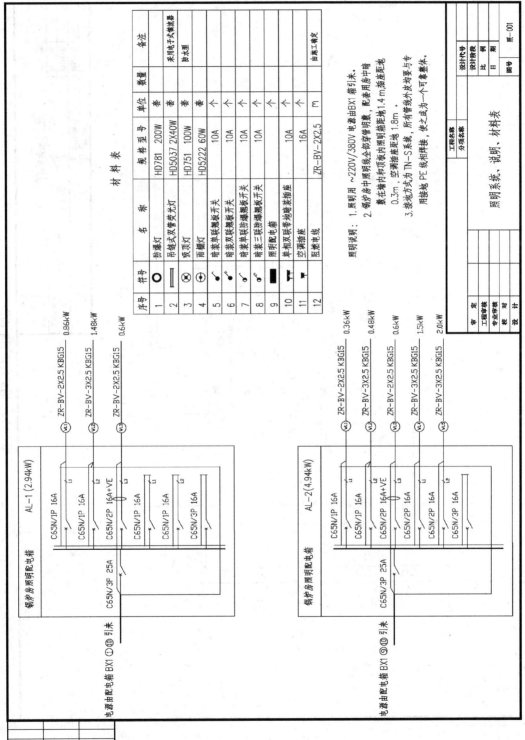

材 料 表

序号	符号	名 称	规 格 型 号	单位	数量	备注
1	◯	防爆灯	HD781 200W	套		采用电子式镇流器
2	▭	吊链式双管荧光灯	HD5037 2X40W	套		防水型
3	⊗	吸顶灯	HD751 100W	套		
4	⊕	雨棚灯	HD5222 60W	套		
5	✦	暗装单联翘板开关	10A	个		
6	✦	暗装双联翘板开关	10A	个		
7	✦	暗装单联防爆翘板开关	10A	个		
8	■	暗装三联防爆翘板开关	10A	个		
9	▼	照明配电箱		个		
10	▼	单相双联带地暗装插座	10A	个		
11	▼	空调插座	16A	个		
12		阻燃电线	ZR-BV-2X2.5	m		由施工确定

照明说明： 1. 照明用 ~220V/380V 电源由BX1 引入末。
2. 锅炉房中照明线全部穿穿明敷，配套用房中暗
敷在墙内和顶板内照明箱距地1.4 m海座距地
0.3m，空调座座距地1.8m。
3. 接地方式为 TN-S系统，所有管线外皮均要与专
用接地 PE 线做样接，使之成为一个可靠整本。

工程名称		设计代号		熙-001
分项名称		设计阶段		
照明系统、说明、材料表		比 例		
		日 期		
审 定		图号		
工程审核				
专业审核				
校 对				
设 计				

图 10-18 照明系统、说明、材料表

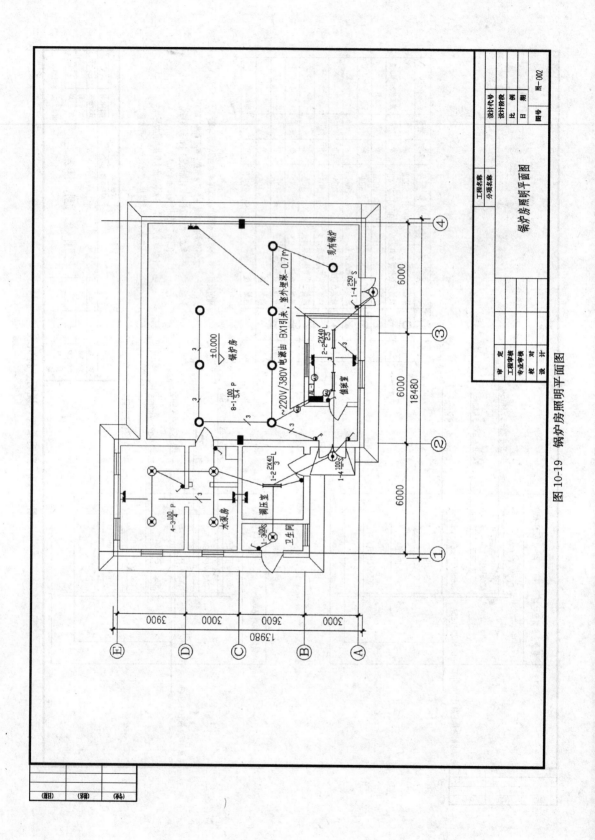

图 10-19 锅炉房照明平面图

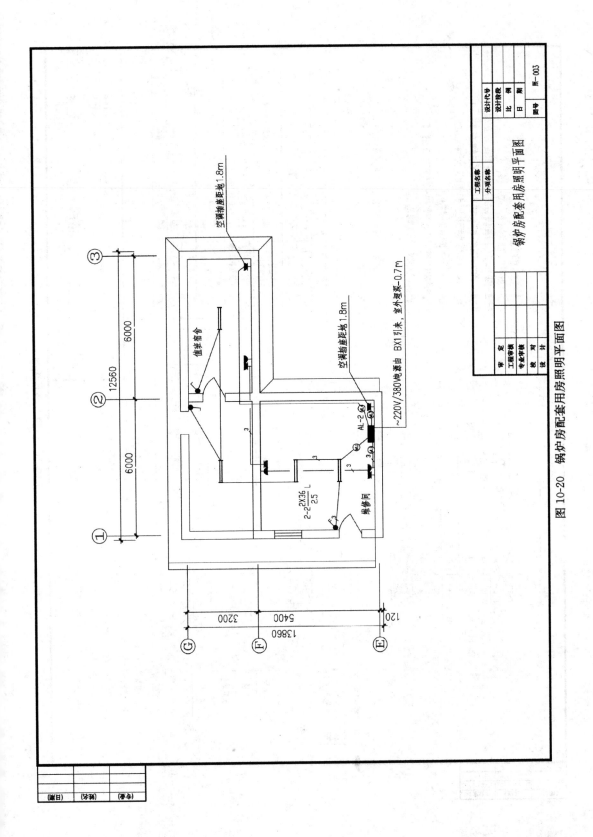

图 10-20 锅炉房配套用房照明平面图

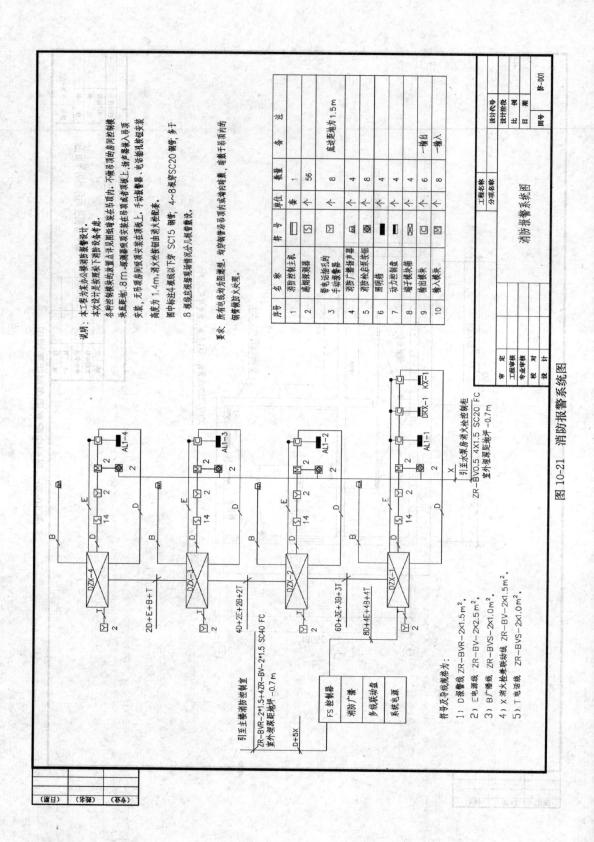

图 10-21 消防报警系统图

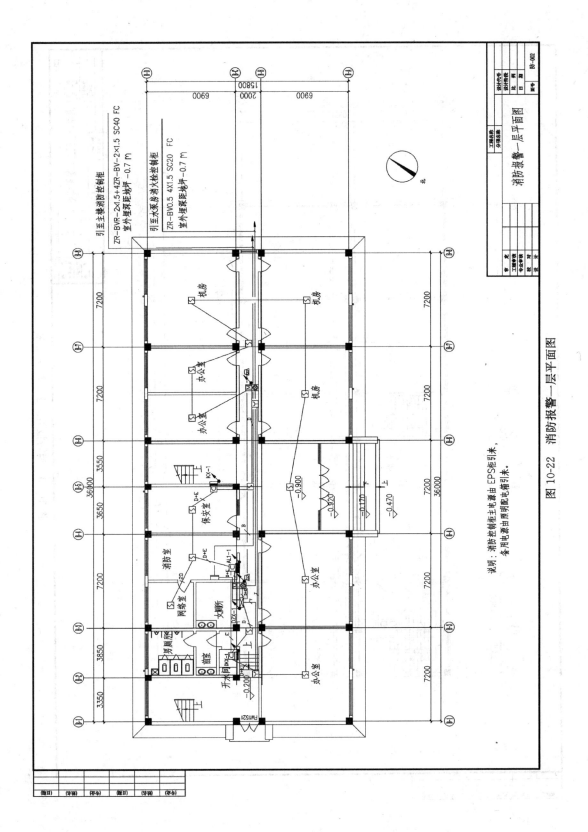

图 10-22　消防报警一层平面图

说明：消防控制柜主电源由 EPS柜引来，
　　　备用电源由照明配电箱引来。

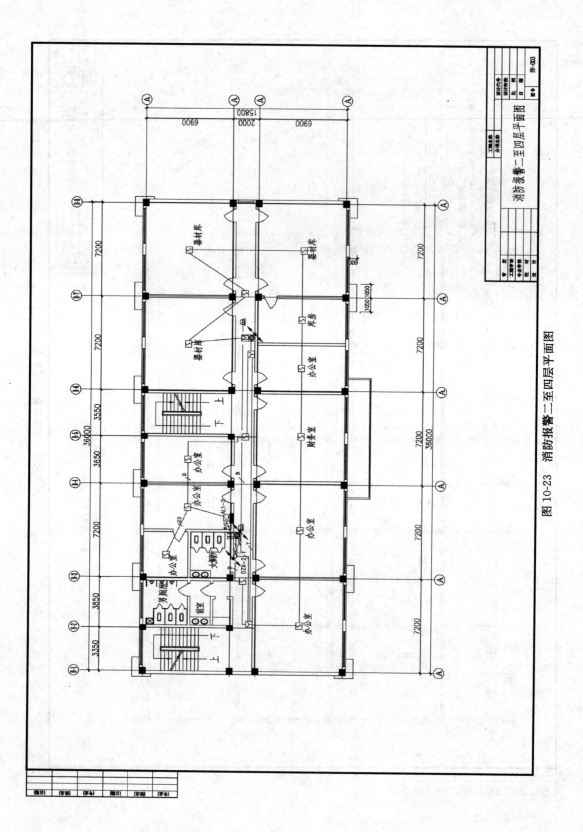

图 10-23　消防报警二至四层平面图

第八节　建筑装饰设备工程实例

一、项目总概况

1. 项目概况

(1) 本工程建筑名称：×××××××会议厅

建设地点：××××省××××××市

建设单位：×××××××

设计的主要范围和内容：该项目建设用地红线范围内所有建筑物、构筑物及配套工程和室外工程的设计，包括总图(不含绿化)、建筑、结构、电气(包括电话)、给排水、空调、消防、建声、电声等的施工图设计。

(2) 本工程占地面积 4300m²，总建筑面积 2640m²，其中地下 560m²，地上 2080m²，建筑基底面积 1300m²，容积率 0.48。

(3) 建筑层数、高度：局部地下 1 层，地上 2 层，建筑高度 9.9m。

(4) 建筑结构形式为钢筋混凝土框架结构，建筑安全等级为 2 级，合理使用年限为 50 年。

(5) 防火设计的建筑耐火等级地上 1 级，地下 1 级。

(6) 停车数量：地面停放机动车 21 辆。

2. 设计标高

(1) 本工程 +0.000 相当于绝对标高 24.750m。

(2) 各层标注标高为建筑完成面标高，屋面标高为结构面标高。

(3) 本工程标高以 m 为单位，总平面尺寸以 m 为单位，其他尺寸以 mm 为单位。

二、建筑给排水工程

1. 设计说明

(1) 工程概况

本建筑的南侧为××××××办公楼，北侧和东侧为××××街和××××大道，建筑面积 2640m³，建筑高度 9.9m，地上二层、地下一层。

(2) 设计内容

内容为××××会议厅的室内外生活给水、排水、消防给水及场区雨水设计。

(3) 生活给水

① 水源及水量：最高日用水量为 12m³/d，从场区北侧的××××街市政给水管上引入一条进水管，经总水表后供水至用水点。市政管网水压为 0.60MPa。

② 热水及开水系统：本工程采用电热水器和电开水器保证热水及开水供应。

(4) 排水

① 污水系统：由排水管收集经化粪池处理后排入市政排水管网，最高日排放量为 8.0m³/d。

② 雨水系统：屋面雨水经室外落水管排至室外地面，场区雨水利用地形坡度经雨水沟及雨水口收集排至西南方向的市政雨水管。

（5）消防系统

① 用水量：室外消防用水量为 20L/s，室内消防用水量为 15L/s，火灾延续时间为 2 小时。

② 室外消火栓系统：从场区北侧的××××街和东侧的××××大道各引入一条进水管，管径 DN150mm，在场区构成环路，环路管径 DN150mm。沿建筑物周围均匀布置室外消火栓 3 个，间距小于 120m，保护半径不大于 150m。在室外设置消防水池 150m³ 一座，其中储有 144m³ 消防水量。

③ 室内消火栓系统：由于市政管网水压为 0.60MPa，本建筑室内消火栓系统采用常高压给水系统，其水量、水压由市政管网来保证。

④ 灭火器配置按中危险级考虑，每个设置点配置手提式磷酸铵盐灭火器（充装量为 4kg）2 具，布置点位置详见平面图（图 10-24～图 10-26）。

2. 施工说明

（1）标高以米计，其他以毫米计。

（2）室外排水管道标高为管内底标高，检查井内管道管顶（内皮）平接；室外其他管道及室内所有管道的标高，均以管中心为准。

（3）室内给水管采用 PP-R 管，热熔连接，公称压力不低于 1.0MPa。埋地给水管，DN＞75mm，采用球墨铸铁管，弹性橡胶密封圈连接；DN＜75mm，采用 PP-R 管，热熔连接。室内热水管采用热水用 PP-R 管，热熔连接，公称压力不低于 2.0MPa。

（4）消防管道在室内采用镀锌钢管，法兰连接；室外采用球墨铸铁管，弹性橡胶密封圈连接。

（5）室内排水管采用排水硬聚氯乙烯管（PVC-U），胶粘剂粘结。

（6）室外排水管采用钢筋混凝土平口管。雨水管道采用水泥砂浆抹带接口，污水管道采用钢丝网水泥砂浆抹带接口。管道的基础及接口做法参照标准图 95S222。

（7）室内给水管道敷设立管为明设，支管暗设。管道的保温做法和吊顶内给、排水管道做防结露处理，均采用自熄聚氨酯软管套，外缠玻璃丝布带。防结露绝缘保温厚度：DN≤100mm，δ＝10mm；DN＞100mm，δ＝15mm。隔热保温厚度：DN≤40mm，δ＝20mm；DN＞40mm，δ＝30mm。

（8）卫生洁具应选用节水型，待有样本或实物后，再预留楼板洞。

（9）室内所有立管均应用卡箍固定在墙、柱上，卡箍间距不大于 3m；水平管道设支吊架，支、吊架间距给水管不大于 3m，排水管不大于 2m。塑料给、排水管的支、吊架间距遵照国家标准 GB 50242—2002 的规定。支、吊架做法参照标准图 S161。

（10）建筑排水用聚氯乙烯管道的安装（如伸缩节、防火套管、阻火圈的设置、安装等）以及通水、灌水试验等均按照标准图 96S341 的规定和做法施工。

（11）设有阀门的隐蔽地段，若在吊顶内应设检修人孔；若在地沟内应设检查井盖。

（12）地漏采用铸铁或不锈钢制品，水封不小于 50mm。清扫口采用铸铁制黄铜口盖。

（13）给水横干管，以 2‰的坡度坡向泄水点。室内生活排水管道坡度一般按标准坡度施工，个别特殊困难时，也不应小于最小坡度（表 10-1）。

（14）预留洞或预埋件：只限于特殊大型的孔洞（≥300mm）或预埋件，才请土建专业出图。除此之外，请按本专业施工图。

机制排水铸铁管			排水硬聚氯乙烯管		
管径(mm)	标准坡度(‰)	最小坡度(‰)	管径(mm)	标准坡度(‰)	最小坡度(‰)
50	3.5	2.5	50	2.5	1.2
75	2.5	1.5	75	1.5	0.8
100	2.0	1.2	110	1.2	0.6
125	1.5	1.0	125	1.0	0.5
150	1.0	0.7	160	0.7	0.4

（15）管道穿墙壁或楼板应做金属套管，直径比管道直径大 2 号，安装在楼板内的套管顶部高出地面 20mm，安装在卫生间的套管顶部高出装饰地面 50mm，套管底部与楼板底面平；安装在墙壁内的套管其两端与装饰面相平。管道穿过隔墙、楼板时，应采用不燃材料将其周围的缝隙填塞密实。

（16）室外各种给排水井，要求在铸铁盖板上注有"给水"、"污水"、"雨水"、"消防"等字样（根据各类井或池的用途而定）。

（17）生活给水管、排水管及消防管道交付使用前须用水冲洗和试压，试压要求按《建筑给水排水及暖通工程施工质量验收规范》规定执行。

3. 施工图及设备表

（1）给排水工程施工图水-001～水-010 共 10 张，如图 10-24～图 10-33 所示。给排水工程图图例见表 10-2。

给排水工程图例   表 10-2

图 例	名 称	图 例	名 称
—— J ——	生活给水管	洗涤池	洗涤池
—— R ——	热水给水管	圆形水封地漏	圆形水封地漏
—— P ——	排水管	系统	清扫口
—— Y ——	雨水管	铅丝球	通气帽
—— T ——	通气管	拖布池	拖布池
—— X ——	消火栓给水管	洗脸盆	洗脸盆
○	立管	立式小便斗	立式小便斗
防回流污染止回阀	防回流污染止回阀	坐式大便器	坐式大便器
截止阀	截止阀	淋浴喷头	淋浴喷头
闸阀	闸阀	（白色为开启面）	室内消火栓
蝶阀	蝶阀	R	电热水器
止回阀	止回阀	K	电开水器
▲	立管检查口	可曲挠橡胶接头	可曲挠橡胶接头
▲	手提式磷酸铵盐灭火器		
平面	洒水(栓)龙头		
室外消火栓	室外消火栓		
⊗	给水阀门井		

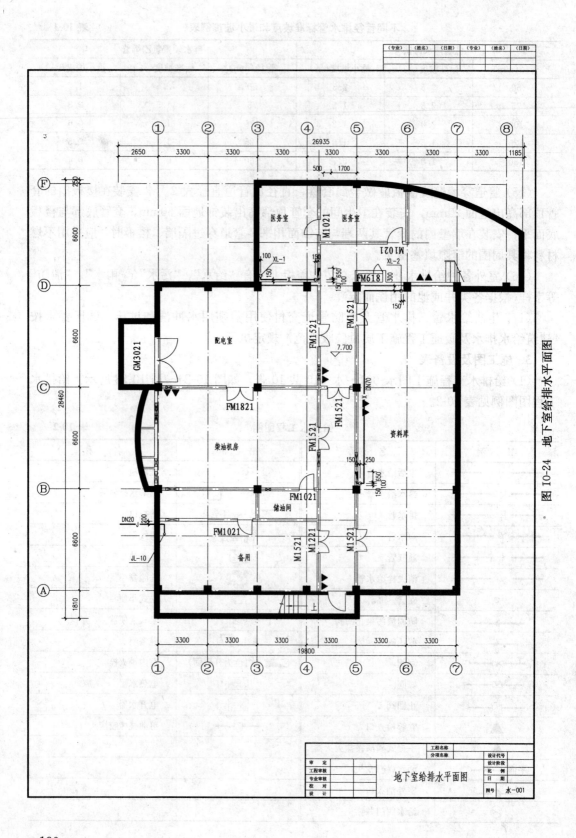

图 10-24 地下室给排水平面图

190

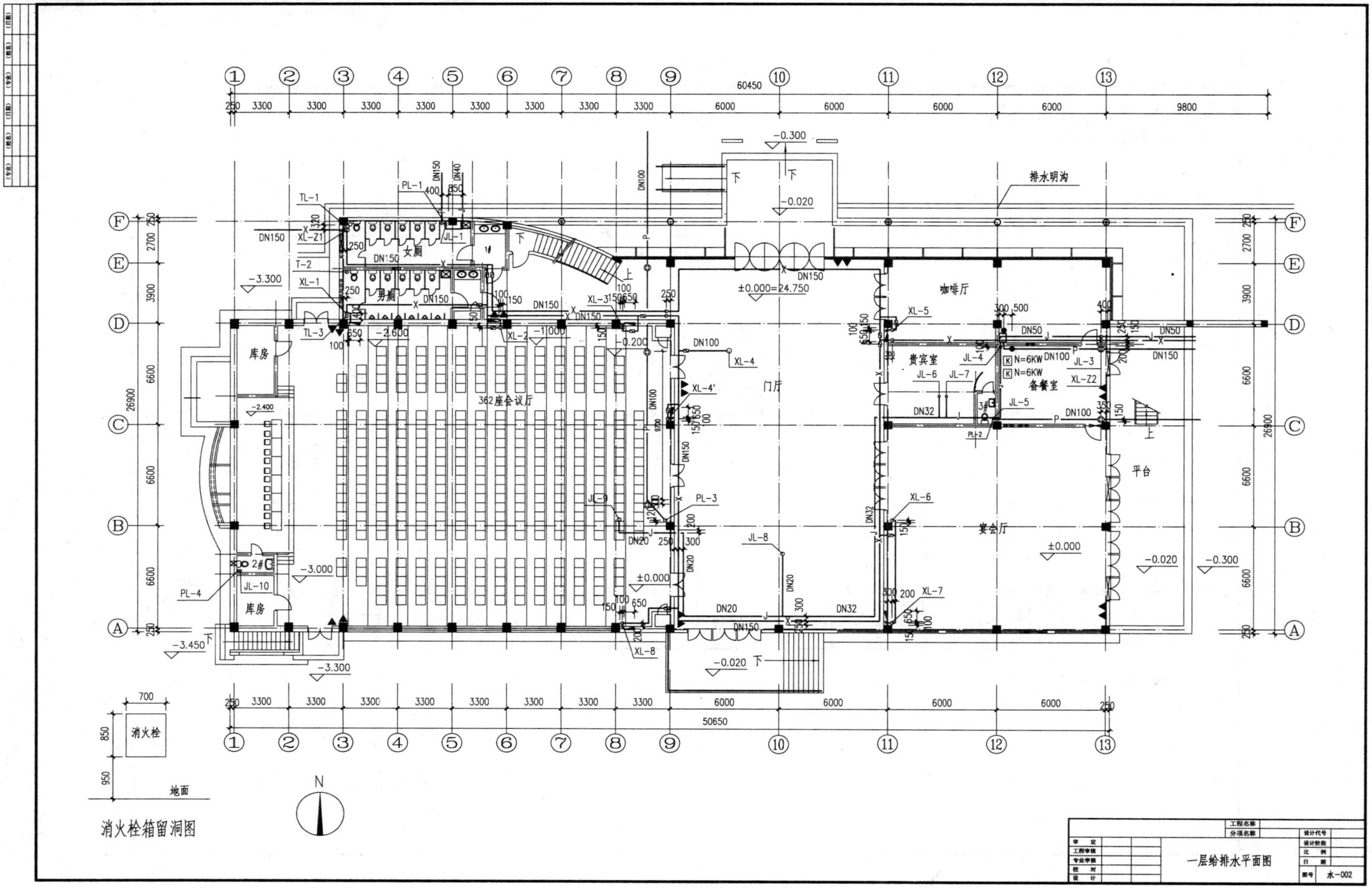

图 10-25 一层给排水平面图

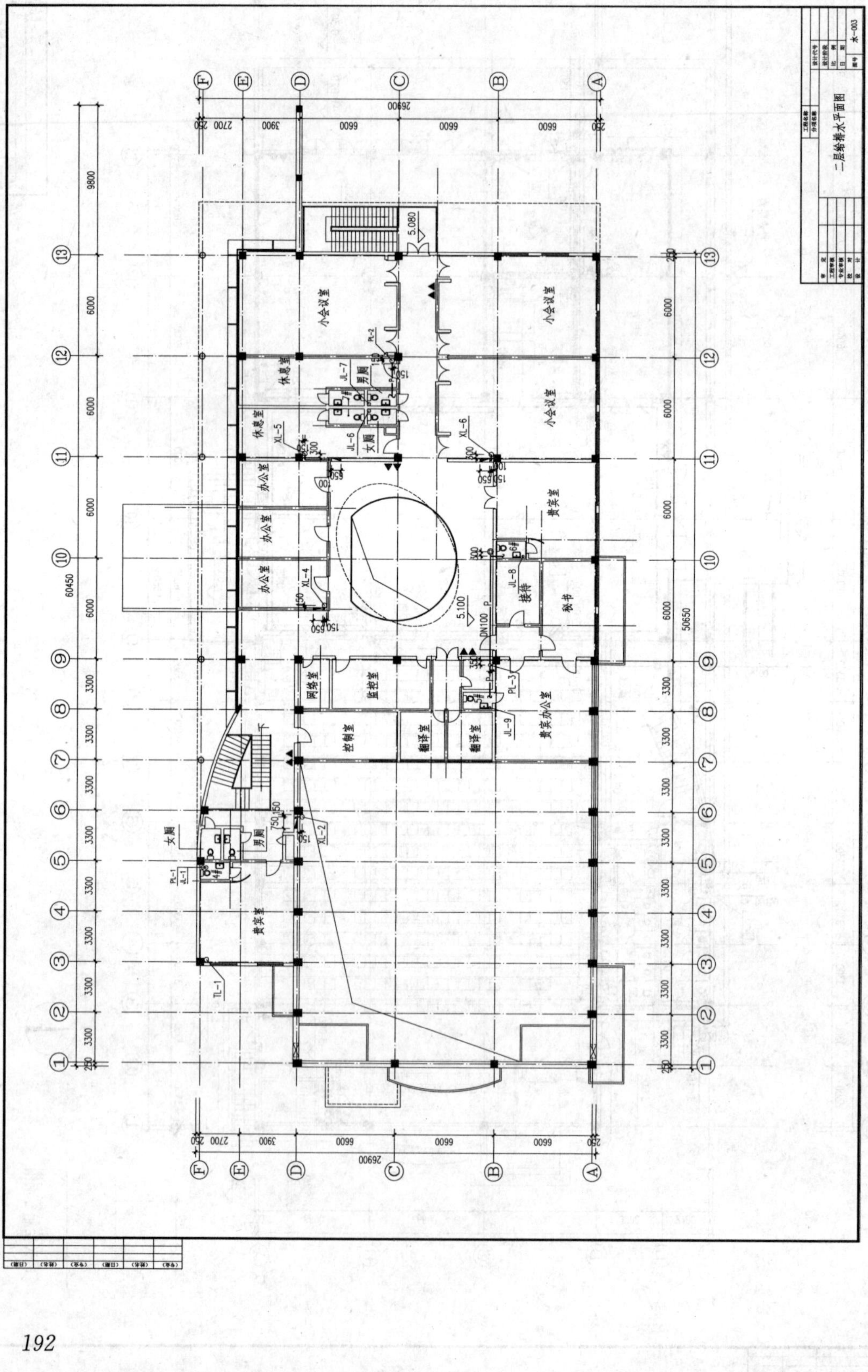

图 10-26 二层给排水平面图

192

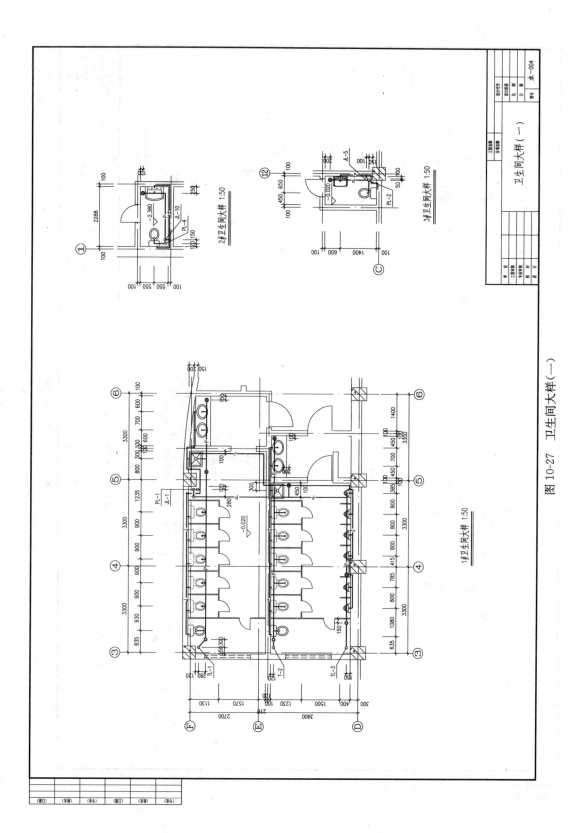

图 10-27 卫生间大样（一）

2#卫生间大样 1:50

3#卫生间大样 1:50

1#卫生间大样 1:50

卫生间大样（一）

水-004

193

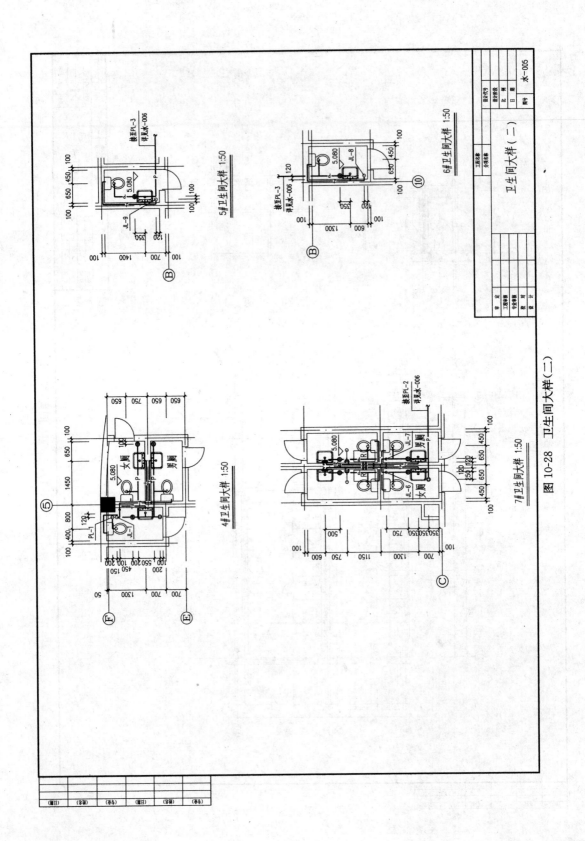

图 10-28　卫生间大样(二)

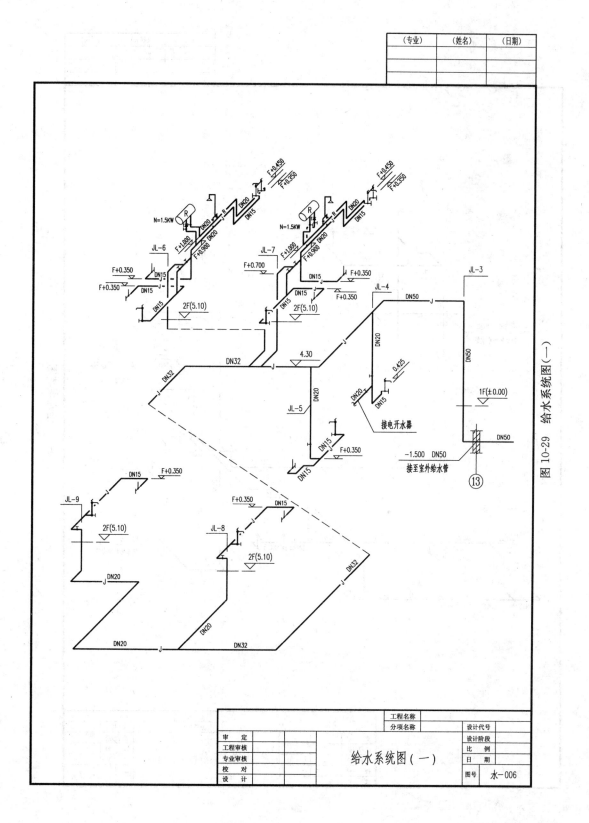

图 10-29 给水系统图（一）

工程名称		设计代号	
分项名称		设计阶段	
审 定		比 例	
工程审核		日 期	
专业审核	给水系统图（一）		
校 对		图号	水-006
设 计			

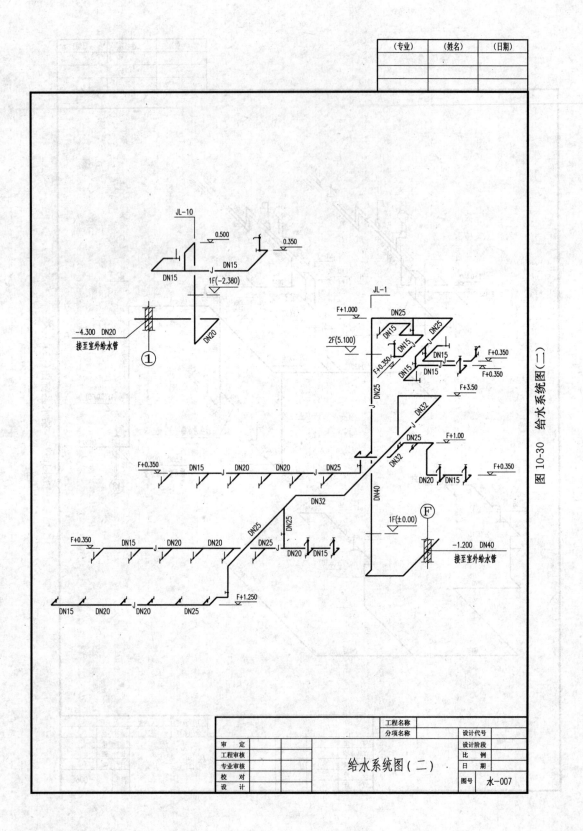

图 10-30 给水系统图（二）

		工程名称			设计代号	
审　定		分项名称			设计阶段	
工程审核					比　例	
专业审核		给水系统图（二）			日　期	
校　对					图号	水-007
设　计						

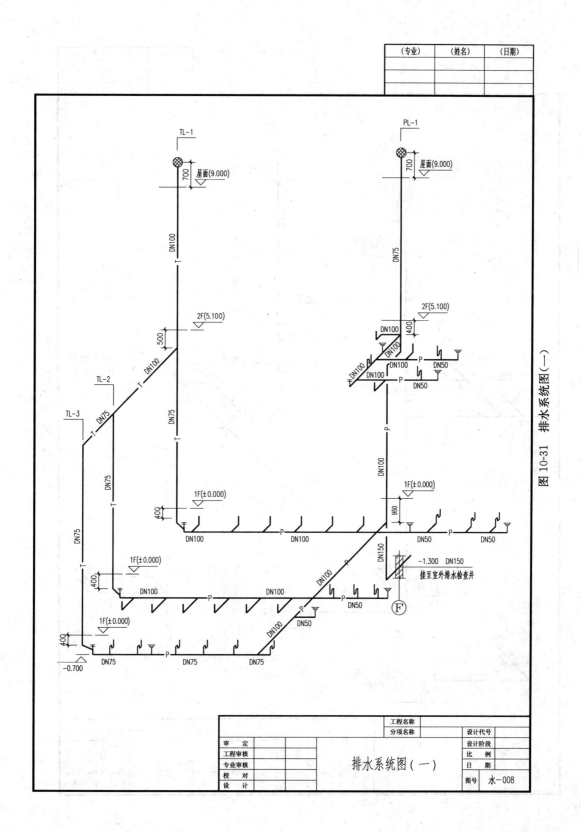

图 10-31　排水系统图（一）

工程名称		设计代号	
分项名称		设计阶段	
审　　定		比　　例	
工程审核		日　　期	
专业审核		图号	水-008
校　　对			
设　　计			

排水系统图（一）

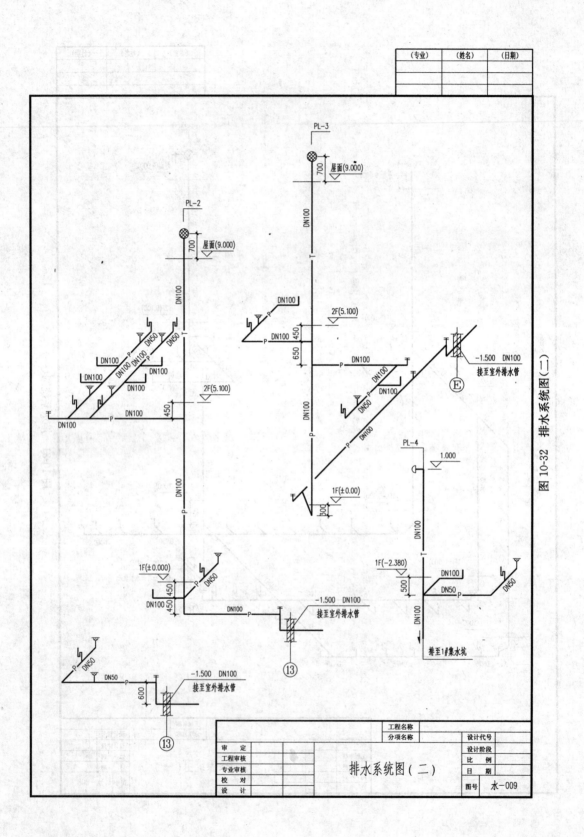

图10-32 排水系统图（二）

排水系统图（二）

（专业）	（姓名）	（日期）

工程名称		设计代号	
分项名称		设计阶段	
审　定		比　例	
工程审核		日　期	
专业审核		图号	水-009
校　对			
设　计			

198

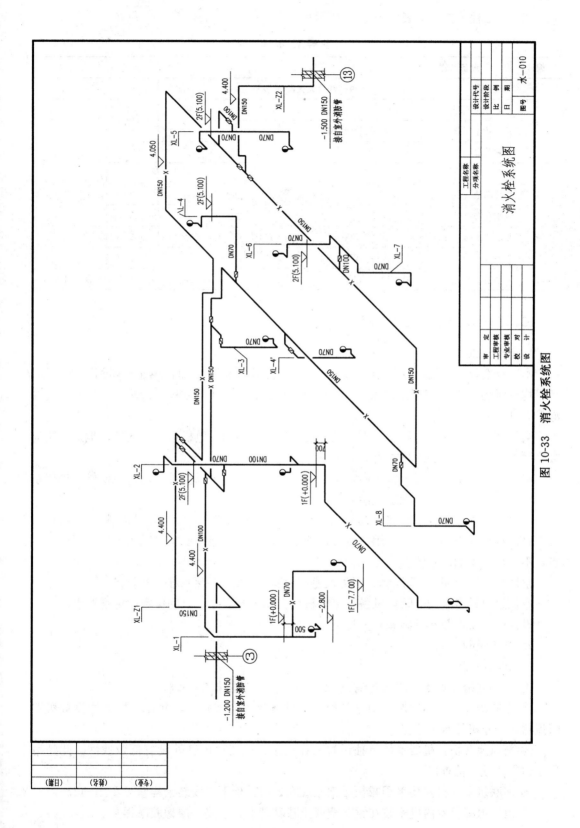

图 10-33 消火栓系统图

消火栓系统图

水—010

199

(2) 本工程主要设备表如表 10-3 所示。

主要设备表 表 10-3

编号	设备名称	型号规格	单位	数量	备注
1	灭火器	手提式磷酸铵盐灭火器 充装量为 4kg	个	34	
2	坐式大便器		个	23	
3	坐式小便器	自闭式冲洗阀	个	6	
4	洗脸盆		个	15	参见 99S304
5	淋浴器		个	2	
6	拖布池		个	2	
7	厨房洗涤槽		个	1	
8	电热水器	$N=1.5$kW	个	2	
9	电开水器	$N=6$kW	个	2	
10	消防水池	$V=1.5$kW	座	1	参见 96S825

三、建筑采暖及通风空调工程

1. 设计说明

本工程会议厅大楼工程位于××××，×，东南方沿海平原，属于热带海洋性气候，年平均气温为 25℃，年降雨量为 2000～3000mm，受到海洋季候风的影响，并伴有一定的湿热天气。

会议厅大楼分地上两层、地下一层。地下一层为柴油发电机房、资料库；地上一层为宴会厅、会议厅；二层为贵宾室、办公室。

卫生间、厕所设计通风排风扇，排除室内湿气及浊气，以实现室内通风换气。排风系统补风由外门及部分窗口无组织渗入。

会议厅、宴会厅、办公室等办公用房，分设多联机空调系统加新风换气机。资料室设置二台恒温恒湿空调立柜，一用一备，以保证室内温度、湿度要求。因当地气候湿热的特点，不需设冬季加湿系统。

空调新风管所用材料(风管、保温及密封材料)均采用不燃或难燃材料。

空调通风设备采用低噪声设备；多联机可自动控制启停，以确保室内温度要求。

设计依据及参数参见国家有关规范。

2. 施工说明

(1) 设备安装

① 空调立柜：立柜下四角各铺设 SD64-1.5 型橡胶隔振垫一块。

② 多联机室外机及空调立柜室外机：室外机放置在基础上，并在机器周边设置机器限振器，防止机器水平位移。

③ 新风换气机：机器本体单独设置减振吊架，机器送风管处设有低效滤网，此处吊顶土建需要预留检查口。

④ 多联机室内机安装采用减振吊架安装在上层楼板下，安装大样参见图 10-42。

⑤ 恒温恒湿机室内机安装在钢支架或土建基础上，下垫一层橡胶减振垫。

⑥ 通风机：凡吊装的通风机安装采用减振吊架安装在上层楼板下，其重量不得由风管承受。通风机与管道连接采用软接头，排烟风机与管道连接采用不燃软接头。

⑦ 防火阀及排烟防火阀：防火阀及排烟防火阀采用吊架吊装在上层楼板下，其重量不得由风管承担。

（2）通风管道

① 本工程风管采用镀锌钢板制作，其厚度及所配法兰垫圈均按规范执行。

② 空调系统送、回风管应保温。保温材料采用 25mm 厚泡沫橡塑隔热材料。

③ 穿过防火墙处的风管壁厚应不小于 1.6mm，一边至防火阀，另一边距防火墙 800mm。一般风管壁厚及制作要求按《通风与空调工程施工质量验收规范》GB 50243—2002 执行。

④ 风管穿过防火墙、楼板处应按防火规范要求采用非燃材料将缝隙填实堵严。风管穿过隔声墙、隔声吊顶、楼板以及与竖井连结处，应将空隙填实堵严。

⑤ 风管吊装配合土建预埋吊钩，少量可现场打膨胀螺栓。吊装做法参见图 10-41。

⑥ 风口采用铝合金材质。安装时外框上不得固定螺钉，以免影响美观。详见厂方说明书。

⑦ 空调系统在试运行前，应对系统进行全面清理，系统内不得留有尘土或脏物。并由安装公司对系统的风量、风温、室内噪声等进行综合调试，并做详细测试、记录，作为验收依据。

（3）空调水管

① 冷凝水管采用热镀锌管。热镀锌管采用丝扣连接，无缝管采用焊接。

② 冷凝水水平干管坡度 $i \geqslant 3\%$，严禁倒坡。

③ 空调水管穿墙、楼板处，均应配合土建预留孔洞或预埋钢套管。空调水管穿隔声墙或楼板处，均采用岩棉（或超细玻璃棉）、石棉水泥等非燃材料封死。

④ 冷媒气液管保温材料采用 25mm 厚泡沫橡塑隔热材料；凝结水管保温材料采用 13mm 厚泡沫橡塑隔热材料。

（4）其他

① 施工中安装公司应与土建公司密切配合，随时检查设备基础做法、电源线位置、预埋件和预留孔洞的准确性，以免错漏而返工。

② 小于 300mm 的墙洞、板洞及套管土建图纸不再表示，由安装公司配合土建施工现场预留、预埋。

③ 本工程风管、水管穿梁处较多，请配合土建预先留好孔洞及水管套管。

④ 图中所注标高除注明者，方管指管底标高，圆管指管中标高。

⑤ 施工中出现尺寸变动、设备改型或厂家变更等事宜，应及时与设计人员联系，协商解决并备案。

⑥ 其他未说明处一律按《通风与空调工程施工质量验收规范》GB 50243—2002、《建筑给水排水及采暖工程施工质量验收规范》GB 50242—2002 执行。

3. 施工图及设备表

（1）建筑采暖及通风空调工程施工图风施-001～风施-010 共 10 张，如图 10-34～图 10-43 所示，施工图图例如表 10-4 所示。

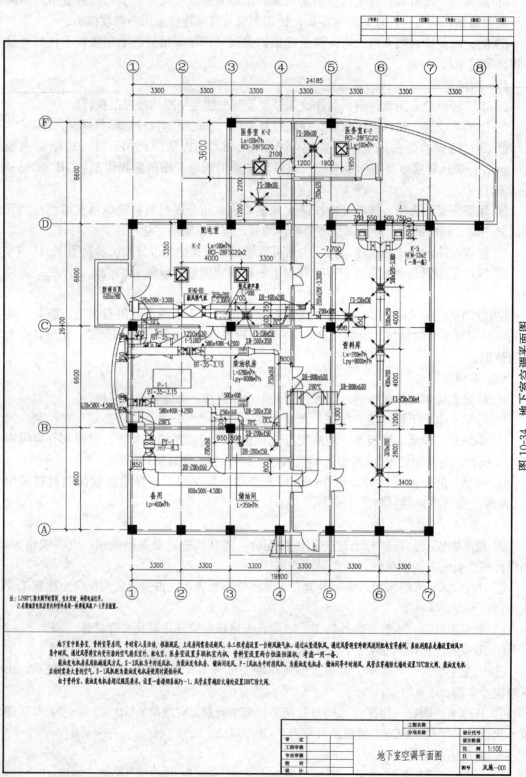

图 10-34 地下室空调平面图

地下室空调平面图

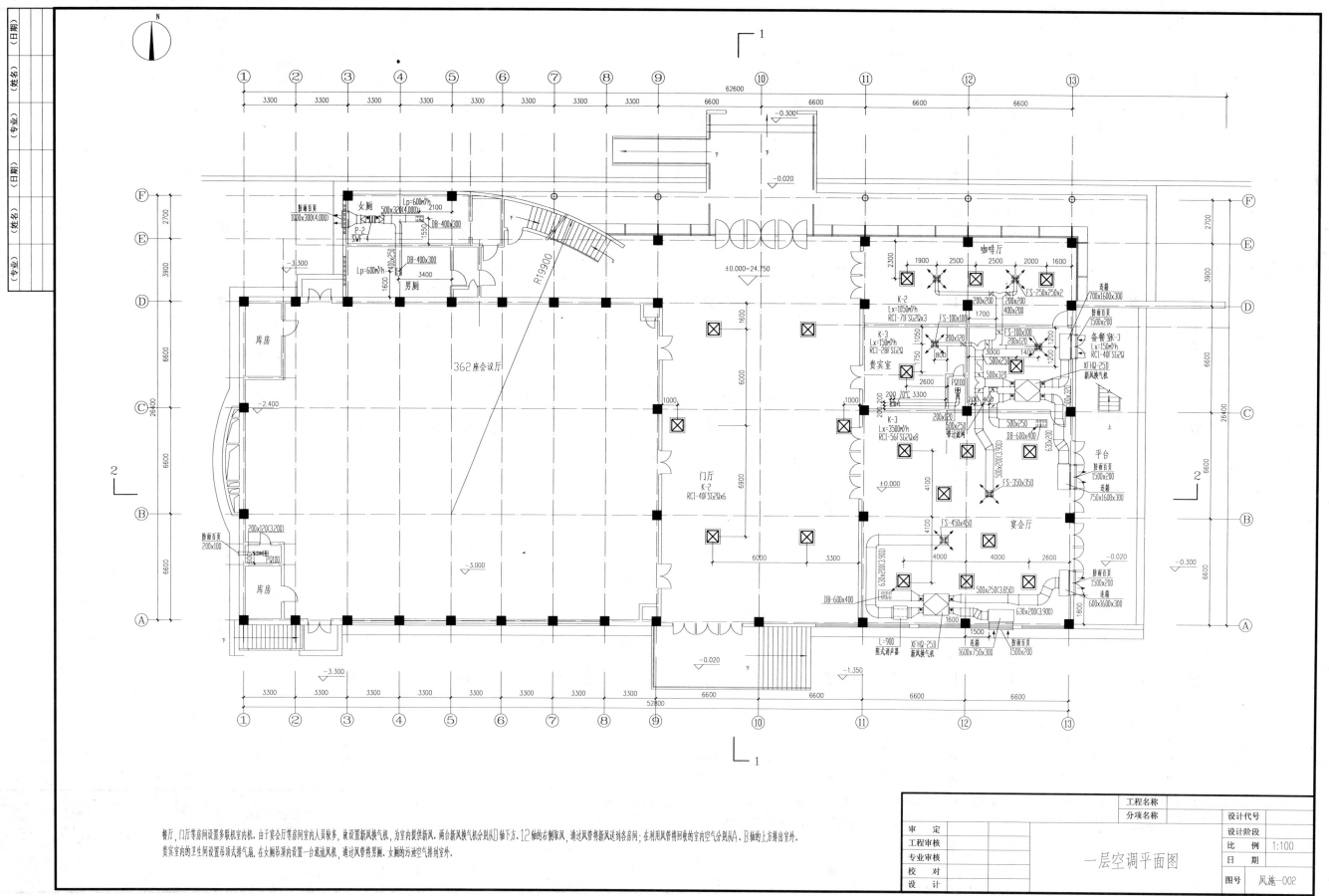

图 10-35 一层空调平面图

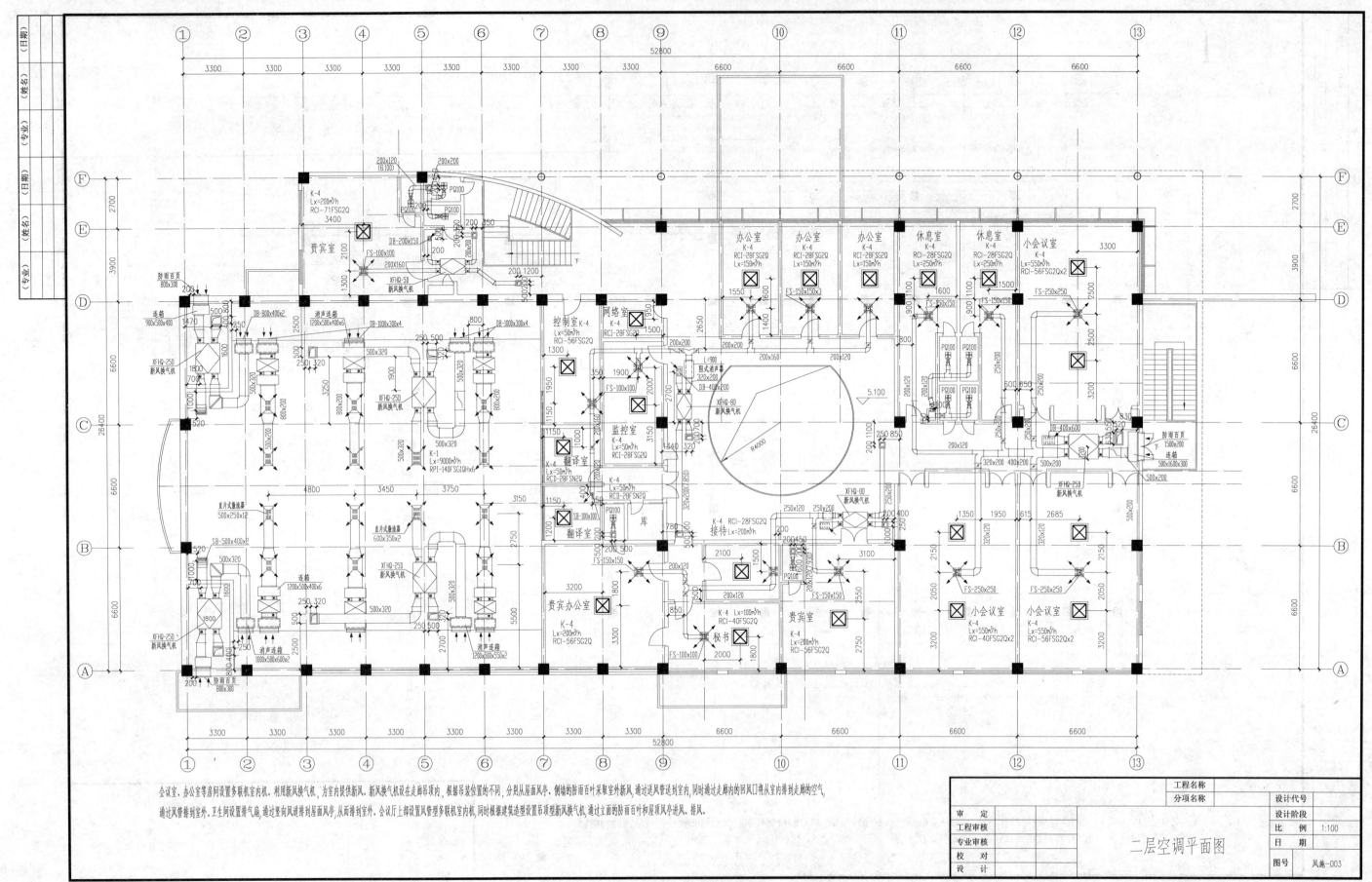

图 10-36 二层空调平面图

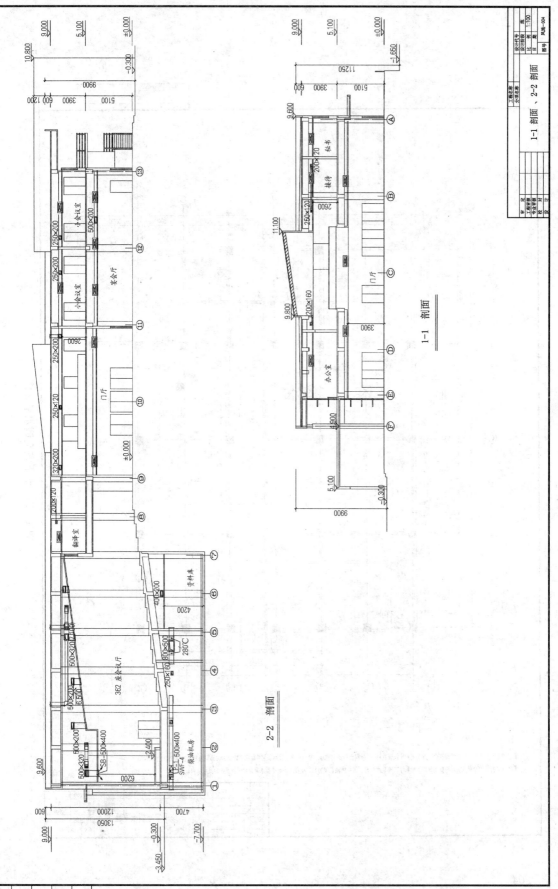

图 10-37 1—1剖面、2—2剖面图

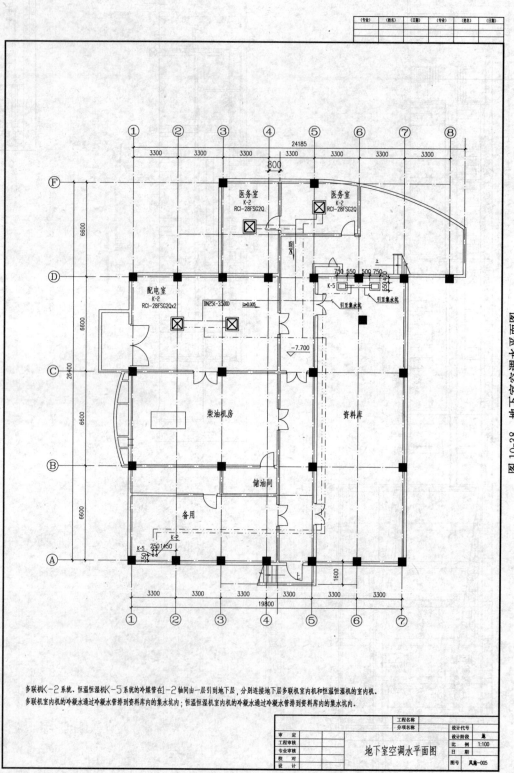

图 10-38　地下室空调水平面图

多联机 K-2 系统、恒温恒湿机 K-5 系统的冷媒管在1-2 轴间由一层引到地下层，分别连接地下层多联机室内机和恒温恒湿机的室内机。

多联机室内机的冷凝水通过冷凝水管排到资料库内的集水坑内；恒温恒湿机室内机的冷凝水通过冷凝水管排到资料库内的集水坑内。

工程名称		设计代号	
分项名称			
审　定		设计阶段	施
工程审核		比　例	1:100
专业审核		日　期	
校　对			
设　计		图号	凤施-005

地下室空调水平面图

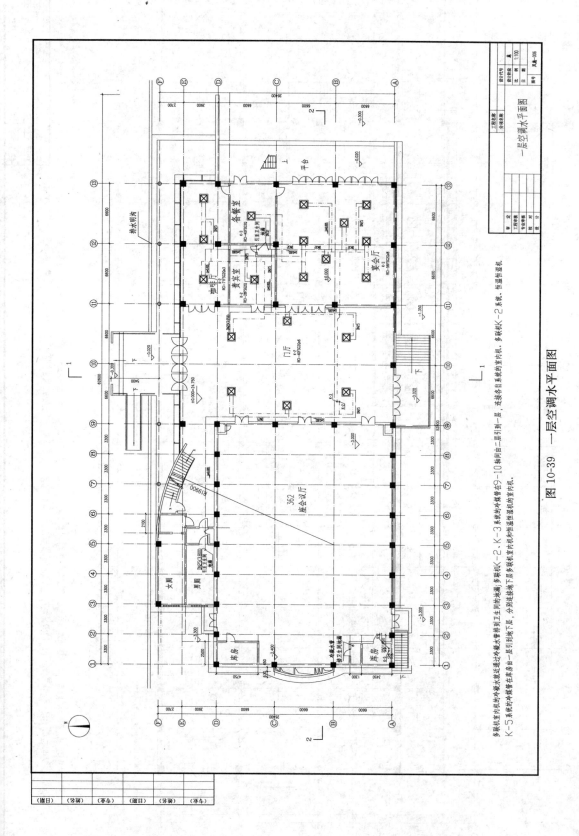

图 10-39 一层空调水平面图

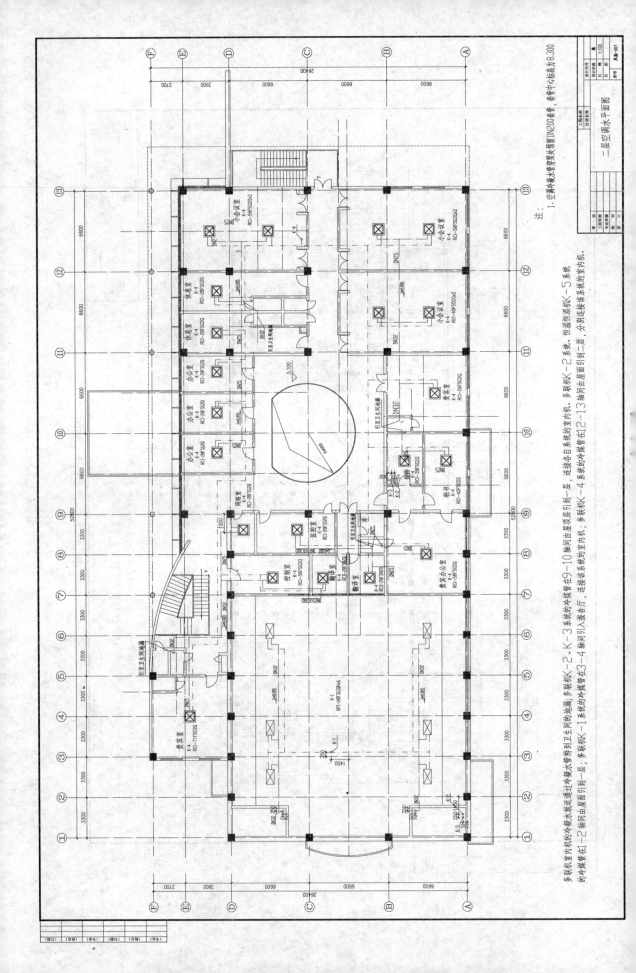

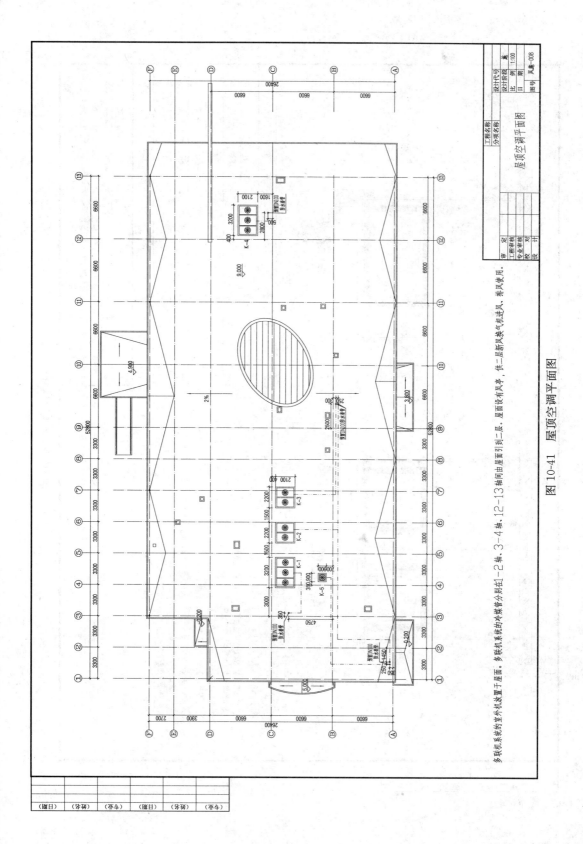

图 10-41　屋顶空调平面图

多联机系统的室外机均放置于屋面。多联机系统的冷媒管分别在在1-2轴、3-4轴、12-13轴间由屋面引到二层。屋面设有风亭,供二层新风换气机进风、排风使用。

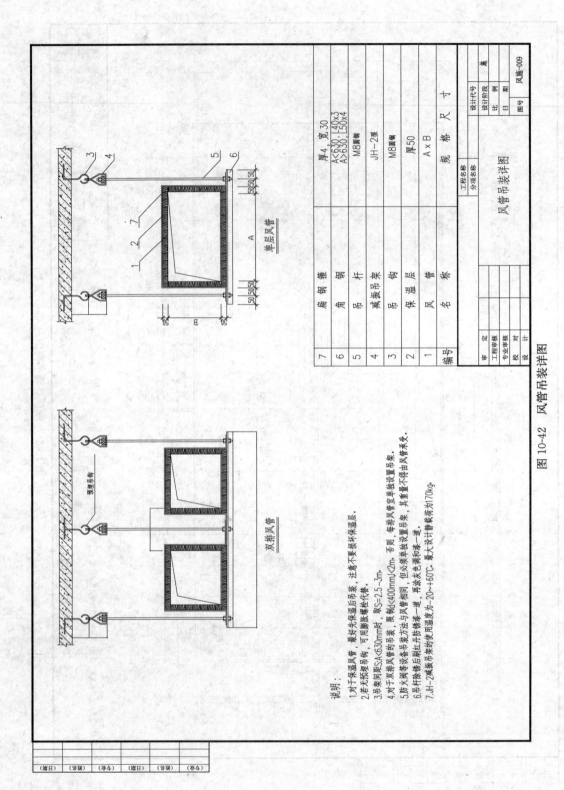

图10-42 风管吊装详图

208

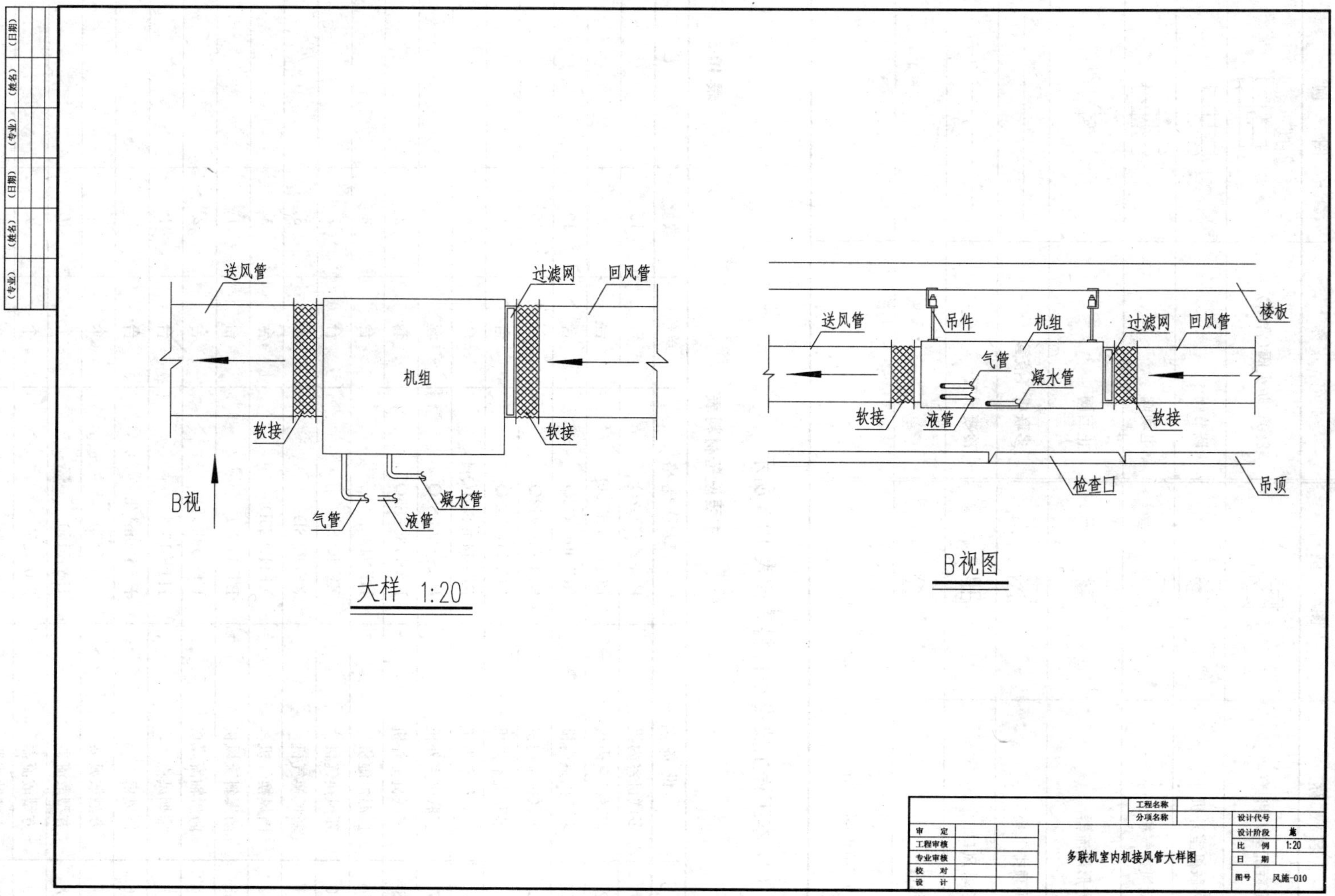

图 10-43 多联机室内机接风管大样图

建筑采暖及通风空调工程图例　　　　　　表 10-4

名　称	图　例	名　称	图　例
多联机室内机		280℃防火阀(常闭)	280℃
多联机室外机		调节阀	
新风换气机		电动阀	
方形散流器		止回阀	
吊顶排气扇		多联机气液管	—·—·—·—·—·—
百叶风口		冷凝水管	—··—··—··—··
风机			
70℃防火阀(常开)	70℃		

（2）本工程主要设备材料表如表 10-5 所示。

主要设备材料表　　　　　　表 10-5

编号	设备名称	型号规格	单位	数量	备　注
1	多联机室内机	RCI-28FSG2Q	台	13	
2	多联机室内机	RCD-28FSN2Q	台	2	
3	多联机室内机	RCI-40FSG2Q	台	10	
4	多联机室内机	RCI-56FSG2Q	台	15	
5	多联机室内机	RCI-71FSG2Q	台	4	
6	多联机室内机	RPI-140FSG1QH	台	6	
7	多联机室外机	RAS-500FS5Q	套	2	
8	多联机室外机	RAS-730FS5Q	套	2	
9	恒温恒湿机	HFN13	台	2	
10	新风换气机	XFHQ-5D	台	1	
11	新风换气机	XFHQ-8D	台	3	
12	新风换气机	XFHQ-25D	台	5	
13	防爆斜流风机	BT-35-7.1	台	1	
14	防爆轴流风机	BT-35-3.15	台	2	
15	排烟风机	HTF-16.3	台	1	
16	排风扇	$P=100m^3/h$	台	10	
17	方型散流器	100×100	个	8	
18	方型散流器	150×150	个	10	
19	方型散流器	250×250	个	9	
20	方型散流器	350×350	个	2	
21	方型散流器	500×400	个	2	

编号	设备名称	型号规格	单位	数量	备注
22	单层百叶风口	200×150	个	2	
23	单层百叶风口	400×200	个	3	
24	单层百叶风口	400×300	个	2	
25	单层百叶风口	400×600	个	1	
26	单层百叶风口	500×350	个	1	
27	单层百叶风口	800×400	个	2	
28	单层百叶风口	800×600	个	2	
29	单层百叶风口	1000×300	个	8	
30	双层百叶风口	100×100	个	2	
31	双层百叶风口	500×350	个	1	
32	防雨百叶风口	600×200	个	1	
33	防雨百叶风口	800×300	个	1	
34	防雨百叶风口	1000×300	个	1	
35	防雨百叶风口	1500×200	个	5	
36	直片式散流器	500×250	个	12	
37	直片式散流器	600×350	个	2	
38	消声连箱	1200×500×400	个	8	
39	消声连箱	1200×500×550	个	2	
40	消声连箱	1000×500×600	个	2	

四、建筑供配电及照明工程

1. 设计说明

(1) 工程概况

本工程为某会议中心供配电工程施工图，地下一层，地上两层，主要提供会议、办公、餐饮、休闲等功能。建筑内主要的工艺负荷和消防负荷为一级负荷，其余为二级负荷。本工程采用一路 10kV 金属铠装电缆直埋进线，选一台 315kVA 的变压器带所有负荷，并备有一台 100kVA 的柴油发电机作为备用电源。

(2) 高压及低压供电系统

① 高压供电系统：在总变配电室设 1 台高压负荷开关柜。进出线方式为电缆上进上出方式。

② 低压供电系统：照明、工艺和动力采用一台 315kVA 干式变压器供电，重要工艺用电负荷和消防系统用电负荷均采用双回路供电，由柴油发电机提供备用电源，双路电源在末端自动切换。当市电断电或者一台变压器故障、检修停止工作时，可由柴油发电机供给全部重要负荷。市电的进线开关与柴油机进线开关设置闭锁装置。低压柜采用电缆上进上出线方式。

(3) 设备选型

变压器选用损耗小、过载能力强、满足防火要求的环氧树脂浇注干式变压器。变压器绕组接线组别为 D，Yn11，以提高变压器承受不平衡负载的能力和削减谐波干扰。低压配电柜采用固定配电柜插拔开关,低压配电柜内进出线开关分断能力不小于 35kA。负荷端配电箱内开关分断能力不小于 6kA。

高低压电缆均采用阻燃交联聚乙烯绝缘电力电缆,低压电缆采用五芯电缆,对三相负荷不平衡的回路采用零线和相线等截面的电缆。楼内电缆主要采用电缆桥架敷设和穿管敷设。电线均采用阻燃电线,敷设方式为穿管敷设。

(4) 继电保护及电能计量

变压器出线柜采用定时限过流保护,速断保护及两段温度保护。在低压侧总进线和出线处均装设智能数字表做为内部运行、管理参考用。

(5) 照明

本工程照明供电为 220/380V 三相五线制系统。宴会厅和会议室照度为 300lx,咖啡厅照度为 100lx,办公写字楼照度为 200~250lx,其他附属用房的照度为 75~100lx。照明光源主要采用荧光灯和节能筒灯,并尽量选用高效、节能灯具,荧光灯内选用电子镇流器。特殊要求的房间,根据工艺需要选用白炽灯照明。网络机房、监控室、变配电室等重要房间设置备用照明,并在各出入口、走道、楼梯间、设置应急照明灯。同时,按防火规范的要求在各有关部位设置疏散标志灯。应急照明灯和疏散标志灯采用双路电源在末端自动切换。建筑的场地照明和节日照明预留管线。

(6) 防雷及安全接地

本工程属一级防雷建筑。

在屋面上设避雷网,女儿墙上设避雷带以防直击雷。利用结构柱内主筋作引下线,将地面以上各层结构主筋焊成均压环以防侧击雷。

本工程供电系统的接地方式采用 TN-S 系统。给移动设备、浴室设备的配电回路采用漏电保护开关。

本工程的工作接地、保护接地及防雷接地共用建筑基础内主筋作为接地极,其接地电阻应不大于 1Ω。

2. 施工图及设备表

(1) 建筑供配电及照明工程施工图电-001~电-018 共 18 张,如图 10-44~图 10-61 所示。

(2) 本工程主要设备材料表如表 10-6 所示。

建筑供配电及照明工程主要设备材料表   表 10-6

序号	符号	名　称	型号规格	单位	数量	备　注
1		高压负荷开关柜	KYN10-40.5	面	1	
2		低压开关柜	MLS	面	5	
3		干式变压器	SG10-315/10/0.4	台	1	
4		密集式母线	600A	米	6	配电室用
5		柴油发电机组	JS100K(100kW)	台	1	
6		UPS电源	4kVA, 30 分钟	套	1	
7	▬	动力配电箱	DCX-Ⅲ-CM	个	5	
8	▬	污水泵控制箱	DCX-Ⅲ-CM	个	3	
9	▬	照明配电箱	DCX-Ⅲ-CM	个	7	
10	◪	工艺配电箱	DCX-Ⅲ-CM	个	2	

序号	符号	名　称	型号规格	单位	数量	备　注
11	▷◁	应急照明配电箱	DCX-Ⅲ-CM	个	7	
12		三相插座	～380V，15A	个	2	电开水器用
13		单相插座(防水)	～220V，10A	个	2	
14		单相插座	～220V，10V	个	87	
15	▭	双管日光灯	2×36W	套	79	嵌入式安装
16		双管日光灯	2×36W	套	·12	链吊距地 2.6m
17		防爆单管日光灯	36W	套	7	管吊距地 2.6m
18		三管日光灯	3×20W	套	64	嵌入式安装
19		单管日光灯	36W	套	5	
20	⊙	节能筒灯	42W	套	27	嵌入式安装
21	○	节能筒灯	18W	套	32	嵌入式安装(咖啡厅用)
22	○	筒灯	60W	套	98	嵌入式安装(宴会厅及会议厅用)
23	⊗	大型花灯	18×60W	套	1	吸顶安装
24	▦	小型花灯	4×100W	套	4	吸顶安装
25	⊗	防水圆球灯	60W	套	18	吸顶安装
26	◎	吸顶灯	60W	套	7	吸顶安装
27	◗	壁灯	60W	套	4	壁装距地 1.8m
28	▱	安全出口灯	10W	套	20	
29	▭	疏散指示灯	10W	套	6	
30	✕	节能筒灯	2×42W	套	68	
31		单联开关	～220V，10A	个	38	
32		双联开关	～220V，10A	个	20	
33		三联开关	～220V，10A	个	10	
34		防爆单联开关	～220V，10A	个	1	
35		防爆三联开关	～220V，10A	个	1	
36		双极单联开关	～220V，10A	个	4	
37		空调调速开关		个	46	空调自带
38	⊗	污水泵溢流信号盘		个	1	
39		高压电缆	ZR-YJV22-42/20 3×120	米	100	
40		低压电缆		米		
41		导线		米		
42		镀锌钢管		米		
43		钝化复合层电缆桥架	HCF-3A	米	100	

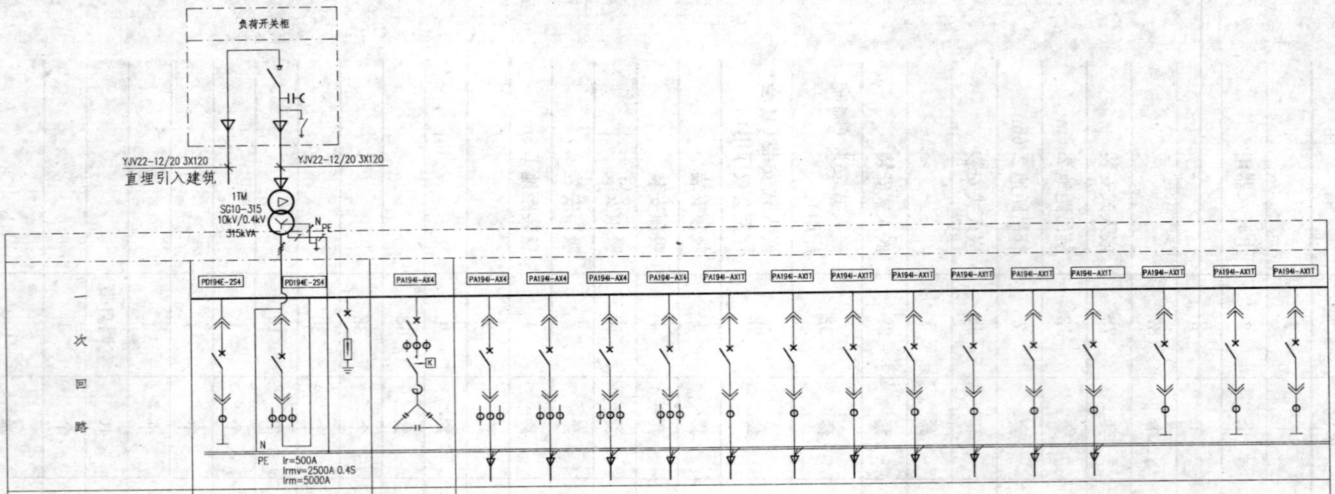

图 10-44 高、低压配电系统图一

配电箱编号		A03	A04				A05								
用途	备份	进线	电容补偿	地下一层照明配电箱	二层照明配电箱	场地照明	节日照明	地下一层网络机房配电箱	地下一层监控室配电箱	地下一层资料档案室配电箱	空调	一层配电箱	二层网络机房配电箱	二层监控室UPS	备份
设备功率(kW)		338	80	4.8	21.3	6	30	1.5	30	4.5	7	96	32	3	3
需要系数Kc		0.84	1	0.8	0.8	0.8	1	1	1	0.8	0.8	0.8	0.8	0.8	0.8
计算功率(kW)		284	80	3.8	17	6	30	1.5	30	3.6	5.6	76.8	25.6	2.4	2.4
功率因数COSφ		0.9	1	0.9	0.9	0.9	0.9	0.85	0.9	0.65	0.85	0.85	0.85	0.85	0.8
计算电流(A)		479	120	6.5	28.8	11	51	2.7	50.6	6.4	10	137.3	45.7	4.3	4.6
回路编号				B2	D4	D6	D8	D10	D12	D14	D16	D18	D20	D22	D24
电缆规格		低压封闭母线槽 600A		ZR-YJV-5×16	ZR-YJV-5×16	ZR-YJV-5×6	ZR-YJV-4×25+1×16	NH-YJV-5×4	ZR-YJV-4×25+1×16	ZR-YJV-5×6	ZR-YJV-5×6	ZR-YJV-3×35+2×16	ZR-YJV-3×35+2×16	ZR-YJV-5×4	ZR-YJV-5×4
穿管管径				SC25	SC40	SC32	SC50	SC25	SC50	SC32	SC32	SC60	SC50	SC32	SC32
断路器	iZMB1-A6.30 500A	iZMB1-A6.30 500A	DIL.1MC	AL-J	AL-22	AL-C	AL-J	PYX-D	ALE-Z	KTX-D1	KTX-D2	KTX-D2	DIKX-1	GX-1	二层监控室UPS
电流器	LM2D2-0.5 500/5	LM2D2-0.5 150/5	FL2D50	NZM7-63N 63A	NZM7-63N 63A	NZM7-32N 32A	NZM7-100N 80A	NZM7-32N 25A	NZM7-100N 80A	NZM7-63N 32A	NZM7-63N 32A	NZM7-250N 250A	NZM7-100N 100A	NZM7-32N 25A	NZM7-32N 16A
电流互感器进线保护器	LM2D2-0.5 500/5	LM2D2-0.5 150/5	X93B0.73	LM2BC-0.5 75/5	LM2BC-0.5 75/5	LM2BC-0.5 30/5	LM2BC-0.5 75/5	LM2BC-0.5 10/5	LM2BC-0.5 75/5	LM2BC-0.5 10/5	LM2BC-0.5 15/5	LM2BC-0.5 200/5	LM2BC-0.5 75/5	LM2BC-0.5 10/5	LM2BC-0.5 30/5
微型断路器	HCS-C11	HCS-C16		HCS-C16	HCS-C16	HCS-C16	HCS-C16	HCS-C11	HCS-C16	HCS-C11	HCS-C11	HCS-C11	HCS-C11	HCS-C11	HCS-C11
漏电保护器	UH-63/4/C														
接触器	FL125/3+1														

电气设备编号: PD19HE-25A, PD19HE-25A, PA19H6-AX4, PA19H6-AX4, PA19H6-AX4, PA19H6-AX4, PA19H6-AX4, PA19H6-AX1T, PA19H6-AX1T, PA19H6-AX1T, PA19H6-AX1T, PA19H6-AX1T, PA19H6-AX1T, PA19H6-AX1T

一次回路

YJV22-12/20 3X120 直埋引入建筑
负荷开关柜
1TM SCD10-315 10kV/0.4kV

Ir=500A Irmse=2500A 0.4S Irmm=5000A

工程名称
分项名称
高、低压配电系统图一

设计代号
设计阶段
比 例
日 期
图号 电-001

审 定
工程审核
专业审核
校 对
设 计

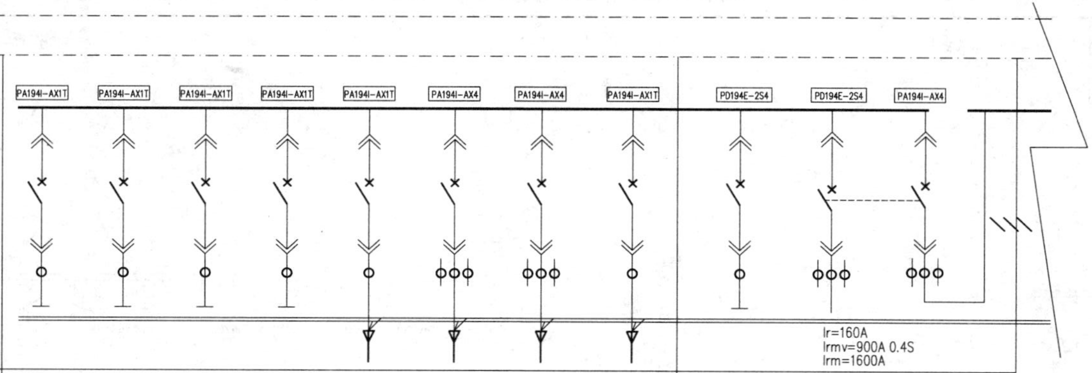
一次回路
PA194I-AX1T
PA194I-AX1T
PA194I-AX1T
PA194I-AX1T
PA194I-AX1T
PA194I-AX4
PA194I-AX4
PA194I-AX1T
PD194E-2S4
PD194E-2S4
PA194I-AX4
Ir=160A
Irmv=900A 0.4S
Irm=1600A

配电盘编号	A01								A02		
用途	备份	备份	二层 控制室配电箱	二层 监控室配电箱	二层 监控室UPS	二层 网络室配电箱	地下一层 应急照明配电箱总	地下一层 排烟风机配电箱	备份	柴油机进线	母联
设备功率(kW)			10	2	3	3	30	1.5		78.5	78.5
需要系数Kc			0.75	0.8	0.8	0.8	1	1		1	1
计算功率(kW)			7.5	1.6	2.4	2.4	30	1.5		78.5	78.5
功率因数COSØ			0.85	0.85	0.8	0.85	0.9	0.85		0.8	0.8
计算电流(A)			13.4	2.9	4.6	4.3	50.6	2.7		149	149
回路编号			D13	D1	D3	D5	D7	D9		D11	
电缆规格			ZR-YJV-5X6	ZR-YJV-5X4	ZR-YJV-5X4	ZR-YJV-5X4	ZR-YJV-4X25+1X16	NH-YJV-5X4		ZR-YJV-3X95+2X50	
穿管管径			SC32	SC32	SC32	SC32	SC50	SC32		SC80	
供电对象			GX-3	GX-2	二层监控室UPS	GX-1	ALE-Z	PYX-D			
断路器	NZM7-100N 80A	NZM7-100N 80A	NZM7-32N 32A	NZM7-32N 25A	NZM7-32N 25A	NZM7-32N 25A	NZM7-100N 80A	NZM7-32N 25A	NZM74-200N-G 160A	NZM74-200N-G 160A	NZM74-200N-G 160A
电流互感器	LMZBC-0.5 100/5	LMZBC-0.5 100/5	LMZBC-0.5 20/5	LMZBC-0.5 10/5	LMZBC-0.5 10/5	LMZBC-0.5 10/5	LMZBC-0.5 75/5	LMZBC-0.5 10/5	LMZBC-0.5 200/5	LMZBC-0.5 200/5	LMZBC-0.5 200/5
电流互感器过电压保护器	HCS-CT1	HCS-CT1	HCS-CT1	HCS-CT1	HCS-CT1	HCS-CT1	HCS-CT6	HCS-CT1	HCS-CT1	HCS-CT6	HCS-CT6
微型断路器											
浪涌保护器											
接触器											
电容器											
电抗器											

审定	工程名称		设计代号
工程审核	分项名称		设计阶段
专业审核	高、低压配电系统图二		比例
校对			日期
设计		图号	电-002

图 10-45　高、低压配电系统图二

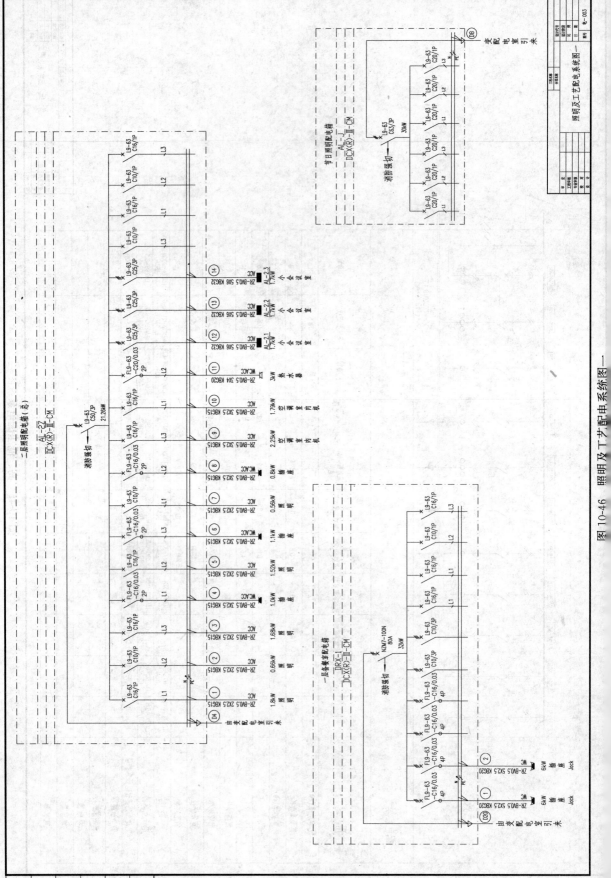

图 10-46 照明及工艺配电系统图一

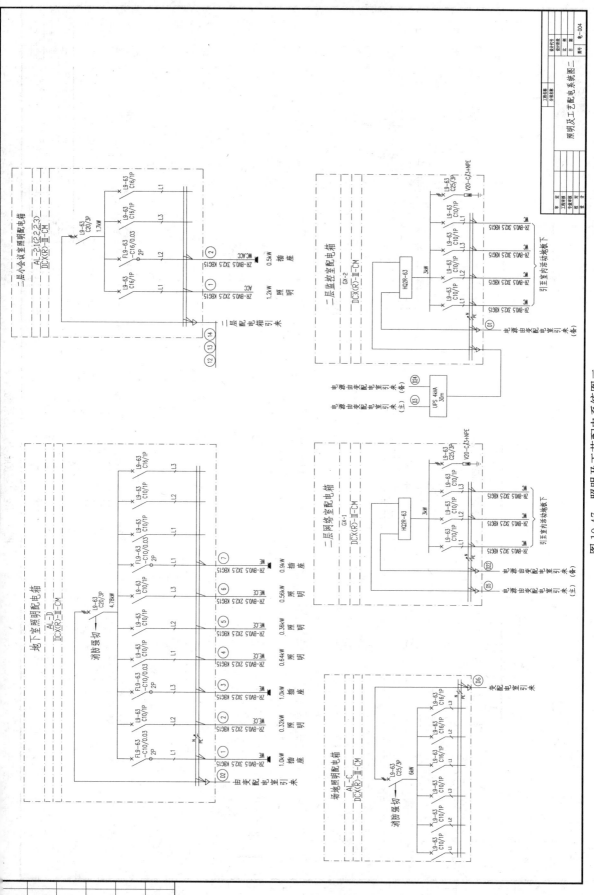

图 10-47　照明及工艺配电系统图二

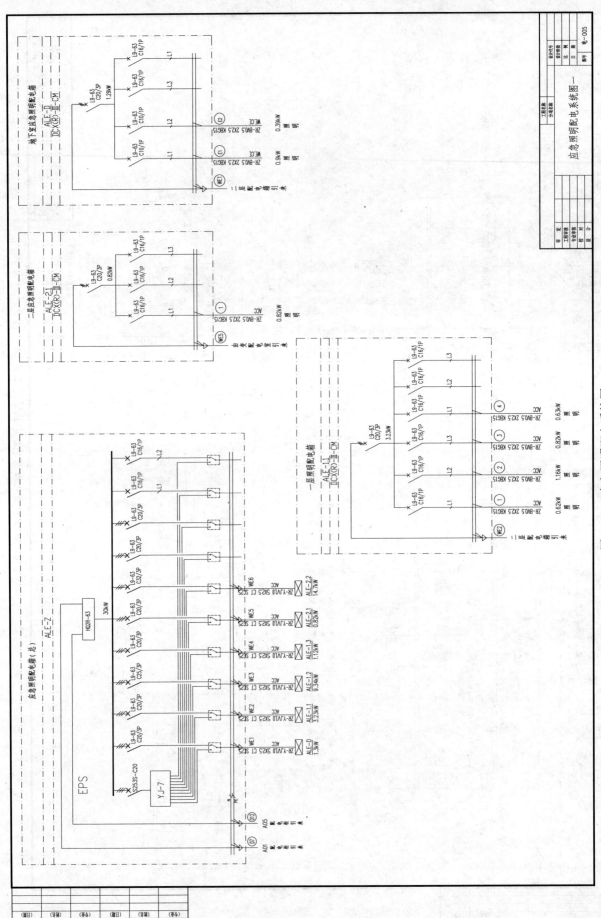

图 10-48 应急照明配电系统图一

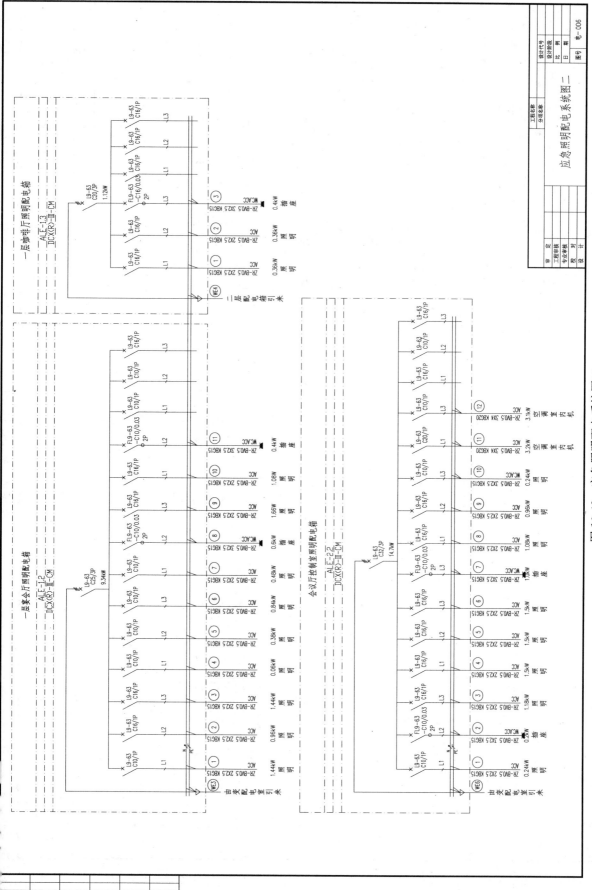

图 10-49 应急照明配电系统图二

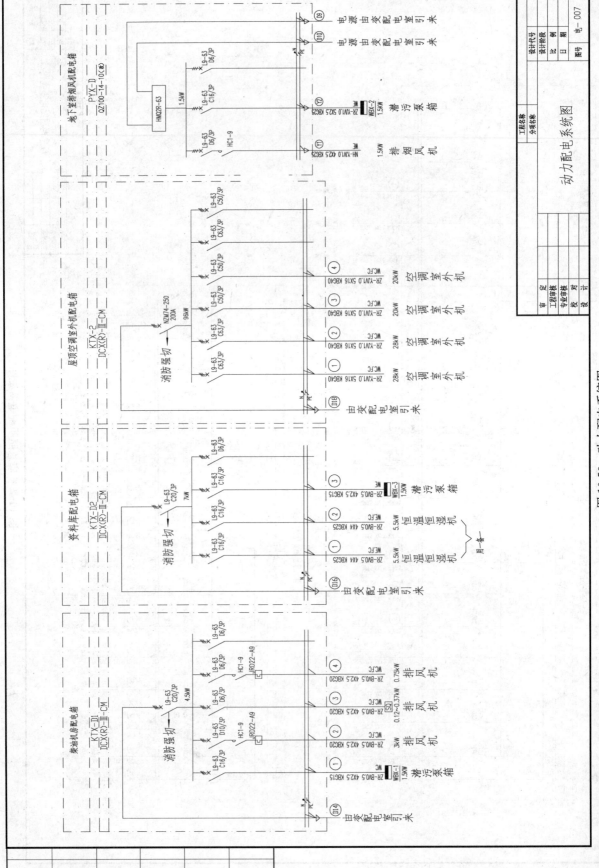

图 10-50 动力配电系统图

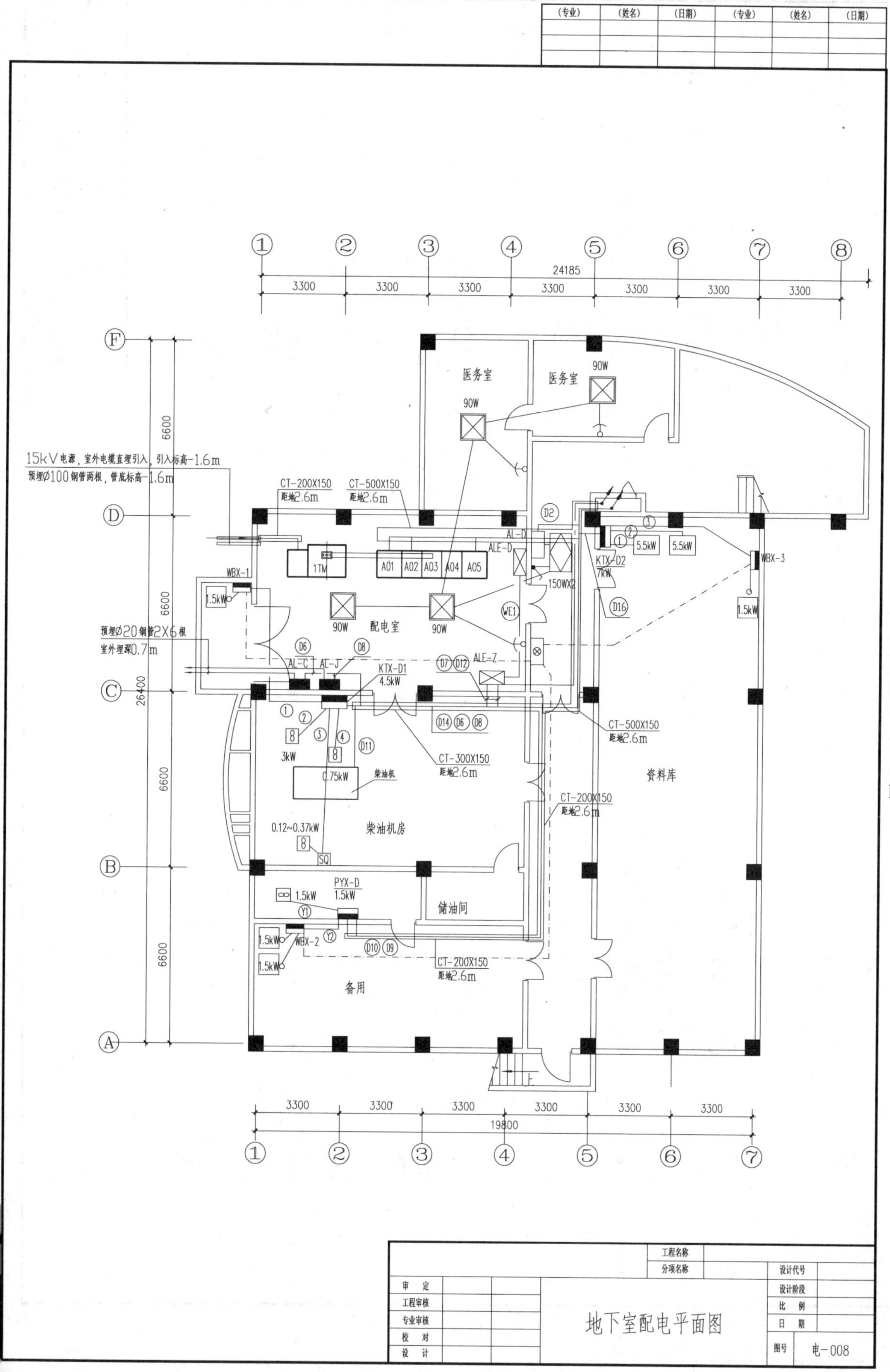

图 10-51 地下室配电平面图

24185

3300 3300 3300 3300 3300 3300 3300

① ② ③ ④ ⑤ ⑥ ⑦ ⑧

医务室 医务室
90W
90W

15kV电源，室外电缆直埋引入，引入标高-1.6m
预埋∅100钢管两根，管底标高-1.6m

CT-200X150 CT-500X150
距地2.6m 距地2.6m

1TM
WBX-1 A01 A02 A03 A04 A05
1.5kW
AL-D
ALE-D
150WX2
KTX-D2
7kW
5.5kW 5.5kW
WBX-3
1.5kW

90W 配电室 90W
WE1
D16

预埋∅20钢管2X6根
室外埋深0.7m
AL-C AT-J
D6 D8
KTX-D1
4.5kW
D7 D12 ALE-Z
CT-500X150
距地2.6m

① ②
8 ③
3kW 8 ④ D11
8
0.75kW 柴油机
0.12~0.37kW
8
SQ
柴油机房

CT-300X150
距地2.6m
D14 D6 D8

资料库

CT-200X150
距地2.6m

PYX-D
8 1.5kW 1.5kW
Y1
储油间
1.5kW WBX-2 Y2
1.5kW D10 D9
CT-200X150
距地2.6m
备用

6600 6600 26400 6600 6600

3300 3300 3300 3300 3300 3300

19800

① ② ③ ④ ⑤ ⑥ ⑦

A B C D F

地下室配电平面图

工程名称		设计代号	
分项名称		设计阶段	
审　定		比　例	
工程审核		日　期	
专业审核			
校　对		图号	电-008
设　计			

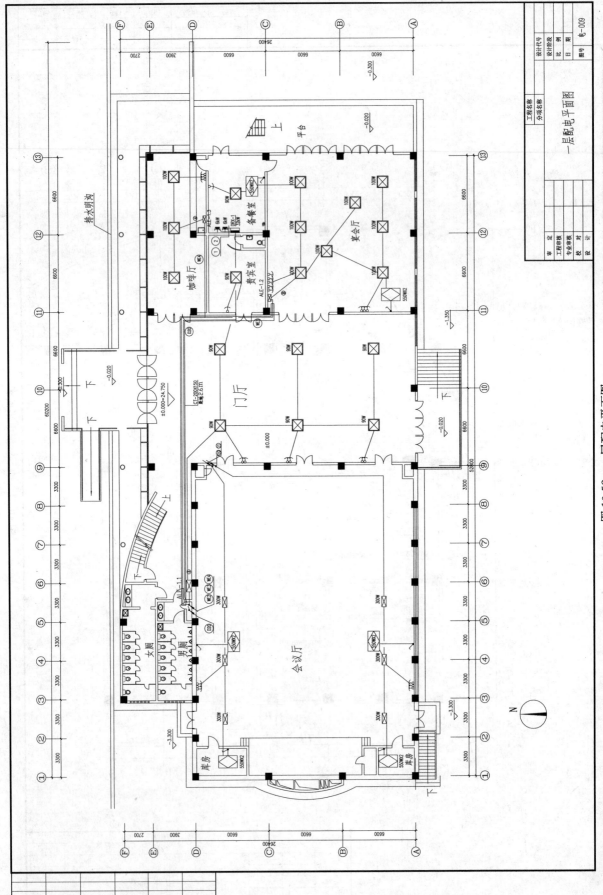

图 10-52 一层配电平面图

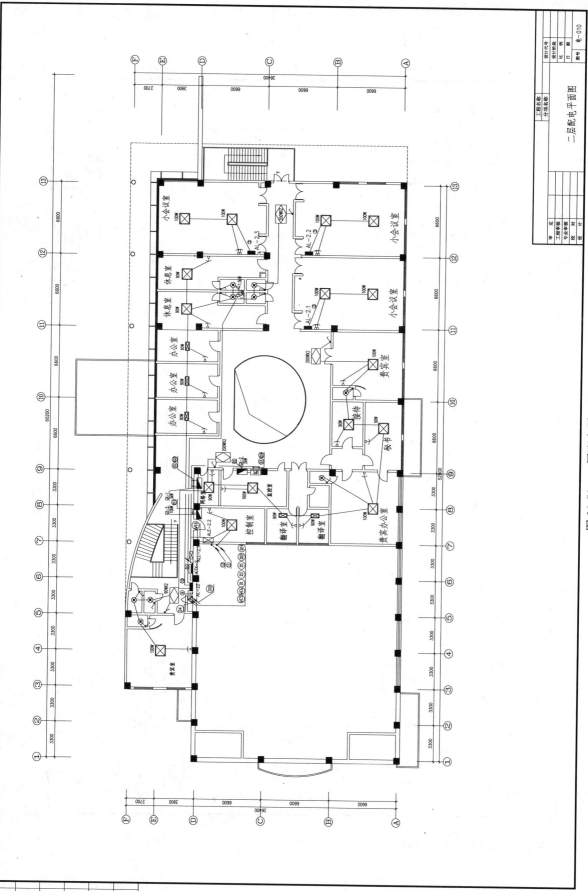

图 10-53 二层配电平面图

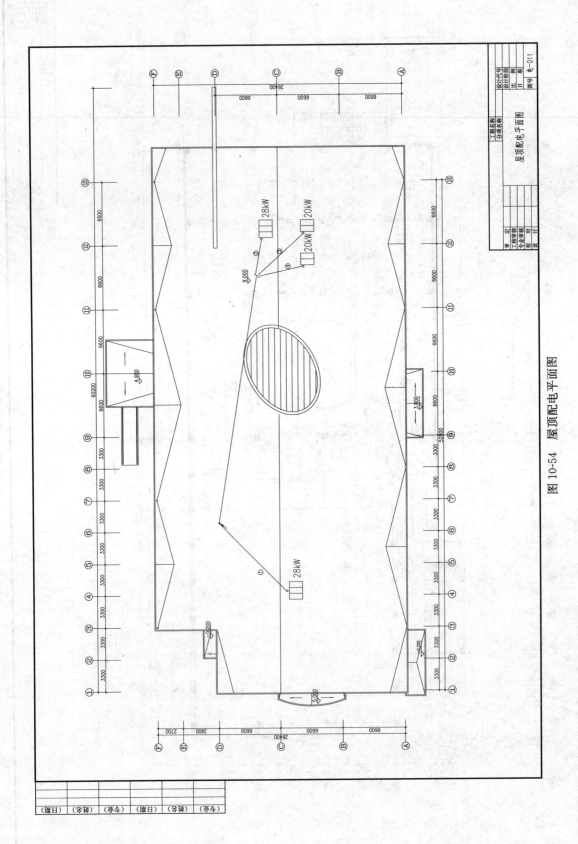

图 10-54 屋顶配电平面图

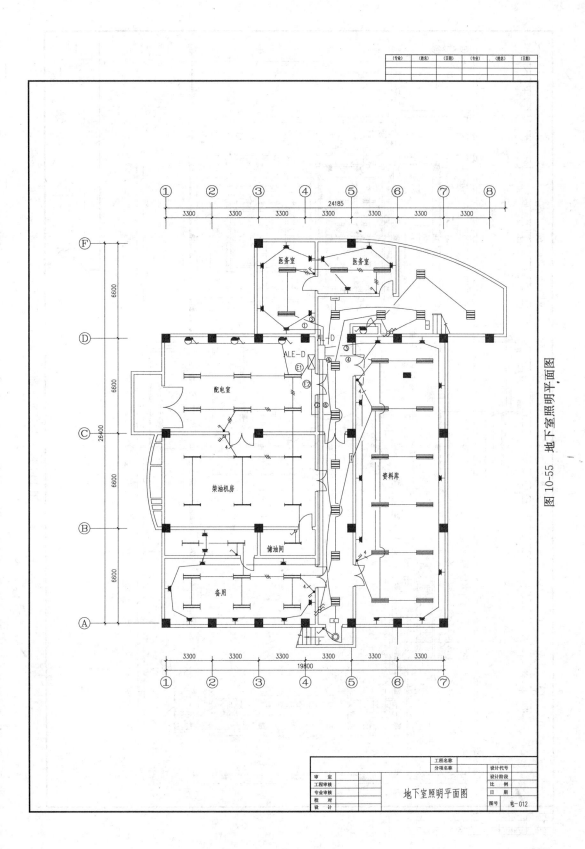

图 10-55 地下室照明平面图

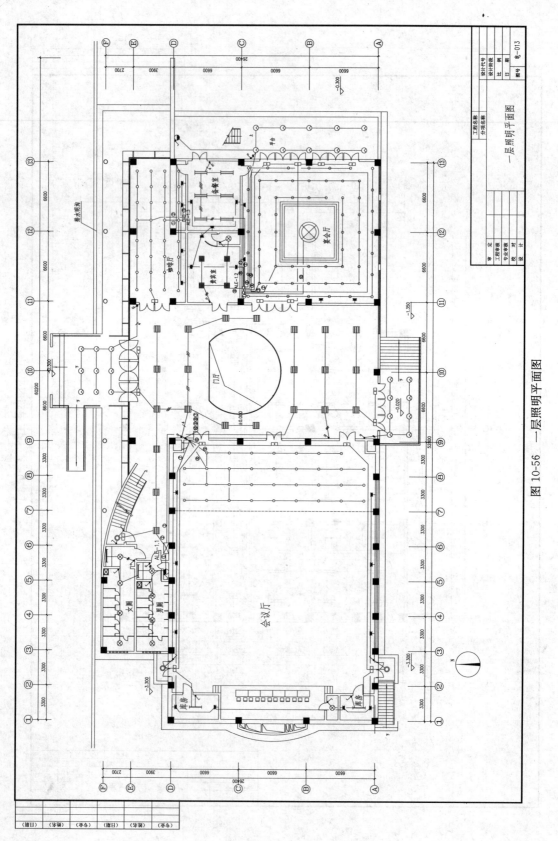

图 10-56 一层照明平面图

226

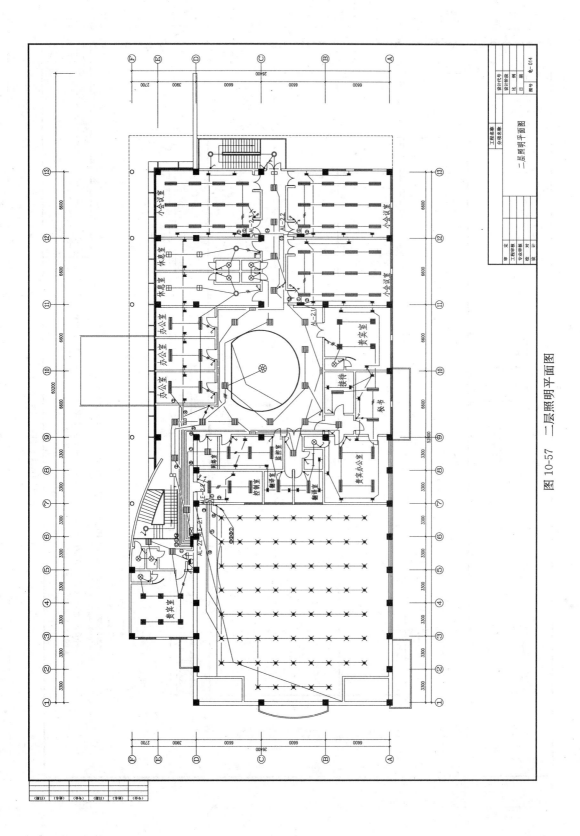

图 10-57　二层照明平面图

227

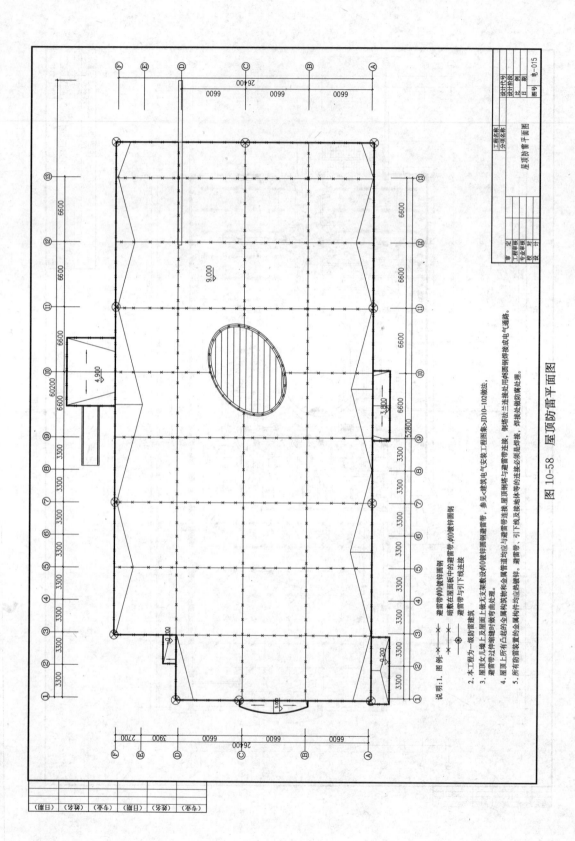

图 10-58 屋顶防雷平面图

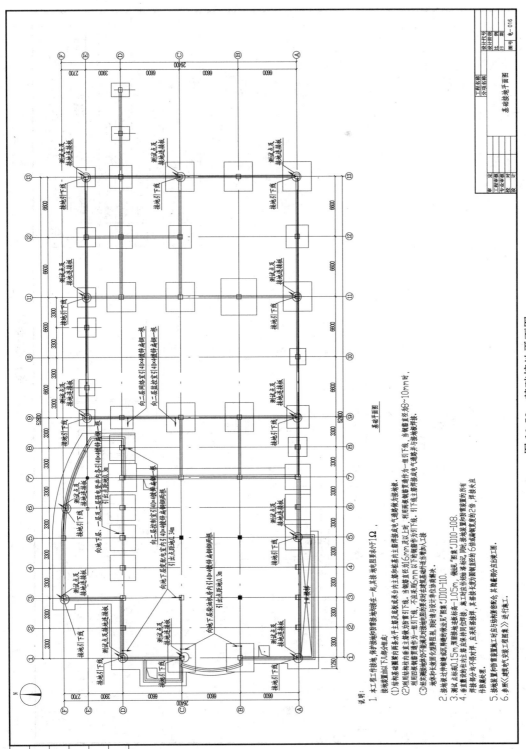

图 10-59 基础接地平面图

229

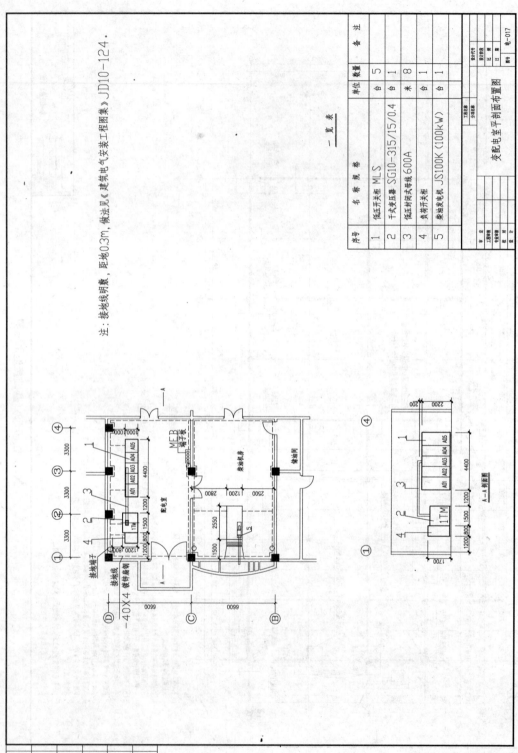

注：接地线明敷，距地0.3m，做法见《建筑电气安装工程图集》JD10-124。

一 览 表

序号	名 称 规 格	单位	数量	备 注
1	低压开关柜 MLS	台	5	
2	干式变压器 SG10-315/15/0.4	台	1	
3	低压封闭式导线 600A	米	8	
4	负荷开关柜	台	1	
5	柴油发电机 JS100K〈100kW〉	台	1	

变配电室平剖面布置图

图 10-60 变配电室平剖面布置图

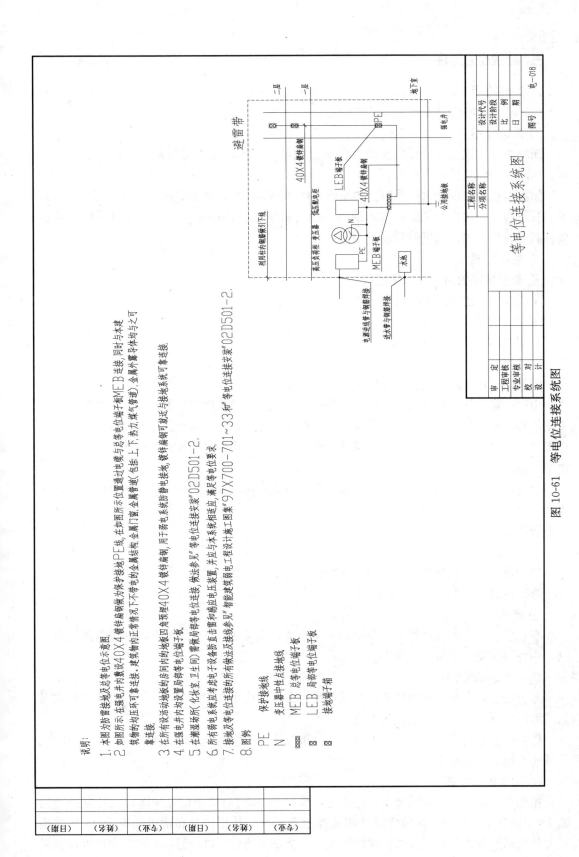

图 10-61 等电位连接系统图

五、建筑弱电工程

1. 设计说明

（1）闭路电视监视系统

① 系统介绍

闭路电视监视是办公楼安全防范体系的核心，该系统可以与自动火灾报警系统相结合，构成一个完整的防灾中心。

闭路电视监视设计重点是对公共场所和楼梯间的监控，目的是防范盗窃、人身侵害和不法分子闯入，防患于未然，在出现意外或报警发生时能协助保安人员及时采取有效措施，必要时为有关部门提供现场证据。

② 系统功能

- 监视重要的出入口和楼梯口；
- 定时记录监视目标的图像和数据；
- 自动启动录像机；
- 重点监视特定摄像区间。

③ 系统组成

闭路电视监视系统包括：摄像机、传输线路、监视器、数字录像机等设备。

门厅、宴会厅、会议大厅是整个办公楼人、物出入的集散地，范围大，宜选用带云台支架的彩色摄像机和固定架式彩色摄像机相结合的方式；重要楼层的楼梯口配置固定架式摄像机，六路视频信号通过数字录像机切换，用一台监视器进行监视，传输线路采用同轴电缆传输。

闭路电视监视控制台上设置一台录像机，对日常情景和报警时的信号进行记录。操作人员可按需设定录像时间。如果现场出现报警信号，可联动录下报警现场的图像。闭路电视监视系统图，见图 10-62。

④ 管线敷设

摄像机的电源线与视频线分别单独穿管，从二层控制室走吊顶至各层摄像机。

管线敷设详见图 10-63～图 10-65。

⑤ 电源

在二层监控室内设有保安监视摄像机总电源，此电源由 UPS 提供，将此电源分为三路，为各层保安监视摄像机供电。

（2）综合布线系统

办公楼综合布线包括电话和计算机系统。程控交换机在旧办公楼一层，因此电话大对数电缆需要从旧办公楼电话机房引至。

依据综合布线设计规范及本工程实际，布线可分工作区子系统、配线（水平）子系统、干线子系统、设备间子系统。

① 工作区子系统

按综合型综合布线系统考虑，每个工作区（约 10m²）有两个信息插座，总计办公楼约有 68 个信息出口。办公区墙内暗装超五类信息插座。数据设备和话机采用 RJ45 标准插头与信息插座相连。采用双口插座的面板，一个定义为话音口，另一个定义为数据口。采用单口插座的面板定义为话音口。

② 配线子系统

根据建筑结构和每层面积的大小，为了管理和布线的方便，在办公楼的二层的网络室内安装配线柜。每层的水平超五类 UTP 电缆引至二层网络室，在配线柜放置超 5 类配线架，预留放置光纤配线架及网络交换设备的空间。

③ 干线子系统

语音干线采用 3 类大对数电缆。

④ 设备间子系统

在二层网络室设立配线柜，内装配线架端接电话大对数电缆。

综合布线系统见图 10-63。管线敷设见图 10-64～图 10-66。

（3）楼内有线电视分配系统

① 系统功能

• 向办公楼一般用户传送电视及广播节目；

• 可插入会议电视信号及其他信号作为行政办公、服务、管理的一种手段。

② 系统构成

根据以上功能要求，本系统按 860MHz 邻频双向传输系统设计。有线电视前端设备放置在保安监控室。系统传输数字电视为主，兼顾传输模拟信号。系统包括前端、干线和用户分配三部分。

楼内有线电视分配系统图见图 10-67。

串接一分支器安装在位于电视输出面板上方吊顶内的过线箱内。

走廊内用-7 电缆，入户线用-5 电缆，所有电缆均为四屏蔽电缆。

管线敷设见图 10-68、图 10-69。

（4）会议厅扩声、同声传译系统

① 扩声系统

扩声系统选用覆盖整个观众席的全频扬声器箱，暗装在主席台口上方。主席台正上方暗装两只吸顶扬声器，供主席台扩声。

主席台设固定传声器插座，4 只会议传声器直接输入自动调音台，2 套无线传声器供会议讨论时流动使用。

扩声系统还包括反馈抑制器、功放、处理器、音源等先进设备，这些设备通过合理的联接，使会议厅达到语言清晰，音乐放音优美的效果。

② 投影系统

可升降的投影机安装在会议厅顶部，可收起的 150″电动投影幕安装在主席台后墙，可把影碟机、电脑中的图像清晰地显示在投影幕上。

③ 同声传译系统

2 间同声传译翻译室设在会议厅后边，每间翻译室内设译员控制盒及译员耳机，供译员使用。红外线辐射器明挂在主席台两侧，覆盖整个会议厅，与会代表观众在厅内的任何地方均能接收到清晰的语言。

④ 流动系统

一套流动扩声设备可供宴会厅、小会议室使用。流动设备包括带功放的调音台和音源设备、全频扬声器箱。调音台等设备安装在流动车内,使用方便、灵活。

会议厅扩声、同声传译系统原理方框图,见图 10-70。管线敷设见图 10-71、图 10-72。

(5)楼宇自控系统

本部分对办公楼机电设备,如空调机组、新风机组、电梯系统、给排水监控系统、冷冻机组、变配电系统、照明系统作出监控和监视系统图,供参考。监控内容和控制方法图纸中已经说明。请参见相应系统图。

(6)接地

智能化系统应选用净化电源,有效地抑制瞬流、谐波的产生。低压配电线路上应具有雷电过电压、电磁兼容(EMC)、电磁脉冲(LEMP)的保护功能。机房电源系统的防雷须满足《建筑防雷设计规范》。应注意所有进出办公楼的电缆均要安装防雷的浪涌保护器。所有机柜、金属桥架、电缆屏蔽层均应作等电位连接并接地。

2. 施工图及设备配置表

(1)建筑弱电工程施工图弱电-001～弱电-018 共 18 张,如图 10-62～图 10-79 所示。

(2)综合布线设备如表 10-7 所示。

综合布线设备表 表 10-7

编号	设 备 名 称	参考型号规格	单位	数量	备注
1	设备立柜	19″标准立柜	部	1	
2	电话配线架	120 对(含 IDC 模块)	个	1	
3	电话主干电缆(室内)	100 对大对数电缆	米	30	
4	信息插座	超五类	个	70	
5	信息面板	单口 RJ45 座	个	6	
6	信息面板	双口 RJ45 座	个	31	
7	UTP	超 5 类非屏蔽双绞线	米	2400	
8	模块式配线架	24 口、超 5 类	个	3	

(3)保安监视系统设备如表 10-8 所示。

保安监视系统设备表 表 10-8

编号	设 备 名 称	参考型号规格	单位	数量	备注
1	保安监视平台	1600mm×1200mm×720mm	套	1	
2	监视器	19″彩色监视器	台	1	
3	解码器		个	1	
4	数字录像机	8 路视频输入,HD 3×120GB	台	1	
5	定焦彩色摄像机	220V 取电	台	5	
6	带云台彩色摄像机	220V 取电	台	1	
7	视频线	SYV-75-5	米	150	
8	控制线		米	25	
9	电源线	RV-3×2.5	米	100	

(4)综合布线及保安监视主要材料如表 10-9 所示。

综合布线及保安监视主要材料明细表

综合布线及保安监视主要材料明细表　　　　表 10-9

编号	设 备 名 称	参考型号规格	单位	数量	备注
1	出线盒	86H60	个	37	
2	出线盒	200mm×150mm×120mm	个	1	
3	金属线槽	100mm×50mm	米	100	
4	敷设钢管（室内部分）	SC 70	米	30	
5	敷设钢管	JDG 25	米	350	
6	敷设钢管	JDG 20	米	650	

（5）有线电视设备如表 10-10 所示。

有线电视设备表　　　　表 10-10

编号	设 备 名 称	参考型号规格	单位	数量	备注
1	放大器		个	1	
2	一分支器		个	14	
3	三分配器		个	1	
4	终端电阻		个	3	
5	用户终端		个	14	

（6）有线电视系统主要材料如表 10-11 所示。

有线电视系统主要材料表　　　　表 10-11

编号	设 备 名 称	参考型号规格	单位	数量	备注
1	分支器箱	150mm×150mm×100	个	14	
2	放大器箱	400mm×500mm×160	个	1	
3	有线电视出线盒	86H60	个	14	

（7）主要扩声、同声传译设备如表 10-12 所示。

主要扩声、同声传译设备一览表　　　　表 10-12

编号	设 备 名 称	参考型号规格	单位	数量	备注
1	调音台	MACKIE CFX12		1	美国
2	反馈抑制器	SABINE FBX 2420		1	美国
3	4 路自动调音台	AUDIO TECHNICA MX341A		1	日本
4	主扩声扬声器	EVI FRI＋122/66		2	美国
5	吸顶扬声器	EVI EVIDC8.2HC		1 对	美国
6	功率放大器	EVI EVP1200		2	中国
7	音频处理器	EVI DX38		1	美国
8	时序电源			1	中国
9	会议传声器	CR8116		4	中国
10	动圈传声器	EVI N/D267a		2	美国
11	无线传声器	EV RE－2N7		2	美国

编号	设备名称	参考型号规格	单位	数量	备注
12	DVD影碟机			1	中国
13	CD、录音机	TASCAM CD-A500		1	日本
14	带功放的监听箱	TANNOY Rcveal		1对	日本
15	监听耳机	SENNHESER HD433		1付	德国
16	电脑			1	中国
17	投影机(4500ANSI流明)	CHRISTIE LX45		1	美国
18	投影机可控制升降台			1	中国
19	150″投影幕			1	美国
20	会议系统主机	TAIDEN HCS-3100MAP/05		1	中国
21	红外发射主机	TAIDEN HCS-826MA/08		1	中国
22	会议主席单元	TAIDEN HCS-3051CA		1	中国
23	会议代表单元	TAIDEN HCS-3051DA		9	中国
24	发射单元	TAIDEN HCS-826T/25		2	中国
25	接受单元	TAIDEN HCS-826R/08		300	中国
26	接受耳机	TAIDEN EP-920A		310	中国
27	译员控制盒	TAIDEN HCS-850PD		2	中国
28	译员耳机	TAIDEN EP-930		4	中国
29	接受机充电箱	TAIDEN HCS-840		4	中国
30	线材、插座、机柜			1批	中国

(8) 流动扩声设备如表10-13所示。

流动扩声设备一览表　　　　　　　　　　　　　表10-13

编号	设备名称	型号规格	单位	数量	备注
1	全频扬声器箱（带功放）	MACKIE SRM450		2	美国
2	扬声器支架			2	中国
3	调音台	MACKIE CFX-12		1	美国
4	会议系统主机	TAIDEN HCS-3100MAP/05		1	中国
5	会议主席单元	TAIDEN HCS-3051CA		1	中国
6	会议代表单元	TAIDEN HCS-3051DA		5	中国
7	CD、录音机	TASCAM CD-A500		1	中国
8	流动车			1	中国

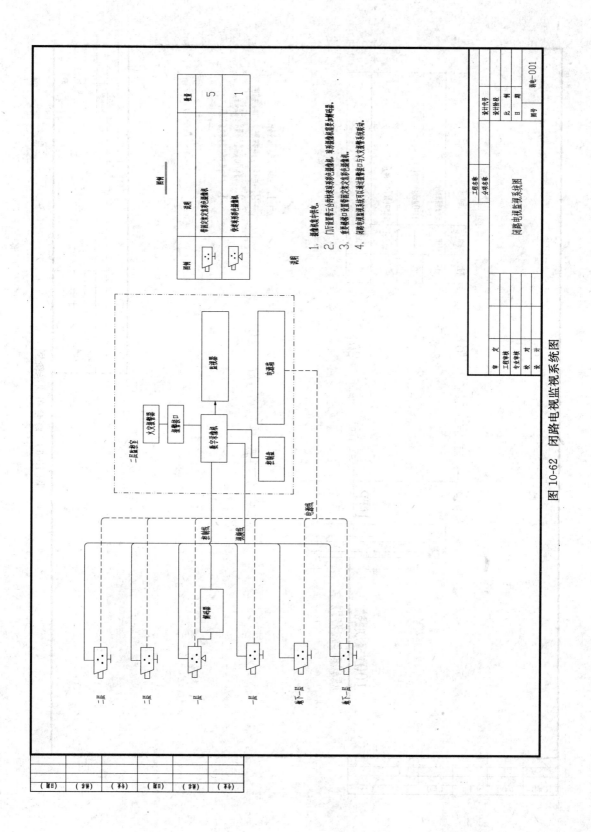

图 10-62 闭路电视监视系统图

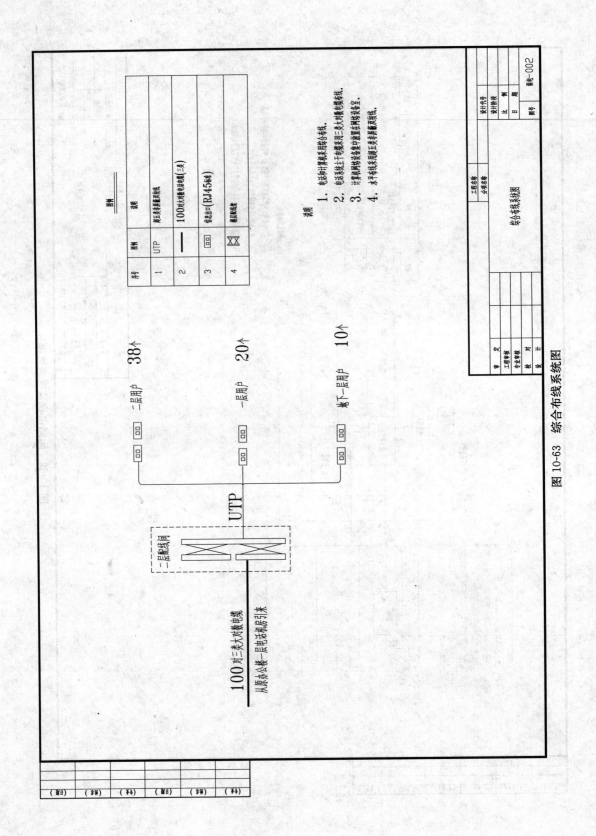

图 10-63 综合布线系统图

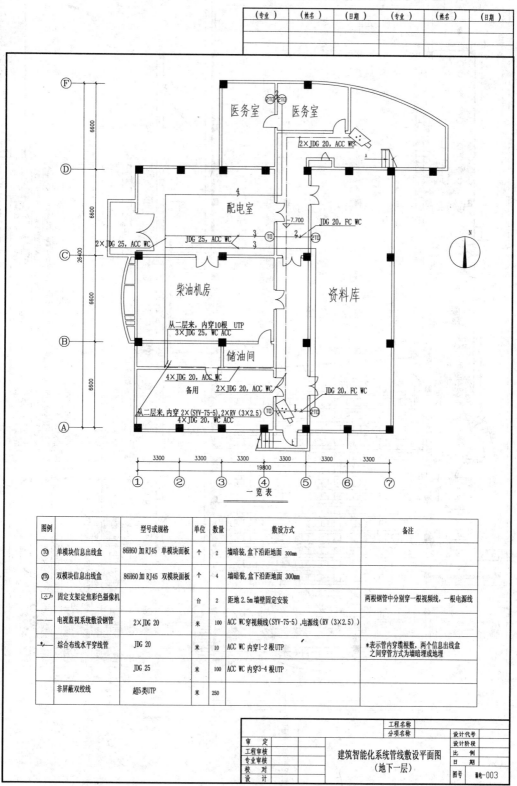

图 10-64 建筑智能化系统管线敷设平面图（地下一层）

图例		型号或规格	单位	数量	敷设方式	备注
TO	单模块信息出线盒	86H60 加 RJ45 单模块面板	个	2	墙暗装，盒下沿距地面 300mm	
2TO	双模块信息出线盒	86H60 加 RJ45 双模块面板	个	4	墙暗装，盒下沿距地面 300mm	
	固定支架定焦彩色摄像机		台	2	距地 2.5m 墙壁固定安装	两根钢管中分别穿一根视频线，一根电源线
	电视监视系统敷设钢管	2×JDG 20	米	100	ACC WC 穿视频线(SYV-75-5)，电源线(RV (3×2.5))	
*n	综合布线水平敷线管	JDG 20	米	10	ACC WC 内穿1-2 根UTP	*表示管内穿缆根数，两个信息出线盒之间穿管方式为墙暗埋或地埋
		JDG 25	米	100	ACC WC 内穿3-4 根UTP	
	非屏蔽双绞线	超5类UTP	米	250		

（专业）	（姓名）	（日期）	（专业）	（姓名）	（日期）

工程名称				设计代号	
分项名称			建筑智能化系统管线敷设平面图	设计阶段	
审 定				比 例	
工程审核				日 期	
专业审核			（地下一层）		
校 对				图号	建电-003
设 计					

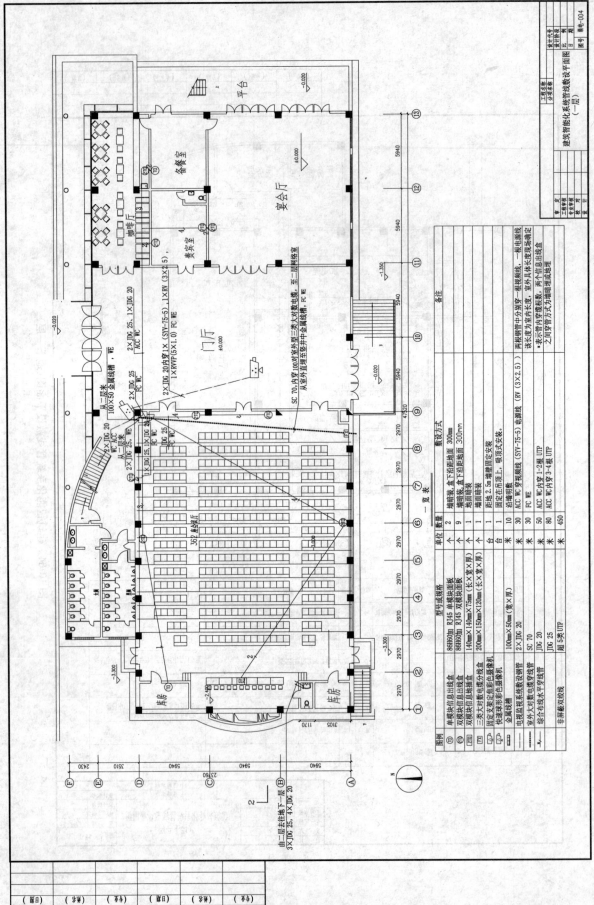

图 10-65　建筑智能化系统管线敷设平面图（一层）

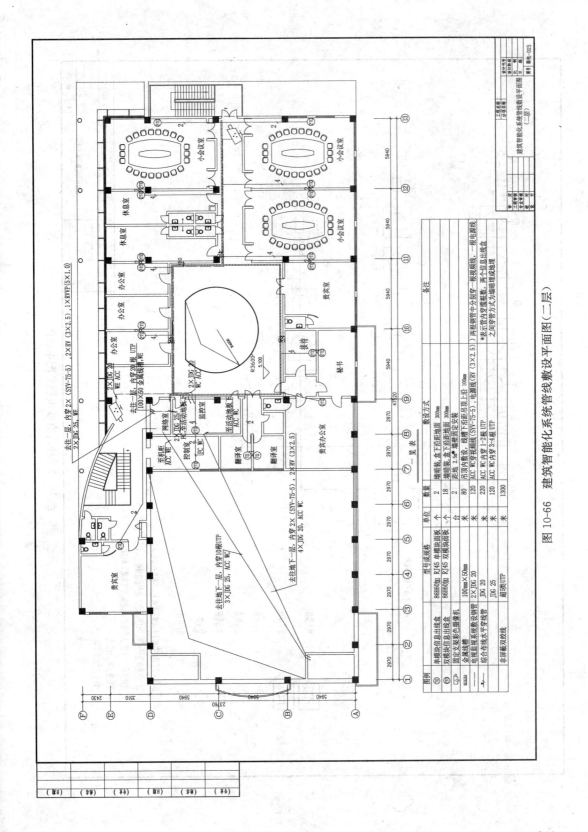

图 10-66 建筑智能化系统管线敷设平面图（二层）

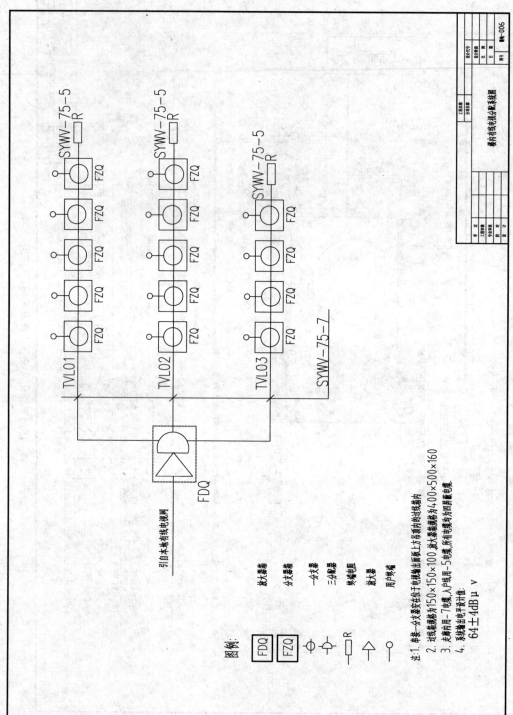

图 10-67 楼内有线电视分配系统图

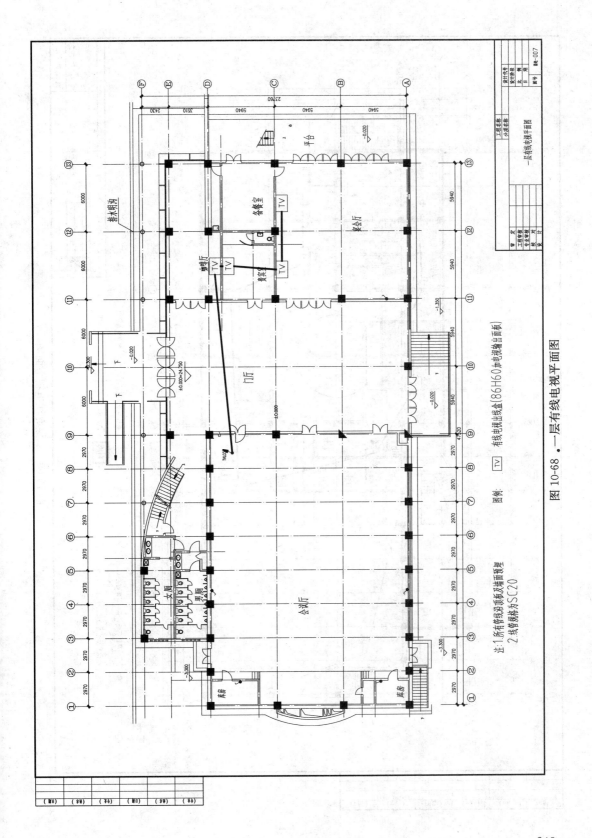

图 10-68 · 一层有线电视平面图

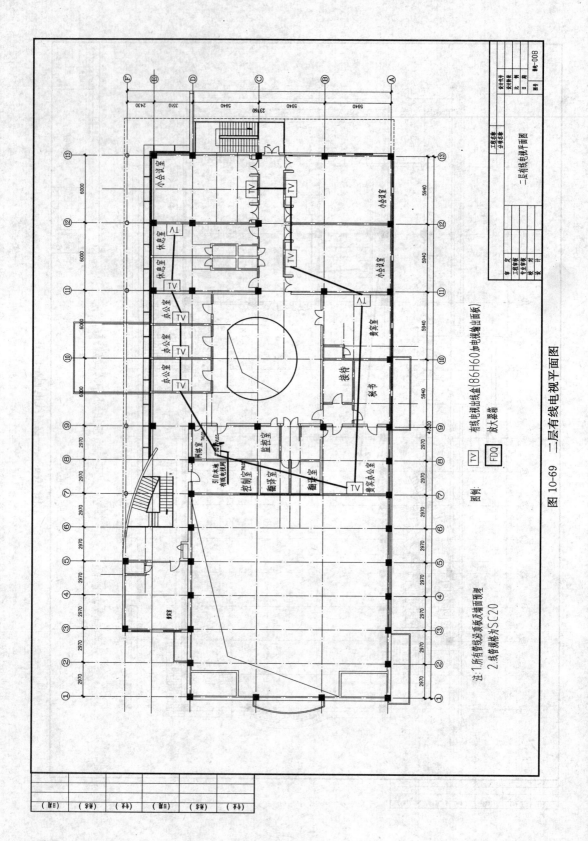

图例: TV 有线电视出线盒(86H60加电视出线面板)
FDQ 放大器箱

注:1.所有暗线沿顶板及墙面预埋
2.线管规格为SC20

图 10-69 二层有线电视平面图

244

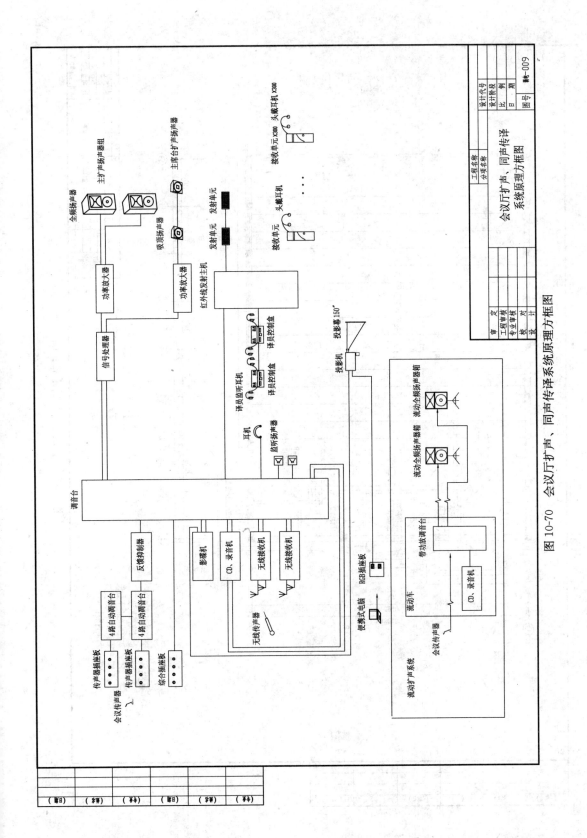

图 10-70 会议厅扩声、同声传译系统原理方框图

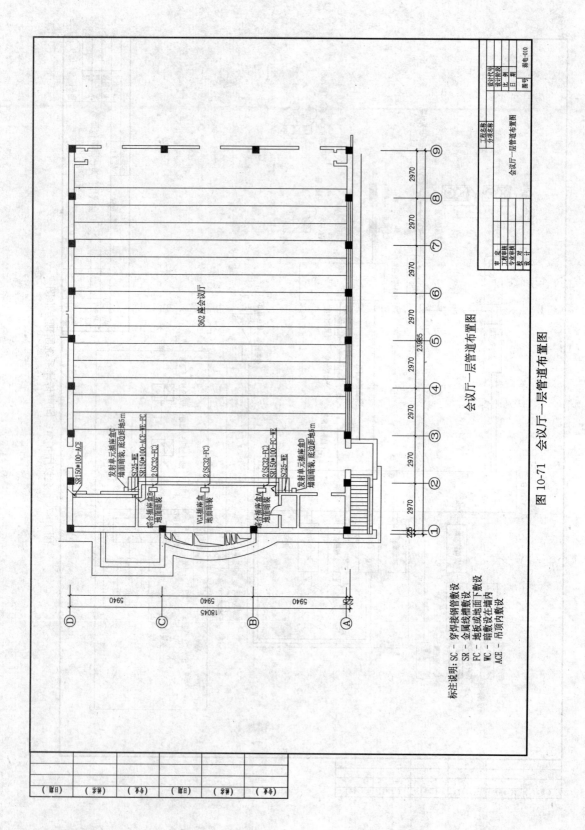

图 10-71　会议厅一层管道布置图

标注说明：SC — 穿焊接钢管敷设
　　　　　SR — 金属线槽敷设
　　　　　FC — 地板或地面下敷设
　　　　　WC — 暗敷设在墙内
　　　　　ACE — 吊顶内敷设

会议厅一层管道布置图

362座会议厅

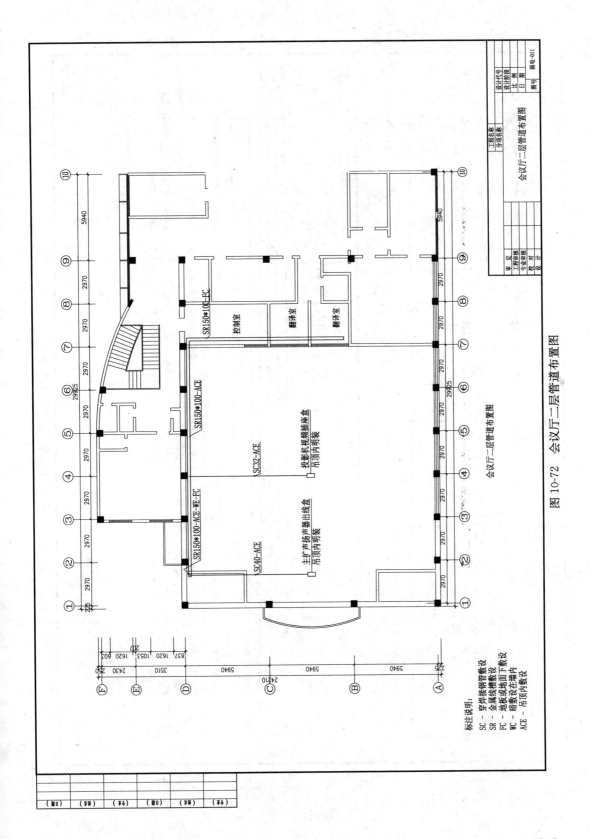

会议厅二层管道布置图

图 10-72　会议厅二层管道布置图

标注说明：
SC - 穿焊接钢管敷设
SR - 金属线槽敷设
FC - 地板或地面下敷设
WC - 暗敷设在墙内
ACE - 吊顶内暗敷设

投影机视频插座盒
吊顶内明装

主扩声场声器出线盒
吊顶内明装

控制室
翻译室
翻译室

SR150*100-FC
SR150*100-ACE
SC32-ACE
SR150*100-ACE-WE-FC
SC40-ACE

工程名称
分项名称

会议厅二层管道布置图

设计证号
设计阶段
比　例
日　期
图号　弱电-011

审　定
工程审核
专业审核
校　对
设　计

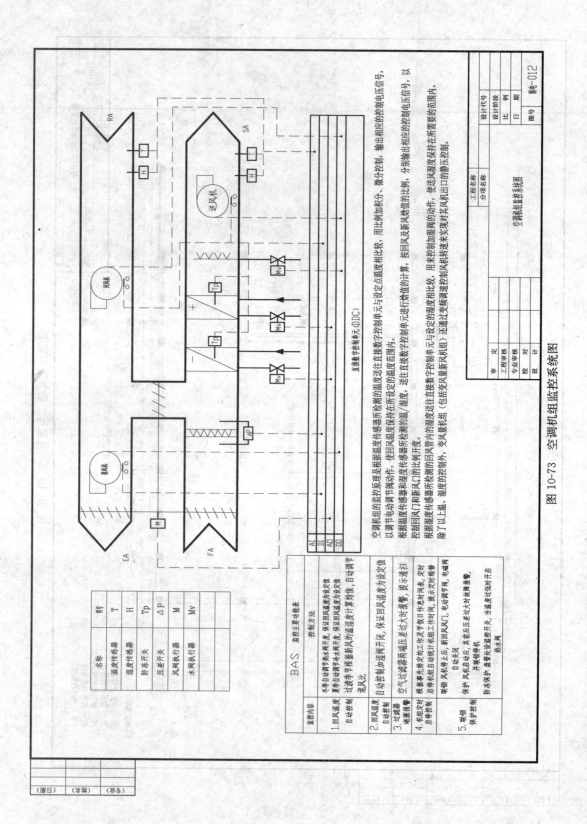

图 10-73 空调机组监控系统图

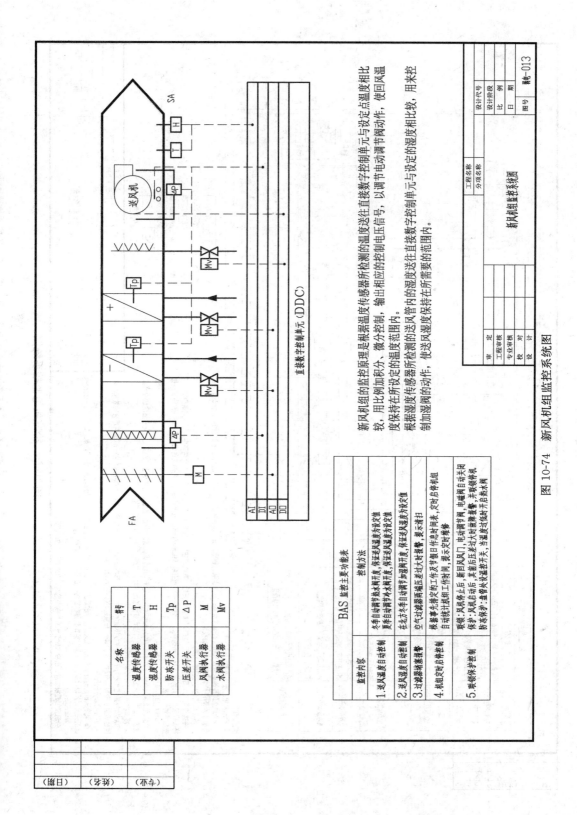

新风机组的监控原理是根据温度传感器所检测的温度送往直接数字控制单元与设定点温度相比较，用比例加积分、微分控制，输出相应的控制电压信号，以调节电动调节阀动作，使回风温度保持在所设定的温度范围内。

根据湿度传感器所检测的送风湿度送往直接数字控制单元与设定的湿度相比较，用来控制加湿阀的动作，使送风湿度保持在所需要的范围内。

BAS 监控主要功能表

名称	符号
温度传感器	T
湿度传感器	H
防冻开关	Tp
压差开关	△P
风阀执行器	M
水阀执行器	Mv

监控内容	控制方法
1.送风温度自动控制	冬季自动调节热水阀开度，保证送风温度为设定值 夏季自动调节冷水阀开度，保证送风温度为设定值
2.送风湿度自动控制	在北方冬季自动调节加湿阀开度，保证送风湿度为设定值
3.过滤器堵塞报警	空气过滤器两端压差过大时报警，提示清扫
4.机组定时启停控制	根据事先设定的工作及节假日作息时间表，定时启停机组，自动统计机组工作(积累)时间，提示定时维修
5.联锁保护控制	联锁：风机停止后，新回风阀门、电动调节阀自动关闭；保护：风机启动后，其前后压差过大时报警，并联锁停机；防冻保护：盘管处水温过低时开关，当温度过低时控制开启热水阀

图 10-74 新风机组监控系统图

			工程名称				设计代号		赣电－013
			分项名称				设计阶段		
							比 例		
审 定							日 期		
工程审核			新风机组监控图				图号		
专业审核									
校 对									
设 计									

(日期) (签名) (序号)

249

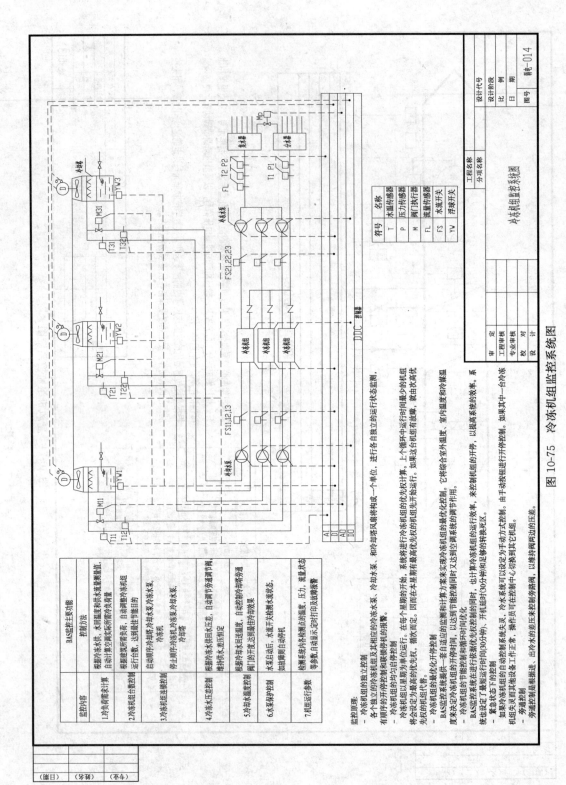

图 10-75 冷冻机组监控系统图

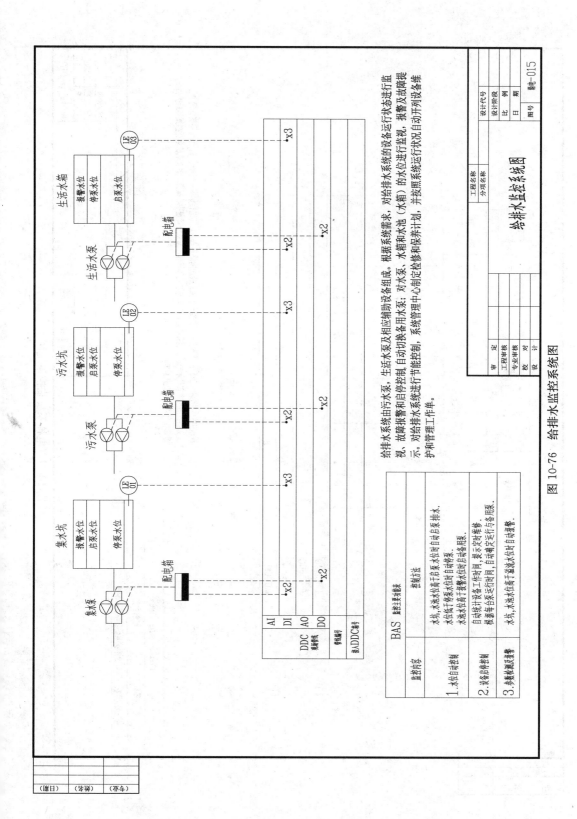

给排水系统由污水水泵、生活水泵及相应辅助设备组成。根据系统需求，对给排水系统的设备运行状态进行监视。故障报警和启停控制，自动切换备用水泵；对水泵、水箱和水池（水箱）的水位进行监视，报警及故障提示。对给排水系统进行节能控制，系统管理中心制定检修和保养计划，并按照系统运行状况自动开列设备维护和管理工作单。

BAS监控系统的主要功能

BAS 监控内容	监控方法
1. 水位自动控制	水泵、水池水位高于泵水位时自动启泵排水。水位低于停泵水位时自动停泵。水池水位高于报警水位时启动备用泵。
2. 设备启停控制	自动统计设备工作时间，提示定时检修。根据每台泵运行时间，自动确定其运行与备用泵。
3. 多参数测及报警	水坑、水池水位高于溢水位时自动报警。

图 10-76　给排水监控系统图

工程名称		设计代号	
分项名称		设计阶段	
		比　例	
		日　期	

给排水监控系统图

审　定		图号	冀电-015
工程审核		
专业审核		
校　对		
设　计		

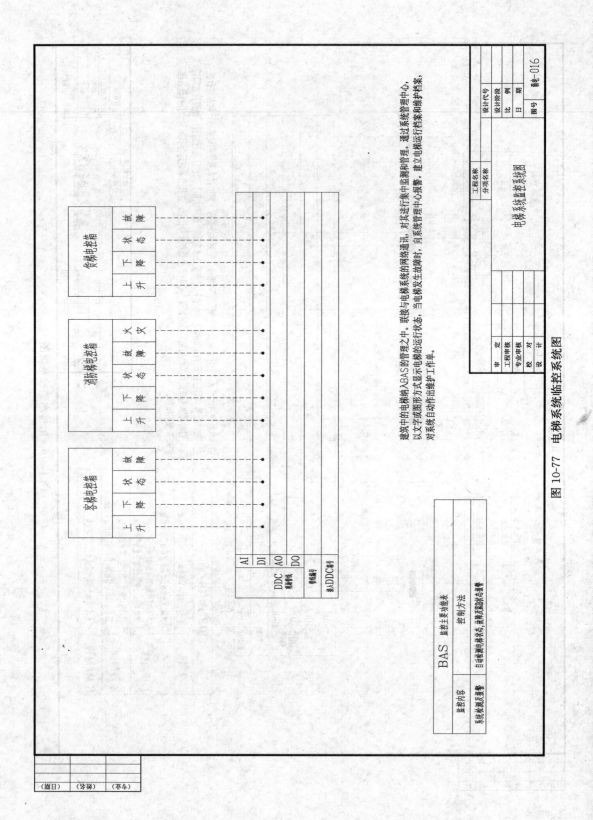

建筑中的电梯纳入BAS的管理之中。联接与电梯系统的网络通讯，对其进行集中监测和管理。通过系统管理中心，以文字或图形方式显示电梯的运行状态，当电梯发生故障时，向系统管理中心报警。建立电梯运行档案和维护档案，对系统自动作出维护工作单。

图 10-77　电梯系统监控系统图

BAS	监控主要功能表	
监控内容	监控方法	控制方法
系统故障测及报警	自动检测运行状态，出现故障即行报警	

电梯系统监控系统图

工程名称			设计代号	
分项名称			设计阶段	
			比　例	
			日　期	
			图号	赣电-016

审　定			
工程审核			
专业审核			
校　对			
设　计			

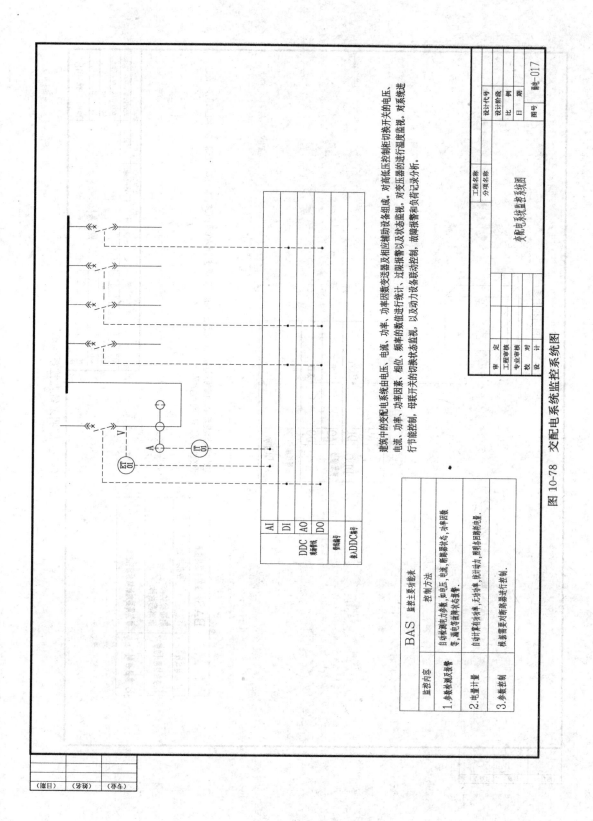

图 10-78 交配电系统监控系统图

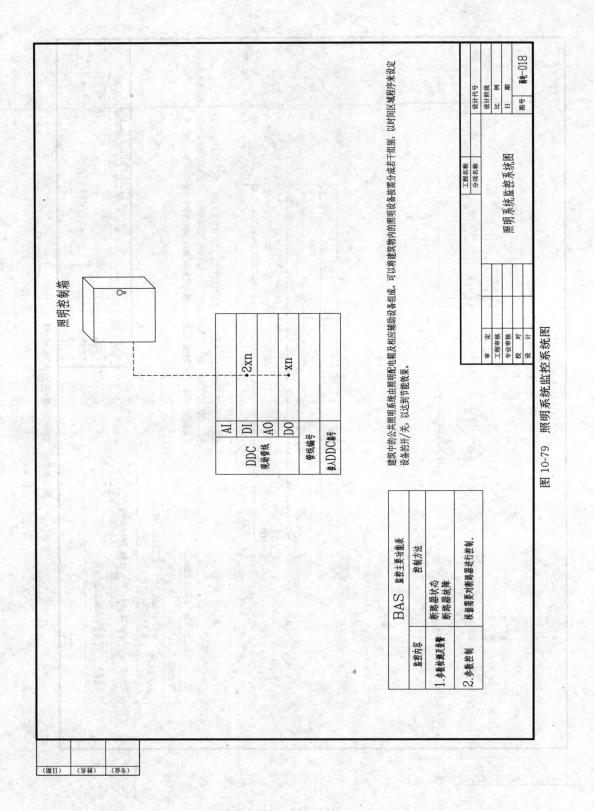

图 10-79 照明系统监控系统图

照明控制箱

DDC 现场总线	AI		
	DI	●2xn	
	AO		
	DO	●xn	
管线编号			
接DDC编号			

建筑中的公共照明系统由照明配电箱及相应辅助设备组成。可以将建筑物内的照明设备按需分成若干组别，以时间区域程序来设定设备的开/关，以达到节能效果。

BAS 监控主要对象表		
监控内容		控制方法
1.参数检测及记录		断路器状态 断路器故障
2.参数控制		根据需要对断路器进行控制.

工程名称		
分项名称		
	设计代号	
	设计阶段	
	比 例	
	日 期	
	图号	暖电-018

照明系统监控系统图

审 定	
工程审核	
专业审核	
校 对	
设 计	